PAUL HAWKEN

Kohlenstoff – Das verkannte Element

GOLDMANN

PAUL HAWKEN

KOHLEN STOFF

Das verkannte Element

Eine Entdeckungsreise
zur Quelle unseres Lebens

*Aus dem amerikanischen Englisch
von Jochen Winter*

GOLDMANN

Die englischsprachige Originalausgabe erschien 2025 unter dem Titel
»Carbon« bei Viking Press, New York.

1. Auflage
Deutsche Erstausgabe April 2026

Wilhelm Goldmann Verlag, München,
in der Penguin Random House Verlagsgruppe GmbH,
Neumarkter Straße 28, 81673 München
produktsicherheit@penguinrandomhouse.de
(Vorstehende Angaben sind zugleich
Pflichtinformationen nach GPSR.)
Redaktion: Eckard Schuster
Umschlag: Uno Werbeagentur, München
nach einer Vorlage von David Litmann
Umschlagmotiv: Chris Jordan
Satz: Satzwerk Huber, Germering
Druck und Bindung: GGP Media GmbH, Pößneck
Printed in Germany
EW · CF
ISBN 978-3-442-30245-1

www.goldmann-verlag.de

Dieses Buch widme ich den traditionellen Hütern
des Landes, auf dem es geschrieben wurde.
Sieben Generationen meiner Familie wurden begünstigt und
ernährt durch die Tiere, Pflanzen und Sitten und Gebräuche
des indigenen Volks der Coast Miwok.
Ihre Verbindung zum Meer, zu Flüssen, Wäldern und Grasland
ist eine ständige Mahnung und Lehre.
Ich erweise meine Achtung den ehemaligen, heutigen
und kommenden Stammesältesten.

*

Darüber hinaus widme ich dieses Werk
Jasmine Scalesciani Hawken,
deren Liebe, Freundlichkeit und unermüdliche Unterstützung
mich die ganze Zeit ermutigt und inspiriert hat.

Inhalt

Eins
Kohlenstoff

> Es gibt Dinge, die wir tun, Worte, die wir aufsagen, Gedanken, die wir denken müssen und die so gar nicht jenen Bildern des Erfolgs entsprechen, wie sie unsere Vorstellungen von Gerechtigkeit durchgängig beherrscht haben.[1]
>
> Báyò Akómoláfé

Kohlenstoff bewegt sich unaufhörlich durch die vier Bereiche Biosphäre, Weltmeere, Land und Atmosphäre. Er strömt in Flüssen und Adern, in Böden und Haut, Atem und Wind. Er ist der Erzähler geborener und verlorener Leben, vorgestellter und befürchteter Zukunftsszenarien. Er ist der Bote, der jedes Teilchen unserer Existenz durchläuft, das verflochtene Gitterwerk, das Kulturen, Lagunen, Graslandschaften, Organismen und Bewusstsein ebenso durchdringt wie unser zeitliches Dasein. Sein Tanz des Lebens ergreift keine Partei, liegt nie richtig oder falsch. Er bezeichnet einen überzeitlichen Weg, der sich endlos vor uns entfaltet. Dem Ariadnefaden vergleichbar, erzählt das Fließen des Kohlenstoffs eine Geschichte, die uns vielleicht ermöglicht, dem Labyrinth der Sorge, der Unwissenheit und der Angst zu entfliehen, das die Welt hinterlässt. Zugleich geht der Anstieg des Kohlenstoffanteils in der Atmosphäre einher mit dem Verlust der Lebenswelt. Vor derartigem Hintergrund umkreist dieses Buch den Stoff, der seit jeher das Klima und die pulsierende, lebendige Hülle des Erdkörpers reguliert.

Wie Sie nehme ich Nachrichten in mich auf, wissenschaftliche Erkenntnisse, die allseitige Verwirrung, die gescheiterte Politik – Zeichen einer aus dem Gleichgewicht geratenen, beklommenen, ratlosen Welt, gefangen in hohlen Gewissheiten. Um die Rätsel nicht weniger als die Leuchtkraft des Lebens besser zu verstehen, beschloss ich, weit stromaufwärts zu gehen, zu Quellgebieten, und den Fluss des Lebens durch die Linse des Kohlenstoffs zu betrachten. Statt das Leiden der Welt allein mittels Prognosen und bösen Omen zu beklagen, wandte ich mich Stimmen zu, die den Planeten ohne die Deckschicht der Bedrohungen ins Auge fassen.[2] Gibt es, ebenso wie Hitzekuppeln, vielleicht auch Weisheitskuppeln? Unter uns sind Frauen und Männer, die auf Beobachtung gegründete indigene Weisheit und westliche Wissenschaft zu einem neuen Verständnis unseres Ortes auf der Erde verbinden[3] – zu einer Perspektive, die offenbart, was uns bislang verborgen bleibt. Gewissheiten lösen sich auf, werden ersetzt durch undurchschaubare Komplexität. Obwohl Kohlenstoff lediglich einen winzigen Bruchteil der Erde ausmacht, wäre sie ohne ihn totes Gestein im Weltraum, wie ein Himmel ohne Sterne, eine Symphonie ohne Klang. Wir aber haben den Kohlenstoff auf ein fehlgeleitetes Element reduziert, ihn gebrandmarkt als Verursacher dafür, dass die Zivilisation zur Selbstauslöschung neigt. Dabei sind globale Erwärmung, schwindende Biodiversität und grassierende soziale Ungerechtigkeit nur verschiedene Aspekte ein und derselben Krise.

Gemeinhin werden Kohlenstoff, menschliche Existenz und Natur voneinander getrennt, als bestünde keine Beziehung zwischen ihnen. Indes gewährt Kohlenstoff Einblick in die Gesamtheit des Lebens mit all seiner Schönheit, seinen Geheimnissen und seiner Vielschichtigkeit. Wenn es um Kohlenstoff geht, spricht man jedoch nicht über Großartigkeit, sondern über Atome, nicht über Empfindungsfähigkeit, sondern über Physik. Das Leben ist eine Strömung, ein Fluss, keine Ansammlung isolierter Bestandteile. Hartnäckige Überzeugungen, belanglose Details und irrelevante Medien können uns vom Wesentlichen ablenken. Demgegenüber bringt der Fluss des Kohlenstoffs bessere Geschichten hervor, neue Sichtweisen, Vorstellungen vom Möglichen, ganz anders beschaffen als jene zusammenhanglosen und wirren Berichte, die uns förmlich aufzehren.

Aus planetarischer Perspektive ist die Erwärmung der Atmosphäre eine Reaktion, eine Anpassung, eine Lehre. Das Erdklima bricht nicht plötzlich zusammen, wie bisweilen behauptet wird. Doch es verändert sich schneller, als Menschen sich darauf einstellen können. Die globale Erwärmung prophezeit eine turbulente Zukunft. Wenn Treibhausgase nicht verringert werden, nimmt die Zivilisation Schaden. Nach Jahrzehnten beharrlicher Aufklärung durch Klimaforscher ist das allgemeine Bewusstsein für die Klimadynamik erwacht. Die sich verändernde Atmosphäre ist Konfrontationslinie und Zentrum für Länder, Unternehmen, Schulen und Universitäten. Daneben entwickeln Investoren gerade das größte Kapitalprojekt der Menschheitsgeschichte. In den kommenden Jahrzehnten wird das Klima zum Dreh- und Angelpunkt der Finanzwelt. Obwohl früher den Banken, Investoren und Pensionsfonds die Finanzierung einer lebenswerten Zukunft gleichgültig war, hat die Aussicht, die 110 Billionen Dollar schwere Weltwirtschaft zu dekarbonisieren, bei vielen einen Meinungswandel bewirkt. Was steht auf der Agenda? Sämtliche Wohnstätten, Gebäude, Städte, Autos, Lastwagen, Züge, Flugzeuge, Schiffe, Produkte, Landwirtschaftsbetriebe und Versorgungsunternehmen weltweit. Hinsichtlich der Ressourcen alles, was mit Holz, Stahl, Beton, Glasfaser, Plastik und Mineralien zu tun hat.

In der Industrie betrachtet man die klimatischen Veränderungen als technisches Problem, nicht als Krise des Verhaltens, des Konsums oder der Unterbrechung. Es herrscht die stillschweigende Annahme vor, das heutige, auf fossile Brennstoffe gestützte Energiesystem könne gegen erneuerbare Energien ausgetauscht werden, wodurch die Privilegierten so weiterleben würden wie bisher. Das ist Wunschdenken. Um der globalen Erwärmung Einhalt zu gebieten, versuchen die Ölkonzerne, den Kohlenstoff einzufangen und aus der Atmosphäre zu entfernen, als wäre diese eine übervolle Lagerhalle. Es ist bezeichnend, wie die Geschäftswelt sich angewöhnt hat, die Erde wahrzunehmen – als eine Art kontrollierbare Apparatur, die Menschen bedienen, modifizieren und reparieren können. Dem liegt die Überzeugung zugrunde, dass eine monströse Wirtschaft imstande sei, mit dem bloßen Anspruch auf Kohlenstoffneutralität die Atmosphäre zu bändigen. Dabei wird der gegenwärtige Lebensstil auf Kosten einer erschreckenden Zukunft aufrechterhalten. Unser abwegiges Handeln einerseits und die Zerstörung der Natur andererseits lassen sich jedoch durch nichts rechtfertigen.

Unternehmer haben Kohlendioxidmärkte ersonnen, so wie einst versklavte Menschen und Stoßzähne auf Märkten feilgeboten wurden. Außerdem gibt es jetzt einen Umschlagplatz für Biodiversitätsgutschriften. Der Internationale Währungsfonds schätzte den Wert eines Blauwals auf zwei Millionen Dollar – eine sogenannte »naturbasierte Lösung«, wobei dieser Ausdruck nahelegt, dass die natürliche Welt in der gleichen Weise reparabel sei, wie wir es mit der Atmosphäre versuchen.[4] Was könnte die Monetarisierung eines Wals bedeuten? Der unerschütterliche Glauben an den Markt als Mittel, eine bessere Welt zu schaffen, wird durch die Geschichte widerlegt. Die Biosphäre auszubeuten und an den Höchstbietenden zu verkaufen – das ist die Ursache der Erderwärmung und sozialer Ungerechtigkeit. Sobald man einmal Abstand nimmt von der unmäßigen Fixierung auf Wohlstand, wird offensichtlich, dass wir das Leben auf der Erde auslöschen, um Dividenden an die Aktionäre auszuzahlen.[5]

Als Hamlet beklagte: »Da liegt das Problem«, dachte er über Selbstmord nach und erkannte, dafür seine sterbliche Hülle zurücklassen zu müssen. Das Problem der Zivilisation liegt in dem seltsamen, illusionären Glauben an den Kommerz. Die US-amerikanische Pflanzenökologin Robin Wall Kimmerer vom indigenen Volk der Potawatomi erklärt das Problem: »Wir brauchen mehr als einen Politikwandel; wir brauchen eine Veränderung der Weltanschauung, von der Fiktion der menschlichen Sonderstellung zur Realität unserer Verwandtschaft und Wechselbeziehung mit der Welt des Lebendigen. Der Planet fordert uns auf, einer Kultur des endlosen Nehmens abzuschwören, damit die Welt fortbestehen kann.«[6] Das wird nicht geschehen, solange politische, finanzielle und unternehmerische Kräfte ausschließlich auf künftige Gewinne schielen. Es ist die Aufgabe der Moderne, einzusehen, dass unsere Existenz auf der Gesamtheit des irdischen Lebens beruht.[7]

Die Weltwirtschaft durchläuft eine tiefgreifende Energiewende.[8] Die auf dem Verbrauch fossiler Brennstoffe gründende Zivilisation geht über in eine, die durch alternative Energien aus Sonne, Wind und Wasser gespeist wird. Die Notwendigkeit dieser Transformation steht außer Frage, obwohl Jahrzehnte vergangen sind, bis Regierungs- und Finanzinstitutionen die Klimakrise akzeptiert hatten. Auch wenn sie das jetzt tun, wird im vorherrschenden Krisendiskurs der Welt des Lebendigen nur eine untergeordnete Stelle zugewiesen, eine eigene Kategorie zwar, die gewiss wesentlich ist, aber nicht so vorrangig und gewöhnlich als »Biodiversität« bezeichnet wird. In welcher Weise Treibhausgase die Atmosphäre verändern, ist wohlbekannt, doch wie Billionen lebendiger Wesen diese regulieren und die unermessliche Fülle auf unserem Heimatplaneten hervorbringen, wird nicht verstanden. Die Bioethikerin Melanie Challenger beschreibt, wie »wir versuchen, Leben nach unseren Bedingungen zu gestalten, obwohl wir Leben nach seinen Bedingungen töten«.[9] Während wir die geheimnisvolle Fähigkeit des Planeten zur Regeneration weiterhin entschlüsseln wollen, treten wir in eine unvorstellbare Zukunft biologischer Armut ein, in der unsere Bemühung, die Atmosphäre wiederherzustellen, kaum noch eine Rolle spielen wird. In der seit Milliarden Jahren andauernden Erdgeschichte wurde verworfen, was nicht funktionierte, was nicht dem Leben diente. Warum also stehen wir in dieser Schlange?[10]

In den vergangenen beiden Jahrhunderten wurden Millionen Jahre alte Reichtümer der Erde verbraucht und eliminiert. Korallenriffe sind dem Untergang geweiht, die Zahl der Blütenbestäuber sinkt dramatisch, Ozeane versauern, Fischgründe werden geplündert, Wälder sterben, Böden erodieren, Landschaften vertrocknen, Vögel verschwinden, Wildnisgebiete schrumpfen. Die Zukunft kann nur durch ein genaues Verständnis der Gegenwart begriffen werden. Wir aber wollen die Menschenwelt von der Natur trennen, als wäre dies möglich. Das heutige System der Produktion und der Konsumtion verzehrt seinen Urheber. Ökonomische Prinzipien und Methoden erzeugen und gewährleisten horrende Verluste. Challenger schreibt: »Unsere Städte und Industrien haben ihren Abdruck im Boden hinterlassen, in den Zellen von Tiefseetieren, in den fernen Partikeln der Atmosphäre. Das Problem ist, dass wir nicht den richtigen Umgang mit dem Lebendigen kennen. Diese Ungewissheit besteht zum Teil deshalb, weil wir nicht festlegen können, inwieweit andere Lebensformen eine Rolle spielen oder ob sie überhaupt eine haben.«[11]

Fossile Brennstoffe durch erneuerbare Energien zu ersetzen, ist unerlässlich, aber nicht ausreichend.[12] Die Menschheit ist abhängig von ihrer Beziehung zu allen Lebensräumen und Bewohnern der Erde, selbst wenn wir das nicht glauben wollen. Gesellschaft, Wirtschaft und Regierungen müssen sich auf das besinnen, was der Journalist Eric Roston den »Tanz des Kohlenstoffs« nennt, die fortwährende, dem Leben innewohnende Fähigkeit zur Regeneration.[13] Das schließt technische Innovation und Invention nicht aus. Es bedarf jedoch solcher Technologien, die eine wesentliche Schwelle überschreiten: Bringt eine Lösung, Strategie oder Konzeption mehr Leben hervor oder weniger? Wir haben weniger probiert und deshalb sind wir an diesen Punkt gelangt. Wie sieht »mehr« aus? Reines Wasser, saubere Nahrung, fruchtbare Böden, reichhaltige Fischgründe, Urwälder, unberührte Wildnisgebiete – und damit auch menschliche Gesundheit, lebendige Kulturen, Gerechtigkeit, Bildung, respektierte indigene Völker und Minderheiten, beschauliche grüne Städte, existenzsichernde Löhne, würdige Arbeit …

Obwohl die Bewegung zur Regeneration der Umwelt von den Medien und Newsfeeds größtenteils ignoriert wird, existiert sie in Tausenden von Organisationen und durch Millionen von Menschen. Lebensspendende Gemeinschaften sind eher klein und unauffällig und werden von mächtigen Institutionen, deren Marketing, Werbung, soziale Medien unser Leben beherrschen, verharmlost und kaum wahrgenommen. Dagegen basieren die Aktionen von bürgernahen und indigenen Gruppen auf Wechselseitigkeit und Versöhnung mit der natürlichen Welt – Qualitäten, die sich dem Nachrichtenzyklus entziehen. Ihre Arbeit spiegelt wider, was der russische Geograph und Schriftsteller Pjotr Alexejewitsch Kropotkin zu Beginn des vergangenen Jahrhunderts feststellte: Kooperation ist weitaus wirksamer als Konkurrenz, wenn die Umwelt sich verändert und die Ressourcen knapp werden. Er dachte dabei an russische Weizenfelder und schlechtes Wetter, aber seine Einsichten treffen genauso gut auf die Welt von heute zu.

Die Erde ist empfindlich. Abweichungen in atmosphärischen Gasen verändern unser gesamtes planetarisches System. Ohne Kohlenstoff in der Atmosphäre sind wir ein gefrorener Mars und mit zu viel davon der Hexenkessel der Venus. Wir sind eine von 8,7 Millionen Spezies auf einem exquisiten, fragilen Planeten. Die reine Biomasse der Menschen beträgt lediglich 0,01 Prozent aller Lebewesen. Alle übrigen Lebensformen bilden mannigfaltig verflochtene Gemeinschaften, die die Atmosphäre nicht mit Kohlenstoffdioxid belasten. Um die Gemeinschaft des Lebens besser zu begreifen, brauchen wir den Blick nicht in die Ferne zu richten, sondern auf die Gemeinschaft unserer Körper. Ohne die Billionen Mikroorganismen, die in und auf uns leben, würden wir zugrunde gehen. In jedem Moment führt jede Zelle Millionen von Tätigkeiten durch. Diese finden statt, weil Kohlenstoffströme fehlerlos sich verbinden, eingliedern und zusammenwirken. Das ist unser Planet, und das ist unser Körper, eng verwoben mit seiner komplexen Heimat. Sämtliche Körperzellen durchlaufen in einer Sekunde zehnmal mehr Prozesse, als Sterne im Universum vorhanden sind. Dies wurde bereits von Charles Darwin vorhergesehen, als er in poetischer Weise die künftige Entdeckung der Wissenschaft prophezeite, dass jedes Lebewesen ein »kleines Universum [ist], gestaltet durch eine Fülle sich selbst fortpflanzender Organismen, unfassbar klein und so zahlreich wie die Sterne am Himmel«. Leben existiert ausschließlich in Zellen, wobei jede zelluläre Gemeinschaft 100 Billionen Atome enthält, die sich selbsttätig zu Molekülen anordnen, dank derer wiederum die für das Leben notwendigen Bedingungen geschaffen und aufrechterhalten werden.[14] Wenn Zellen zusammenklumpen, was sie gerne tun, bilden sie eine biologische Galaxie des menschlichen Körpers und der Spezies, mit denen wir den Planeten teilen – von Einzellern bis zu Wachtelkönigen, von Grillen bis zu Stinten, von Ringelblumen bis zu Blauwalen.

Die Eitelkeit des einsamen, selbstgenügsamen Individuums gibt es nur in Comics und Westernfilmen. Die meisten Aspekte der Moderne verstärken noch diese Illusion, von gesetzlichen Ansprüchen bis zu daraus abgeleiteten Handlungen, von der Wirtschaftstheorie bis zum Recht, ein Sturmgewehr zu besitzen. So werden wir gezwungen, den Klimawandel zu bekämpfen, eine trügerische Wiederaufnahme von Don Quijote und seinem Kampf gegen Windmühlen, zugleich ein krasses Beispiel dafür, wie wir die lebendige Welt als etwas Fremdes betrachten. Um jedoch die Atmosphäre zu verändern, müssen wir uns die verschlungenen Ströme des planetarischen Kohlenstoffs zum Vorbild nehmen. Soziale und wirtschaftliche Beziehungen müssen in erneuerte soziale und natürliche Ökosysteme integriert werden, und zwar dergestalt, dass sie von konzentrierten Formen ökonomischer Macht nicht außer Kraft zu setzen sind.

Seit der Aufklärung bildet unsere westliche Wissenschaft die vorherrschende Grundlage für die Klassifizierung der Lebenswelt.[15] Pflanzen wurden zu Dingen, Wälder waren Zellulose, Pilze nichts als Nahrungsmittel, Erdreich war Unrat, Tiere hatten keine Gefühle und die Natur diente dazu, ausgebeutet, geschäftlichen Interessen untergeordnet und verkauft zu werden. Dieser Umbruch bezeugte ein tiefgreifendes Versagen der Wahrnehmung und der Einbildungskraft. Die Neugier und Erfindungsgabe, die den Geist der Aufklärung entfacht hatten, verwandelten sich in unerschütterlichen Wissenschafts- und Vernunftglauben, der andere Arten von Wissen ausschloss. Infolgedessen stellte man

Beobachtungen an und entwarf überprüfbare Modelle, die vermeintlich die Natur erklärten. Nur war das ein Irrtum.

Indigene Kulturen, die ununterbrochen das gleiche Land bewohnten, manchmal über mehr als 50 000 Jahre, betrachten die Natur mit ganz anderen Augen. Die lebendige Welt ist ein Familienmitglied, ein Verwandter der eigenen Existenz, ein Dasein, das sich niemals wiederholt. Die Präsenz und das Überleben von etwa 5000 indigenen Kulturen hingen davon ab, dass sie zu Meistern der Mustererkennung wurden und dadurch verstanden, wie man sich in Wäldern, Wüsten oder der Arktis, auf Inseln oder Grasland erfolgreich behauptet. Zu ihren Lehrern gehörte alles, was wächst und gedeiht: Pflanzen, Tiere, Stammesälteste, Kinder und Ahnen. Die amerikanischen Ureinwohner sammelten, jagten und betrieben Landwirtschaft in einer Weise, dass reichlich Lebensmittel und Rohstoffe auch noch für diejenigen vorhanden waren, die ihnen nachfolgten. Die Tatsache, dass westliche Menschen weder derart handeln noch sich selbst so wahrnehmen, offenbart, woran wir glauben, was wir getan haben und was wir bereuen werden.

Die menschliche Reise besteht in der täglichen Praxis, Leben zu gewinnen und zu erhalten. Das können wir in selbstsüchtiger Manier oder mit Anmut tun. In und um uns befindet sich eine lebendige, atmende Sphäre des Bewusstseins, die im Verlauf von einer Milliarde Jahren durch die Evolution erschaffen wurde. Empfindungsfähigkeit ist unter unseren Füßen, in den Baumkronen über unseren Köpfen, in den Favelas, im Atem eines Kindes – das ebenso filigrane wie virtuose, allseits gegenwärtige Gewebe des Lebens. Diese Erkenntnis liegt unserer Geschichte immer zugrunde. Gewiss sind wir mit einem gebrochenen Planeten konfrontiert, zugleich aber mit einer vitalen, vibrierenden und florierenden Sphäre, durchdrungen von Einbildungskraft, Geheimnis und Wagemut. Die Seiten dieses Buches schildern eine Reise in das Reich der Pflanzen, den Kosmos der Insekten, die Labyrinthe der Pilze, das Unterholz von Bäumen, zu Scharen von Säugetieren und Versammlungen menschlicher Großartigkeit. Der Fluss des Kohlenstoffs ist ein heiliger Tanz, der sich durch jede unserer Geschichten zieht und unauflöslich mit ihnen verknüpft bleibt.

Báyò Akómoláfé, Philosoph und Dichter vom Volk der Yoruba, beschreibt den Übergang aus der Profanität und der Verzweiflung hin zu einem tiefen Gefühl des Respekts gegenüber unserem heiligen Zuhause folgendermaßen: »Möge dieses Jahrzehnt mehr bringen als nur Lösungen, mehr als bloß Zukunft – möge es Worte bringen, die wir noch nicht kennen, und Zeitlichkeiten, die wir noch nicht bewohnt haben. Und mögen wir an wilden Orten so eindrücklich aufgesucht und so überwältigend empfangen werden, dass wir fassungslos zurückbleiben. Bereit für die Kompostierung. Bereit für das Unmögliche.«[16]

Zwei

Elemente

> Das Universum ist nicht nur seltsamer, als wir es uns vorstellen, es ist seltsamer, als wir es uns vorstellen *können.*[1]
>
> J. B. S. Haldane

Kohlenstoff ist das geheimnisvollste aller Elemente.[2] Er bildet molekulare Verbindungen, die Energie aufnehmen und Erinnerungen speichern. Das kann nur *ein* Element im Universum. Er liefert den strukturellen Rahmen für Organellen, Zellen, Hormone, Knochen, Wimpern, Bäume, Muscheln, Fledermausflügel. Er ist der Ingenieur und der Macher, ein molekularer Wirkstoff, der jede Spur von Leben anregt. Kohlenstoff organisiert, montiert und konstruiert alles, überall, von Korallenriffen bis zu Nashörnern, von Pflanzen bis zu Planeten. Auch Häute, Schuppen und Membranen, die das Leben entfalten und schützen, bestehen aus Kohlenstoff. Er ermöglicht und gestaltet jeden Aspekt des Bewusstseins – ein wohlwollender Regent, der die Ausdrucksweisen der lebendigen Welt steuert. Dazu ist er in der Lage, weil er verbindet und trennt, festhält (Kohle) und mühelos freisetzt (Zucker), biegsam ist (Bambus) und in der Hornhaut eines Gepardenauges schimmert. Kohlenstoff ist das wesentliche Element der Empfindungsfähigkeit, der Hüter der DNA, der Leiter des mitochondrialen Kraftwerks der Zellen, das die Energie der Sonne, aka Sternenlicht, in unsere Blutbahnen lenkt. Freizügig teilen und tauschen Organismen Kohlenstoff, fügen nahezu unendlich viele Lebensformen zusammen, darunter den *Homo sapiens*, jenen Primaten, der auf zwei Beinen zu gehen und das Feuer zu beherrschen lernte. Die unabsehbaren Manifestationen des Kohlenstoffs machen ihn zur Währung der Fülle, zur Zentralbank der evolutionären Entwicklung und zum sozial am besten angepassten Unternehmer im Pantheon des Lebens. Er verbindet Stickstoff, Sauerstoff und Wasserstoff, um Aminosäuren zu bilden, das notwendige Starterset zum Aufbau eines Proteins. Die Nahrung für jedes Lebewesen, ob Bakterien oder Elefanten, ist aus Kohlenstoffverbindungen zusammengesetzt – Fette, Fasern, Proteine, Kohlenhydrate. Wenn wir verdauen, werden Kohlenstoffmoleküle zerlegt, neu angeordnet und zu Blutzellen, Genen, Hormonen, Energie umgewandelt.[3] Die Nahrungskette beginnt, sobald Sonnenlicht auf Blattgrün trifft, wodurch Kohlenstoff und Sauerstoff in Zucker und Zellulose übergehen.

Diejenigen, die Kohlenstoff nur als Umweltgift bezeichnen, sollten vielleicht ihr Textverarbeitungsprogramm aktualisieren. Ungeachtet dessen, woran wir glauben oder Verrat üben, haben kohlenstoffbasierte Moleküle das letzte Wort.[4] Das ist etwas Gutes. Wir sind eine ungewöhnlich neue Spezies auf dem Planeten mit einem ziemlich ausgefallenen Gehirn, das zu außerordentlichen Fehlurteilen neigt und im Hinblick auf geologische Zeiträume noch immer unerfahren ist. Die Natur hingegen macht nie einen Fehler. Sie experimentiert, unter anderem mit uns. Solange die Sonne scheint, bewegt der Fluss des Kohlenstoffs das Leben in Richtung zunehmender Komplexität, Fülle und Schönheit. Wir sind die einzige Spezies, die diesen Fluss blockiert, untergräbt und beschädigt.

Schon im 19. Jahrhundert traf eine Reihe von Wissenschaftlern die Vorhersage, dass eine erhöhte Kohlenstoffdioxidkonzentration in oberen Luftschichten die Erdatmosphäre erwärme.[5] Der französische Mathematiker und Physiker Joseph Fourier ermittelte, der Planet sei im Verhältnis zur Sonneneinstrahlung wärmer, als er sein sollte. 1824 stellte der Gelehrte die Theorie auf, dass atmosphärische Gase offenbar Wärme speichern. 1837 prognostizierte er, das Gesamtniveau der Erwärmung könne je nach Aktivität und Handeln der Menschen variieren. Auf ihn folgte Eunice Newton Foote, eine US-amerikanische Erfinderin, Forscherin und Verfechterin der Frauenrechte, die 1856 die ersten Experimente mit verschiedenen Gasen wie Kohlenstoffdioxid in luftdicht verschlossenen, dem Sonnenlicht ausgesetzten Glasröhren durchführte. Ihre Schlussfolgerung lautete: Die in den Gefäßen gemessenen Ergebnisse könnten auch für den Planeten gelten. »Eine Atmosphäre mit diesem Gas würde unserer Erde eine hohe Temperatur verleihen.« Ihre Arbeit wurde jedoch fast ein Jahrhundert lang ignoriert, vor allem weil Frauen bei wissenschaftlichen Versammlungen nicht das Wort ergreifen durften. Drei Jahre später entwickelte der irische Naturwissenschaftler John Tyndall Präzisionsexperimente, die zeigten, dass Wasserdampf und Kohlenstoffdioxid bemerkenswert effektiv Wärme speichern, nahezu 1000-mal besser als klare trockene Luft. Tyndall war derart verblüfft über die Resultate seiner Experimente, dass er sie vielfach wiederholte. 1896 kam dann der schwedische Physiker und Chemiker Svante Arrhenius ohne Umschweife zur Sache, indem er unter Verwendung neuer Daten ein Jahr lang von Hand berechnete, was passieren würde, wenn sich die Menge an atmosphärischem Kohlenstoffdioxid verdoppelte. Seine Antwort: Die Erde wäre fünf bis sechs Grad wärmer. Diese Zahlen haben bis zum heutigen Tag Bestand und entsprechen den Modellen der leistungsstärksten Supercomputer. Arrhenius war überzeugt, die globale Erwärmung würde langsam über Jahrhunderte fortschreiten und könne einen positiven Wandel für die Welt bedeuten, zumal für Menschen in kälteren Klimazonen. Der exponentielle Anstieg der Kohlenstoffemissionen im 20. Jahrhundert wäre ihm unvorstellbar gewesen.

An sich ist Kohlenstoff einfach. Der Wortstamm geht auf den indoeuropäischen Begriff *kerh* zurück, »brennen«, der sich später zu dem lateinischen Ausdruck für Kohle, *carbo*, entwickelte. Kohlenstoff verfügt über eine Atomsymmetrie: jeweils sechs Protonen, Neutronen und Elektronen. Vier der sechs Elektronen sind verfügbar zum Austausch, entweder von Kohlenstoffatom zu Kohlenstoffatom oder mit anderen Atomen, wodurch das Element in seiner Vielseitigkeit zugänglich, beständig und ebenso wechselhaft ist. Eine Verbindung kann in exzessiver Weise hergestellt werden, wie etwa bei der Gitterstruktur von Diamanten, wo Kohlenstoff sich an Kohlenstoff schmiegt; oder leicht zerbrochen werden wie beim Zucker, in dem Kohlenstoff sich mit Sauerstoff und Wasserstoff verbindet; oder irgendwo dazwischen liegen wie bei Zweigen und der Haut. Obwohl der Kohlenstoff nur einen erstaunlich kleinen Teil des Universums ausmacht, im Verhältnis von weniger als 1 : 100 000, ist er in 90 Prozent der Moleküle in interstellaren Wolken und 99 Prozent der 33 Millionen Substanzen auf der Erde vorzufinden.[6] Wäre Kohlenstoff ein belebtes Wesen, würden wir seine soziale Intelligenz loben, seine gesellige, sympathische, anpassungsfähige Natur, seine Fähigkeit, mühelos Freundschaften zu schließen. Analysiert man ein Kohlenstoffmolekül, entpuppt es sich als Teilchenzoo aus Leptonen, Quarks, Bosonen, Mesonen, Baryonen und anderen subatomaren Elementarteilchen, die nur für unendlich kleine Sekundenbruchteile bestehen, kurz erscheinen und wieder verschwinden. Zugleich aber können wir Kohlenstoff vom Boden einer gusseisernen Bratpfanne kratzen oder uns den Ruß eines verbrannten Kerzendochts auf den Zeigefinger schmieren.

Kohlenstoff ist während Milliarden von Jahren zur Atmosphäre aufgestiegen und von dort zurückgekehrt, doch nicht mit der Intensität, wie sie seit Beginn der Industrialisierung festgestellt wurde. Die Menschheit hat ein neues geologisches Zeitalter geschaffen, indem sie in wenigen Jahrhunderten fossilen Kohlenstoff aus zehn Millionen Jahren verbrannte. Junge Menschen, neuere Ankömmlinge auf dem Planeten, sind verwundert, dass frühere Generationen die Gefahr steigender Treibhausgaskonzentrationen zwar erkannt, aber nichts dagegen unternommen haben. Derlei war zu Hause, in Büros, Schulen oder den Medien kein Thema. Nun wird der Mantel des Schweigens allmählich gelüftet, da extreme Wetterereignisse immer mehr Menschen in Mitleidenschaft ziehen, doch die meisten von uns sagen kaum etwas dazu, gehen zur Arbeit, säubern den Hof, bestellen das Feld, bilden Fahrgemeinschaften, kaufen Lebensmittel und starren auf Bildschirme. Das existenzielle Problem ist nach wie vor kein Gegenstand für Small Talk, obwohl die Überlebensfähigkeit der Zivilisation auf dem Spiel steht. Ist die Menschheit unbeeindruckt oder desinteressiert? Die Medien berichten lieber über Berühmtheiten, Skandale, Marotten und Sport als über den Untergang der Weltmeere, Wälder, Landschaften und Menschen.

Das ist nicht überraschend. Manchmal werfe ich einen Blick auf diese überflüssigen Geschichten, auch ich möchte abgelenkt werden. Die stetige Zufuhr von niederschmetternden Nachrichten höhlt das seelische Wohlbefinden aus. Unsere Gemüter sind nicht dafür gerüstet, mit den drastischen Beschreibungen dessen fertigzuwerden, was uns oder anderen widerfahren mag. Das außergewöhnliche Wirtschaftssystem, das so gut funktioniert hatte, zerstört seine Schöpfer. Wie konnte dergleichen geschehen? Es scheint uns nicht einzuleuchten. Denn aus keinem Blickwinkel können wir Kohlenstoff und Klima direkt anvisieren. Beide sind unsichtbar. Wir sehen Wetterbedingungen, aber nicht das Klima. Wir sehen Menschen, aber nicht die Mitochondrien, die ihnen Kraft verleihen. Wir hören erschreckende Nachrichten, aber selten von einer glaubwürdigen Methode für die Zukunft oder einem sinnvollen Weg für persönliches Handeln.

Das hat zur Folge, dass 99 Prozent der Menschheit wenig oder nichts gegen die Klimakrise unternehmen. Wir sind betäubt von der Wissenschaft, verwirrt durch Fachjargon, gelähmt von Vorhersagen, unsicher, welche Maßnahmen zu ergreifen wären, angespannt und nervös, während wir uns abmühen, für die Familie zu sorgen, oder einfach ausgelaugt, überarbeitet und müde. Was immer die Ursachen – Unfähigkeit, Unwissenheit oder Gleichgültigkeit – sind: Die Aussicht auf die bevorstehende Apokalypse verkauft sich weder gut noch hat sie inspirierende Wirkung. Während ich dies schreibe, sind Klimaaktivisten der Bewegung *Extinction Rebellion* (Rebellion gegen das Aussterben) in Großbritannien in Grundschulen gegangen, um den Kindern zu erzählen, wir seien dem Untergang geweiht, es sei zu spät.[7] 2021 offenbarte eine internationale Studie über junge Leute zwischen 16 und 25 Jahren, dass 56 Prozent von ihnen überzeugt sind, die Menschheit habe keine Chance mehr.[8] Menschen brauchen einen Weg des Verstehens, der ihnen nicht den Atem verschlägt. Die meisten sprechen nicht über das Klima, weil sie nicht wissen, was sie dazu sagen sollen.

Das höhlenartig dunkle psychologische Loch namens Klimanotstand wird hauptsächlich von Wissenschaftlern, Aktivisten, den Medien, einer Handvoll Politiker und traumatisierten Jugendlichen besetzt. Die anderen wissen größtenteils nichts von dem Loch oder spähen den steilen Abgrund hinab und suchen schnell das Weite. Das ist der Zustand der Welt hinsichtlich des Bewusstseins von der globalen Erwärmung und ihren Konsequenzen. Die Botschaft vom Klimawandel ist deshalb wirkungslos, weil sie an der wesentlichen Wahrheit vorbeigeht.[9] Nach Ansicht des US-amerikanischen Wissenschaftsautors Matthew Shribman erleben wir das schlimmste Kommunikationsversagen in der Geschichte, insofern der Klimanotstand die gesamte natürliche Welt betrifft. Shribman berichtet aber auch über die größte Tierwanderung auf Erden, einen außergewöhnlichen Strom, der sich nachts durch die Ozeane zieht. Unter den Milliarden von Fischen, Garnelen und Mollusken treiben Ruderfußkrebse, winzige Krustentiere mit einer Länge von etwa 1,6 Millimetern, die zudem in Mooren, Sümpfen, Pfützen, Seen, Bachläufen, Grotten und Meeresgräben leben – praktisch überall, wo Wasser vorkommt, einschließlich kleiner Tümpel, wo sich Blätter und Blüten angesammelt haben.[10] Im Ozean verdrängt ihre nächtliche Wanderung zur nahrungsreichen Oberfläche das Wasser ebenso, wie es durch die Gezeitenbewegung infolge der Mondanziehung geschieht.[11] Verborgen vor Raubfischen knabbern die Ruderfußkrebse dort nachts an winzigem Phytoplankton, das atmosphärischen Kohlenstoff speichert. Sobald sie in der Morgendämmerung wieder in die Tiefe wandern, sinkt ihr kohlenstoffreicher Kot zum Meeresgrund und lagert sich für Zehntausende, wenn nicht Millionen Jahre ab. Die ozeanischen Oberflächenschichten, wo sie leben, gelten als wichtigste Kohlenstoffsenke, zwei Milliarden Tonnen pro Jahr, was etwas weniger als einem Sechstel der menschlichen Emissionen entspricht.[12]

Wie fördern und erhöhen wir den Fluss und die Speicherung von Kohlenstoff? Vielleicht indem wir in unserem Denken eine Inversionsschicht abtragen. Die überwältigende Anzahl von Problemen, mit denen wir konfrontiert sind, scheint jede

Möglichkeit, selbst die Möglichkeit von Möglichkeiten im Keim zu ersticken. Zugleich versteckt sich hinter jedem Problem eine Lösung, sonst wäre das Problem gar nicht erst entstanden. So können wir mit der Einsicht beginnen, dass wir die Physik, Biologie und Biochemie des Kohlenstoffs in jedem Moment erfahren, da wir atmen und gehen, etwas berühren, schmecken, sehen, kommunizieren oder imaginieren. Jede unserer 28 bis 36 Billionen Körperzellen beherbergt ungefähr 1,2 Billionen Kohlenstoffatome, allesamt eifrig mit der Bewahrung des Lebens beschäftigt. Darüber hinaus schätzt die Wissenschaft, dass Menschen weitere 40 Billionen Mikrobenzellen in sich tragen, die jeden Körperteil von den Schneidezähnen bis zu den Eingeweiden bedecken, einbinden und durchdringen. Ohne sie ist der menschliche Körper nicht lebensfähig. Die mikrobielle Welt hat uns vor Milliarden von Jahren geschaffen und seither nicht mehr verlassen. Wie aber hängen Mikroben mit der Klimakrise zusammen? Sie erhalten die Welt am Leben. Man vermutet, dass bislang weniger als 1 Prozent der Mikrobenpopulation identifiziert worden ist.

Die Klimakrise und der verschlungene Fluss des Kohlenstoffs sind untrennbar miteinander verknüpft. Die Menge an Kohlenstoff, die seit Beginn des industriellen Zeitalters der Atmosphäre hinzugefügt wurde, ist äußerst gering im Vergleich zum Kohlenstoffbestand auf der Erde, nämlich weniger als 0,00004 Prozent. Das zeigt, wie empfindlich die Atmosphäre auf zusätzlichen Kohlenstoff reagiert. Skeptiker bezweifeln, dass solche Veränderungen einen Unterschied bewirken, was zunächst durchaus Sinn ergibt. Wie sollte der Anstieg von 280 auf 425 ppm Kohlenstoffdioxid in der Atmosphäre einen so großen Einfluss ausüben? Die Veränderung scheint minimal. Menschen sind jedoch nicht weniger empfindlich. Die Hormone Östrogen, Testosteron, Progesteron, Cortisol, Insulin und Melatonin, die Stimmung, Gewicht, Sexualtrieb, Schlaf und Stoffwechselgesundheit regulieren, machen in unserem Körper nicht mehr als ein Hundertstel von einem Wassertropfen aus.

Menschliche Zellen stammen ebenso wie die von Pflanzen, Tieren und lebenden Organismen von einem einzigartigen Ereignis ab. Zwei ähnliche Arten von einzelligen kohlenstoffbasierten Mikroben existierten zweieinhalb Milliarden Jahre lang im Meerwasser: Bakterien und Archaeen. Es handelte sich um winzige Kleckse ohne offensichtlichen Zweck. Obwohl zahlreich vorhanden, hatten sie weder Zellkern noch Gerüst und keine internen Mechanismen zur Energieerzeugung. Archaeen hielten sich zur Ernährung an Meereswinde und heiße Quellen, während Bakterien im Ozean geborene Aminosäuren und Kohlenstoffverbindungen zu sich nahmen. Irgendwann verschmolzen die beiden Mikroben und brachten Eukaryoten hervor, zelluläre Organismen, die Licht und Kohlenstoffdioxid in Sauerstoff und Energie umwandeln konnten. Die neu entstandenen Zellen vervielfältigten sich endlos, wurden miteinander vernetzt und sozialisierten sich, um schließlich Gruppen zu bilden und zu multizellulären Organismen zusammenzuklumpen. Frühe Prototypen waren winzig kleine Würmer, die sich im Lauf der Evolution zu Aalen, Hummern, Bäumen, Faultieren, Motten, Adlern entwickelten – schließlich zu Menschen wie Sie und ich. Wie ging diese erste Vereinigung vonstatten? Trotz unzähliger Versuche ist es der Wissenschaft nie gelungen, die Verschmelzung eines Bakteriums mit einem Archaeon im Labor zu reproduzieren. Dennoch können wir die Gesamtheit des Lebens auf der Erde auf jene einzige mutierte Zelle zurückverfolgen, ein paradiesisches Ereignis, das der US-amerikanische Pastor Ed Yong als »atemberaubend unmöglich« bezeichnet. Während Organismen komplex wurden, mehrgliedrig, ausgestattet mit Schwimmhäuten, Flossen und Flügeln, erwiderten sie zum Dank für diese Symbiosen den Gefallen der mikrobiellen Welt, indem alle gleichsam zu Biotopen für Mikroben wurden. Billionen davon befinden sich allein in unseren Därmen, und unser körperliches wie seelisches Wohlbefinden hängt allein von ihren einzigartigen Funktionen ab. Menschliche Körper bestehen aus Lebensgemeinschaften, ohne die sie zugrunde gehen. So verhält es sich mit sämtlichen Lebensformen. Der Begriff *Gemeinschaft* ist wesentlich, um die Krisen zu bewältigen, denen wir uns heute gegenübersehen.

Können Vorrat und Fluss des Kohlenstoffs zu unseren Gunsten umgelenkt werden? Ja, wenn wir die Aufmerksamkeit auf die Gesamtheit dieser Flüsse richten – von Mikroben zu Zellen, Pilzen zu Pflanzen, Wäldern zu Feldern, Landwirtschaftsbetrieben zu Küchen, Wohnstätten zu Gemeinschaften, Fabriken zu Handelsbeziehungen und von der Staatsführung bis zur Kultur. Um den US-amerikanischen Autor Sebastian Junger zu zitieren: »Die Vorstellung, dass wir die Vorteile der Gesellschaft genießen, ohne dafür etwas zurückgeben zu müssen, ist buchstäblich kindisch. Nur Kinder schulden einem nichts.« Wir müssen uns mit dem auseinandersetzen, was hier unten, nicht da oben ist: rasant fortschreitender Ressourcenabbau, Vermögenskonzentration, Finanzhegemonie, politische Korruption, Kommerzialisierung der Nahrung, kulturelle Entwurzelung, menschliche Ausbeutung und die absurd »tragische Wissenschaft« der Ökonomie, welche die Umwelt ausschließt. Wir schulden es den Kindern, sämtliche Ursachen der Krise anzusprechen – also genau jene Bereiche, die von den meisten Klimaforschern umgangen oder nur zögerlich thematisiert werden.

Drei
Firmament

Bewusstsein gibt es seiner Natur nach
nur in der Einzahl.
Ich möchte sagen: die Gesamtzahl aller
»Bewusstheiten« ist immer bloß eins.[1]

Erwin Schrödinger

Die hochtrabende Aussage, dass wir aus Sternenstaub bestehen, ist grundsätzlich korrekt: Der menschliche Körper enthält etwa 44 Quadrilliarden Moleküle, was praktisch unbegreiflich und objektiv bedeutungslos ist. Die Behauptung, dass wir aus nuklearem Abfall bestehen, würde ebenso gut zutreffen. Jedenfalls haben unsere Moleküle ihren Ursprung in Roten Riesen, die sich gegen Ende ihres Lebens ausdehnen. Irgendwann wird unsere Sonne das Gleiche tun. Ihr stellarer Kern setzt sich hauptsächlich aus Wasserstoff und Helium zusammen und wird durch Kernfusion gespeist. Zwei Atome Wasserstoff, das am weitesten verbreitete Element im Universum, verschmelzen zu einem Atom Helium (bekannt als »Alphateilchen«), das am zweithäufigsten vorkommende Element. Es ist jedoch keine perfekte Übereinstimmung. Ein überflüssiges Neutron spaltet sich ab, wenn die Atome fusionieren und riesige Energiemengen erzeugen (etwa 250 Gramm Wasserstoff könnten einen Monat lang die Weltwirtschaft in Schwung halten). Wenn Sie also am Strand in der

Sonne baden, wäre es richtig zu sagen, dass Sie ein Sternenbad nehmen.

Im Laufe von Jahrmilliarden lösen extreme Hitze und Gravitationsdruck im Innern des Sterns eine Sturzflut von Kernreaktionen aus, infolge derer nacheinander schwerere Elemente entstehen: Sauerstoff, Stickstoff, Schwefel, Natrium und andere.[2] Die Erschaffung jedes Elements setzt noch mehr Energie frei, die ein solares Fegefeuer schürt und die Transformationsrate der Elemente weiter erhöht. Dieser Prozess setzt sich so lange fort, bis das 26. Element zum Vorschein kommt: Eisen. Dessen Protonen, Elektronen und Neutronen sind zwar reaktiv, aber im Gegensatz zu leichteren Elementen verbrauchen die Reaktionen Energie, ohne ihrerseits welche abzugeben. Sobald ein Stern die kritische Masse von Eisen erreicht, geht die Energieerzeugung schlagartig zu Ende. Der Fusionsreaktor wird abgeschaltet, das System kippt um, die Hitze ist verschwunden, und innerhalb einer Viertelsekunde kollabiert ein vormals gleißender, massereicher Stern zu einer prachtvollen Supernova, die über Monate am Nachthimmel zu sehen ist. Jede Sekunde werden durch Sternausbrüche irgendwo im Universum Elemente in den Raum geschleudert, die Nebel bilden, interstellare Staubwolken mit einem Durchmesser von Billionen Kilometern, in denen Schwefel, Argon, Kobalt, Blei, Graphen und Gold enthalten sind.

Um die Unermesslichkeit der fortlaufenden Schöpfung im Universum einigermaßen zu begreifen, sollten Sie sich nur einmal vorstellen, dass täglich 86 000 Sonnen explodieren. Diese riesigen Staubwolken, die sich über mehrere Hundert Lichtjahre erstrecken, schützen ihre atomare Brut vor ultragewaltiger Zerstörung, reisen mehrere Hundert Millionen Jahre durch den Kosmos und erschaffen aus den entsorgten Elementen neue molekulare Kombinationen. Schließlich werden sie durch die Gravitation in komplexe Wirbel aus Gas, Staub und Gesteinsbrocken gezwungen. Während die komprimierenden Spiralkräfte der Schwerkraft zunehmen, formt sich die abgeflachte Scheibe einer werdenden Sonne heraus, umkreist von einer chaotischen Mixtur aus Gesteinstrümmern, die letztendlich zu Planeten verschmelzen. Mit anderen Worten: Wir sind die Abkömmlinge eines toten Sterns, »eine Ansammlung von leerem Raum und uralter Elektrizität, eine unvorstellbare Menge von Atomen, die Protonen, Neutronen und umherspringende Elektronen mit sich führen«.[3] Sterne zeugen Sterne. Und uns.

Seit den 1950er-Jahren besteht die vorherrschende Theorie über die Entstehung des Universums darin, dass die atomaren Elemente während des sogenannten Urknalls geschaffen wurden. Diesen Ausdruck überzog der Astrophysiker Fred Hoyle in einem BBC-Interview mit beißendem Spott. Die Vorstellung, das Universum habe um seiner Entstehung willen sich selbst zur Explosion gebracht und in einem Sekundenbruchteil die gesamte Reihe der Elemente gleichsam aufgekocht, erschien ihm absurd. Seiner Ansicht nach hatte das Universum keinen Anfang. Er war Mitbegründer des Steady-State-Modells, dem zufolge ein expandierendes Universum stetig neue Sterne und Galaxien hervorbringt, was sich zugleich mit seinem Atheismus vereinbaren ließ. Dieses Modell wurde jedoch verworfen. Fortan ging die Erschaffung des Universums auf einen einzigen Punkt in der Zeit zurück, eine Singularität, die vor etwa 13,8 Milliarden Jahren eintrat. 2023 enthüllten Bilder des James-Webb-Weltraumteleskops, das 13,5 Milliarden Jahre zurückblickte, vollständig ausgebildete Galaxien – womit sich die Frage stellte, wie sie sich in so relativ kurzer Zeit derart weit entwickeln konnten.[4]

Vom Standpunkt der hinduistischen oder buddhistischen Kosmologie aus betrachtet sind sowohl die Urknall- als auch die

Steady-State-Theorie korrekt. Im Vergleich zu westlichen Kosmologien umfassen sie unvorstellbare Zeiträume, in denen sich das Universum während Millionen Maha Kalpas immer wieder ausdehnt und zusammenzieht. Die mythische Dauer eines Maha Kalpas entspricht der Zeit, die es braucht, bis ein Berg, dreimal höher als der Mount Everest, abgetragen und zu Staub wird durch eine darüberfliegende Taube, die den Gipfel alle 100 Jahre mit einem Seidentuch abreibt, ungefähr also 311 Billionen Jahre. Das ist ein Sinnbild der Unendlichkeit. Nach dieser Kosmologie war der Urknall lediglich der bislang letzte der unendlich vielen Pulsschläge des Universums.

Ungeachtet der kosmologischen Theorien waren die Wissenschaftler verwundert über die Existenz des Kohlenstoffs. Wenn er nicht beim Urknall erschaffen wurde, musste er in Sternen entstanden sein, aber wie? Zunächst nahm man an, dass drei Alphateilchen (Helium) zu einem Kohlenstoffatom fusionieren könnten. Ein Alphateilchen besitzt jeweils zwei Protonen und Neutronen. Multipliziert mit drei ergibt das Kohlenstoff mit jeweils sechs Protonen und Neutronen. Die Rechnung ging zwar auf, aber der für die Fusion notwendige »Energiezustand« war nicht ausreichend. Atomkerne enthalten eine bestimmte Zahl von Protonen und Neutronen. Deren Konfiguration um den Kern bestimmt die vorhandene Energiemenge, das heißt, verschieden angeordnete Protonen und Neutronen resultieren in unterschiedlichen Energiezuständen. Diese Varietät energetischer Zustände wird von Physikern als »Resonanz« bezeichnet. Aufgrund inkompatibler Resonanz können demnach drei Alphateilchen nicht zu Kohlenstoff werden.

Atome sind buchstäblich Leerräume, die mit enormer magnetischer Kraft einander abstoßen. Täten Sie das nicht, würde eine Fusion stattfinden, sobald wir auf den Boden treten, und die

Erde wäre nicht größer als ein Baseball. Dennoch blieb die Frage: Wie wurden leichtere Elemente zu Kohlenstoff? Fred Hoyle war von diesem Rätsel fasziniert. »Da wir in der natürlichen Welt von Kohlenstoff umgeben und selbst kohlenstoffbasiertes Leben sind, müssen die Sterne eine höchst wirksame Methode entdeckt haben, ihn herzustellen, und danach werde ich suchen.« Man würde meinen, er hätte einfach nachgerechnet. Er wusste, dass zwei Alphateilchen zu Beryllium verschmelzen, ein äußerst instabiles Atom, das sich schnell wieder in zwei Alphateilchen zurückverwandelt. In der Physik hat das Adjektiv »schnell« indes eine ganz eigene Bedeutung. Die Zeitspanne, in der zwei Helium-Atome fusionieren und sich mit einem dritten Alphateilchen verbinden können, wurde auf ein Billionstel einer Billionstelsekunde berechnet (0,0000000000000000000000968 Sekunden). In Anbetracht dessen vertrat Hoyle folgende Auffassung: Wenn in einem solch unendlich kleinen Moment ein drittes Alphateilchen mit dem instabilen Beryllium zusammenstieße, würde diese Reaktion die Resonanz der Elemente verändern und die Fusion zu Kohlenstoff herbeiführen.

Im Rückblick auf die damalige, von Ungewissheit geprägte Debatte nannte der britische Physiker und Wissenschaftsautor Marcus Chown diese Idee »die ungeheuerlichste Vorhersage«, die je in der Wissenschaft getroffen worden sei.[5] Anders ausgedrückt: Hoyles Kollegen betrachteten sie als absurd. 1953 hielt er am California Institute of Technology (Caltech) eine Reihe von Vorlesungen über Sternphysik sowie darüber, wie sich die Synthese der Elemente von Helium zu Eisen vollzieht. Die anwesenden Wissenschaftler vom Caltech begegneten seinen Ausführungen mit tiefer Skepsis. In ihren Augen war er ein Astronom, der über Kernphysik spekulierte. Auch Ward Whaling, Professor für Experimentelle Kernphysik, reagierte anfangs ablehnend und meinte, Hoyles Theorien über stellare Eigenschaften klängen so, »als würde er beim Reden irgendwelche Dinge erfinden«. Manche kritisierten sie in aller Offenheit, hielten sie gar für lächerlich. Doch Hoyle blieb standhaft und erklärte, es gebe keine andere denkbare Möglichkeit für die Erschaffung von Kohlenstoff. Damit setzte er die Wissenschaft unter Druck, seine Theorie zu überprüfen.

Der Argwohn ihr gegenüber wurde noch dadurch verstärkt, dass keine Spektralanalyse von Gasen im Universum jemals Hoyles postulierte Form von energetisiertem Kohlenstoff nachgewiesen hatte. William Alfred Fowler, ebenfalls einer der Skeptiker, der von Hoyle ständig bedrängt worden war, formte schließlich ein Versuchsteam, um herauszufinden, ob sie Hoyles energetisierten Kohlenstoff erzeugen konnten. So machten sich Fowler und einige der weltweit anerkanntesten Kernphysiker ans Werk, um Hoyles Theorie zu verifizieren. Dazu mussten sie ein mehrere Tonnen schweres Massenspektrometer mit seinem riesigen Magneten einen engen, nur knapp über einen Meter breiten Gang mit zwei rechten Winkeln entlangbewegen. Mehrere Doktoranden platzierten die Stahlplatte auf Hunderten von Tennisbällen und schoben das Gerät langsam vorwärts, indem sie die Bälle immer wieder davorlegten. Als die Versuchsanordnung stand, arbeitete sich das Team unter der Leitung von Ward Whaling, der überzeugt war, dass Hoyle Daten fingierte, im Periodensystem zurück und bombardierte Stickstoff mit Wasserstoff-Isotopen, um Protonen zu beseitigen und Kohlenstoff herzustellen. Nach drei Monaten intensiver Arbeit bestätigte Fowlers Team Hoyles ungeheuerliche Vorhersage – einen energetisch erhöhten Zustand des Kohlenstoffs. Whaling und seine Kollegen reichten bei der American Physical Society einen Aufsatz ein, in dem Hoyles Name zuerst genannt wurde. Am Caltech änderten sich Wertschätzung und Respekt für Hoyle drastisch, und er und Fowler wurden Freunde fürs Leben.

Der Nachweis, wie Alphateilchen (Helium) in Kohlenstoff verwandelt werden können, zeigte auch, dass sie in steigender Zahl andere wesentliche Elemente erzeugen.[6] Zwei Protonen und zwei Neutronen zu Kohlenstoff-12 hinzugefügt, ergibt Sauerstoff-16 und im weiteren Fortgang Neon-20, Magnesium-24, Silizium-28, Argon-36 und Calcium-40. Wenn umgekehrt zwei Protonen von Sauerstoff-16 abgespalten werden, entsteht daraus Stickstoff-14. Aminosäuren enthalten drei Elemente – Kohlenstoff, Sauerstoff und Stickstoff. Hoyle prognostizierte nicht nur den Mechanismus der Kohlenstoffsynthese, sondern erkannte zugleich, wie die wesentlichen Elemente des Lebens entstanden sind und wie beim Zerfall Roter Riesensterne die Grundbausteine gebildet werden. Wenn ein Stern am Ende kollabiert und eine Supernova auslöst, werden Kohlenstoff und seine Nachkommen von Elementen überall im Universum verteilt. Die molekularen Samen verstreuen sich wie die Flugschirme des Löwenzahns, die der Wind durch die Lüfte weht.

Der primordiale Zustand der Entropie in einem sterbenden Stern ist mittlerweile als »Hoyle-Zustand« bekannt. Darin überlebt nur einer von etwa 2500 flüchtigen und seltsam geformten Beryllium-Kernen und wird in jenem Billionstel einer Billionstelsekunde zu Kohlenstoff. Dennoch ist Kohlenstoff im Überfluss vorhanden. Der Erdmantel enthält schätzungsweise 1,85 Trillionen Tonnen davon, die Atmosphäre weitere 585 Milliarden Tonnen, der Erdboden 2500 Milliarden Tonnen und Pflanzen 450 Milliarden Tonnen.[7] Ursprünglich hatte Hoyle über die Vorstellung zu spotten gepflegt, im Universum existiere ein Gott oder eine höhere Macht. Das Leben war bloßer Zufall, ein beliebiges Zusammentreffen von Atomen, Molekülen und chemischen Vorgängen. Das Universum anders zu betrachten, glich für ihn daher

»einem verzweifelten Versuch«, der Realität zu entfliehen. Seine Entdeckung belehrte ihn jedoch eines Besseren: »Eine Interpretation der Tatsachen durch den gesunden Menschenverstand legt nahe, dass eine Superintelligenz mit der Physik wie auch mit Chemie und Biologie herumgespielt hat und dass es nicht lohnt, über blinde Kräfte in der Natur zu sprechen. Die Zahlen, die man aus den Tatsachen errechnet, scheinen mir derart überwältigend zu sein, dass diese Schlussfolgerung fast außer Frage steht.« Für seine Kollegen stand sie nicht außer Frage. Wegen seiner Aussage, die auf Kräfte (Intelligenz) jenseits unseres Verständnisses hindeutete, verlor Hoyle in der wissenschaftlichen Welt an Glaubwürdigkeit. Sicherlich deshalb blieb er 1983 beim Nobelpreis für Physik unberücksichtigt, der an William Alfred Fowler verliehen wurde – an denjenigen, der für Hoyles Vorhersage den Beweis erbrachte, obwohl er sie anfangs bezweifelt hatte.

Wenn Physiker heute jene Art von Zufällen beschreiben, die zur Erschaffung der Grundbausteine des Lebens notwendig sind, sprechen sie von außergewöhnlichen Symmetrien, Resonanzen, Gradienten und Werten, von den kleinsten subatomaren Teilchen bis zum Gravitationsfeld der Sonne.[8] Nach Stephen C. Meyer, Wissenschaftshistoriker an der Cambridge University, haben die Physiker seit den 1950er-Jahren »entdeckt, dass das Leben im Universum von einer Reihe höchst unwahrscheinlicher Kräfte und Eigenschaften sowie einem äußerst unwahrscheinlichen Gleichgewicht zwischen vielen von ihnen abhängt. Die genauen Parameter der Grundkräfte der Physik, die Anordnung von Materie und Energie zu Beginn des Universums und zahlreiche weitere besondere Merkmale des Kosmos scheinen fein aufeinander abgestimmt zu sein, um Leben zu ermöglichen. Wäre eine dieser Eigenschaften auch nur minimal verändert worden, würden komplexe Chemie und Leben nicht existieren.«[9]

Die Physiker haben dem Universum, charakterisiert durch ein Dutzend oder mehr unglaubliche Zufälle, eine Bezeichnung gegeben, die eher an das »Frisieren« eines Sportwagenmotors als an Intelligenz erinnert: *fine-tuning* (Feinabstimmung). Von daher könnte man die von Hoyle, Fowler und Whaling vorgestellten, abgeleiteten und schließlich bewiesenen Resonanzen und unmöglichen Harmonien mit einer Symphonie vergleichen, was voraussetzt, dass sämtliche Instrumente und Stimmen im exakt gleichen Moment auf identischen und komplementären Frequenzen miteinander verschmelzen. Die Uraufführung von Gustav Mahlers gut achtzigminütiger »Auferstehungssymphonie« erforderte 171 Instrumentalisten und Instrumentalistinnen sowie 858 Sänger und Sängerinnen – alle in perfekter Tonhöhe und vollkommen im Einklang, unter einem Dirigenten spielend und singend mit außergewöhnlicher Bedachtsamkeit und Verbundenheit. Lauschen Sie dem letzten Satz, falls Ihnen dieses Werk noch nicht zu Gehör gekommen ist. Die Wahrscheinlichkeit, dass das Universum jene Resonanzen und Übereinstimmungen erschafft, die dem Orchester des Lebens förderlich sind, wird von Physikern als praktisch nicht zu berechnen angesehen. Und doch sind wir nun hier, ich schreibend, Sie lesend.

Vier
Zellgenossen

> Selbst heute können wir nicht wirklich erklären, was der Unterschied ist zwischen einem lebendigen Klumpen Materie und einem toten.[1]
>
> Sara Imari Walker

Als ich vier Jahre alt war, gehörten frühlingshafte Tümpel mit Salamandern, schwerfällig tapsenden Fröschen und wimmelnden Kaulquappen praktisch zur Familie. Häufig saß ich an einem Bach und beobachtete stundenlang Wasserläufer und Ruderwanzen. Eines Tages lief ich einem Ball bis zur Straße hinterher und entdeckte einen wie eine Tortilla platt gedrückten Frosch. Seinen Flecken und Hautklumpen waren Reifenspuren eingeprägt und die gespreizten Reptilienbeine zeigten in alle Richtungen. Ich war mir sicher, dass der Eiswagen, der in der Nachbarschaft verkehrte und ständig »Cuckoo Waltz« spielte, den Frosch überfahren hatte. Der vertrocknete Kadaver war so dünn wie Pappe und so leicht wie eine Waffel. Ich löste ihn vom Belag ab und rannte nach Hause, um ihn meiner Mama zu zeigen. Sie warf ihn in den Abfall und wusch mir die Hände. Später ging ich zum Mülleimer zurück, nahm den tortillaflachen Frosch heraus und legte ihn in meine Schatzkiste unter dem Bett, in der sich leere Schneckengehäuse, zerfetzte Schmetterlingsflügel und abgetrennte Schwänze von Eidechsen befanden, die sich meinem Zugriff entzogen hatten.

Trotz meines tierischen Beuteguts hatte ich noch nicht wirklich verstanden, dass etwas sterben konnte. Es war eine Offenbarung, die ich überhaupt nicht mochte. Sie nahm mich in Besitz, jagte mir Angst ein, denn ihre Botschaft lautete, dass meine Schwester, mein Hund und meine Mama ebenfalls sterben konnten.

In einer mondbeschienenen Nacht wurde ich durch das Geräusch eines herunterfallenden Froschs geweckt. Im Schlafanzug rannte ich nach draußen und erspähte einen Vogel auf dem Dach, pfeifend, zirpend, singend und trillernd. Er imitierte Grillen, Krähen, Eichelhäher, meines Großvaters quietschende Wetterfahne und Frösche, bewegte den Kopf auf und ab, als wollte er sagen: »Hier oben hab ich die beste Zeit der Welt.« Ich glaubte mich in Gottes Gegenwart zu befinden. Ernsthaft. Wenn man jung ist, scheint das Göttliche nah. Wer konnte sicher sein, dass es tatsächlich ein Vogel war, denn wer außer Gott würde die ganze Nacht auf einem gewellten Blechdach freudig singen und tanzen? Am Morgen eilte ich aufgeregt zu meinem Großvater, um ihm die Neuigkeit mitzuteilen. Er hörte aufmerksam zu, nickte, hielt inne und sagte: »Junge, das war eine Spottdrossel.«

In der Schule lehrte man uns, das Leben sei ein Konkurrenzkampf.[2] Das Wort »Kooperation« wurde im Biologieunterricht nie erwähnt und in anderen Fächern nur selten gehört. Noten gab es für Gleichungen und Kurven, nicht für uns als Team. Man brachte uns Darwin bei, nicht den heiligen Franziskus. Beleidigungen auf dem Schulhof, Boshaftigkeit, Schikanen und gelegentliche Schläge bestätigten die Erziehungsmethoden im Klassenzimmer. Im Hintergrund liefen die Abendnachrichten, berichteten ausführlich über regionale Kriege und Wirtschaftskrisen. Doch nie sah ich einen Konflikt in den Apfelbäumen, am Bach beim Haus oder unter den Krähen, die zur Dämmerstunde in den Kiefern dem Klatsch frönten. Offensichtlich existierten zwei Welten.

Einst definierten Biologen das Leben klar und deutlich. Dazu gehörten Bewegung, Fortpflanzung, Stoffwechsel, Energie, Wahrnehmung, Membranen und Organisation. Diese Eigenschaften, hieß es, seien allen lebenden Organismen gemeinsam, ungeachtet der Art, Gestalt oder Größe. Aufgrund neuerer biologischer Entdeckungen ist diese Eindeutigkeit nicht mehr möglich. Da es nun keine auf breiter Front akzeptierte Definition des Lebens gibt, ist die Biologie die einzige Wissenschaft, die nicht genau darlegen kann, was sie eigentlich untersucht. Das widerspricht der eigenen Erfahrung. Unsere Wahrnehmung vom Leben vollzieht sich spontan und instinktiv, wie bei allen tierischen Wesen. Zellen enthalten Billionen von Molekülen, die unaufhörlich chemisch interagieren. Ob Mikrobe oder Seekuh – die Zellen sämtlicher Organismen sind Brutstätten des Kohlenstoffs. Dabei sind die Moleküle in den Zellen leblos, bloße metabolische Werkzeugsätze für deren verschlungene Welt. Wie aber werden Billionen unbelebter Moleküle in einer einzigen Zelle empfindungsfähig? Zwar ist keines der Moleküle lebendig, doch die Zelle ist ein lebender Organismus – ein Phänomen, das noch der Erklärung bedarf.

Im Lauf der vergangenen Jahrzehnte hat die biologische Forschung den Bereich der lebendigen Welt erweitert. 1969 wurden Extremophile entdeckt, Mikroorganismen in scheinbar lebensfeindlichen Milieus, die Wärme-, Kälte- und Druckniveaus überstehen, denen keine bisher bekannte Lebensform hätte standhalten können. Extremophile leben in Seen knapp einen Kilometer unter dem antarktischen Eisschild und werden in Felsen gefunden, die etwa 600 Meter unter dem Meeresboden begraben sind.

Tardigraden – umgangssprachlich auch als Bärtierchen oder Wasserbären bezeichnet – sind Kleinstlebewesen. Sie sehen aus wie übergewichtige Raupen mit dem zerquetschten Gesicht eines Außerirdischen, existieren seit mehr als 500 Millionen Jahren und können radioaktiver Strahlung und Sauerstoffmangel ebenso widerstehen wie Unterernährung und zermalmendem Druck. Wenn sie völlig dehydriert sind, gleichen sie Sesamkörnern ohne Beine. Besprüht man sie Jahrzehnte später mit Wasser, kommen gedrungene kleine Beine wieder zum Vorschein und sie watscheln davon.

Rädertierchen wurden zunächst »Animalcules« genannt, ein Begriff, den Antoni van Leeuwenhoek, Naturforscher und Mikroskopiker aus dem niederländischen Delft, im 17. Jahrhundert prägte.[3] Bekannt als der Vater der Mikrobiologie, bestand Leeuwenhoeks erster wissenschaftlicher Beitrag aus Präzisionsmikroskopen mit leistungsstarken Linsen. Sie waren zehnmal schärfer als die in den besten Mikroskopen seiner Zeit. Die zweite große Leistung für die Wissenschaft gelang ihm, indem er den Blick dorthin richtete, wo niemand nachzuschauen gedachte. 1674 gab er einen Tropfen Regenwasser auf eine Glasplatte und beobachtete als erster Mensch Mikroorganismen – Protozoen, Bakterien, Archaeen, Pilze und Algen, die umherwimmelten. »Nie ist mir etwas Angenehmeres unter die Augen gekommen«, schrieb van Leeuwenhoek. Es war angenehm für ihn, doch er scheute sich, jemand anderem mitzuteilen, was er sah. Damals war seine Entdeckung nicht glaubwürdig. Schließlich aber nahm der Meister des Mikroskops, der lediglich über eine Grundschulausbildung verfügte, seinen Mut zusammen und schickte einen Brief an die Royal Society in London.[4] Nachdem sie ihre tiefe Skepsis überwunden hatte, traf eine Delegation der Gelehrtengesellschaft in Delft ein und betrachtete mit eigenen Augen lebende, pulsierende Mikroben. Das veränderte die Welt der Wissenschaft grundlegend. Jahre später, als van Leeuwenhoek einen Tropfen aus seiner Dachrinne untersuchte, fand er Rädertierchen, zweiköpfige Kleckse von Zooplankton, ausgestattet mit einem kleinen Paddelschwanz. In der Sommerhitze vermischte er Staub aus der Dachrinne mit Wasser und sah, wie die Tierchen wieder zum Leben erwachten. 2021 barg ein Wissenschaftler ein zwischen 23 960 und 24 485 Jahre altes Rädertierchen aus der russischen Arktis. Als dieses uralte Lebewesen auftaute, fing es an, sich fortzupflanzen.

Viren umkreisen Tardigraden und Rädertierchen, werden aber nicht als Lebensform klassifiziert. Laut Internationalem Komitee für die Taxonomie von Viren sind sie keine lebenden Organismen. Daher sollten wir den Ausdruck »Bewohner« verwenden; sie bewohnen lebende Zellen und verändern sie, bald zum Besseren, bald zum Schlechteren, doch meistens in einer Weise, die wir nicht ganz verstehen. Verglichen mit einer Zelle sind Viren winzig, wie ein kleines Kind, das vor dem Empire State Building steht. Mühelos bewegen sie sich in Organismen und Pflanzen hinein und aus ihnen heraus. Weder ernähren sie sich noch wachsen sie. Virale Genetik modifiziert die Struktur von Zellen, produziert Millionen von Duplikaten und manchmal Mutationen. So konnte sich Covid-19 ausbreiten und entwickeln. Schätzungen zufolge gibt es über eine Billion Spezies von Viren. Milliarden davon durchdringen unsere Eingeweide, Organe, Haut, Augen, Haare oder den Mund. Viren haben einen besonderen Ruf. Obwohl sie die menschliche Gesundheit ernsthaft schädigen können – Pocken, Polio, Ebola –, erzählen Wissenschaftler eine andere Geschichte: Ohne Viren würde Leben nicht existieren. Ihre Gesamtheit in unserem Körper wird als »Virom« bezeichnet. Der US-amerikanische Wissenschaftsautor Carl Zimmer schreibt: »Wenn Viren leblos sind, dann ist die Leblosigkeit unserem Wesen eingeschrieben.«[5]

1992 traf die NASA Vorbereitungen, um innerhalb und außerhalb unseres Sonnensystems nach Leben zu suchen. Eine Abteilung für Exobiologie wurde gegründet, in der Mikrobiologen beurteilten, welche nachweisbaren chemischen Stoffe auf das

Vorhandensein von Leben hindeuten. In der Gemeinschaft der Biologen kursierten zahlreiche Definitionen, aber die NASA bedurfte einer eindeutigen Begriffsbestimmung als Arbeitsgrundlage, um außerirdisches Leben festzustellen. Keine Institution untersuchte das Problem genauer als die US-amerikanische Weltraumbehörde und sie tat dies mit einem Staraufgebot von Biologen. Unter ihnen bestand eine breite Übereinstimmung: Leben gewinnt Energie aus der Umgebung, vervielfältigt sich, verfügt über Membranen, reagiert auf die äußere Welt, wandelt Materie um und entsorgt Abfallstoffe, benötigt Wasser und ist kohlenstoffbasiert. Zugleich mussten Lebensformen antizipiert werden, die sich von den auf der Erde bekannten unterschieden. Nach einer Reihe weiterer Diskussionen präsentierten die Biologen eine allumfassende Definition des Lebens als »eines sich selbst erhaltenden chemischen Systems, das zur Darwin'schen Evolution fähig ist«. Mit diesem Bruchstück irdischer Voreingenommenheit brach die NASA auf, um Leben zu finden.

2011 wollte Edward Trifonov, ein bekannter, in Russland geborener israelischer Molekularbiophysiker, die voneinander abweichenden Perspektiven auf das Leben zusammenführen. Er stellte 123 entsprechende Definitionen, einschließlich jener der NASA, zusammen in der Hoffnung, sie alle hätten einen wesentlichen Aspekt gemeinsam. Als Experte auf dem Gebiet der Proteinstruktur glaubte er, ein gemeinsamer Faden innerhalb der sprachlichen Struktur würde die mannigfaltigen Definitionen miteinander verbinden. Also zog er die zwölf (im Original sieben) Wörter der NASA-Definition heran und verringerte sie auf drei: »Selbstreproduktion mit Variationen«. Seine Formel war ein Triumph der Kürze. Sie schien sämtliche 123 Beschreibungen zu umfassen. Doch der Sieg war nur von kurzer Dauer. Gemäß seiner Definition wären auch Computerviren eine Lebensform.

Die Religionen haben ein ähnliches Problem. Es gibt zahlreiche Begriffsbestimmungen von Gott: Jahwe, Jehova, Elohim, Schöpfer, Allmächtiger, Allah, Hu, Bhagwan, Bhagavati, Bahá, Olorun, Nana Buluku, Chukwu, Unkulunkulu … Wie bei den verschiedenen Definitionen des Lebens weichen die Beschreibungen Gottes nicht stark voneinander ab. Allerdings schaffen sie kein gemeinsames Verständnis. Während sich die Religion auch auf die unsichtbare Welt erstreckt, bleibt das Leben zu Hause und hat mit Materie und Molekülen zu tun. In Physik und Chemie herrschen Grundprinzipien und Konstanten, die unantastbar sind. In der Biologie hingegen stehen die vereinbarten Grundprinzipien, die das Leben bestimmen, zur Diskussion.

Physiker haben immer kleinere subatomare Teilchen entdeckt, aus denen sich die Welt der Elemente zusammensetzt. Biologen verfahren ähnlich mit der Welt der Zellen. Doch weder in diesem noch in jenem Bereich erklärt das winzige Detail ein Atom oder eine Zelle. Ist der Kohlenstoff mit der fortlaufenden Reihe lebendiger Prozesse in einer Weise verknüpft, die wir uns nicht vorstellen können? Die schnelle Antwort vonseiten der Physik ist ein unbedingtes Nein. Die Biologen hingegen würden zustimmen. In ihren Diskussionen spielt der Kohlenstoff keine andere Rolle als die eines Allzweckelements. Trotzdem kann die Biologie ebenso wenig wie die Physik eine klare Linie zwischen dem Belebten und dem Unbelebten ziehen. Die Naturwissenschaften teilen, isolieren und trennen, um die Gesamtheit des Lebens anhand seiner kleinsten Teile zu verstehen.[6] Doch auf keines davon lässt es sich reduzieren. Einstein bemerkte einmal, unsere Wahrnehmung, vom Leben getrennt zu sein, sei eine optische Täuschung des Bewusstseins.

Die vielleicht beste Möglichkeit, das Leben zu begreifen, wurde von der US-amerikanischen Wissenschaftsphilosophin Carol

Cleland vorgeschlagen. Sie ist überzeugt, dass es der falsche Weg ist, das Leben zu definieren. Definitionen sind für Wörterbücher, nicht für die lebendige Welt. Ihrer Ansicht nach müssen wir die Natur des Lebens verstehen, nicht das Leben in der Natur, und das hat zur Folge, das Leben als ein System aufzufassen – ob Ökosysteme, Kolonien von Extremophilen in schwefelhaltigen Tiefseequellen oder mikrobielle Gemeinschaften in unseren Eingeweiden. Ich würde dieser Liste indigene Kulturen hinzufügen, denn auch sie sind ausdauernde lebendige Systeme. Und warum nicht Athen, Kyoto oder andere traditionsreiche Städte, die ebenfalls bewährte lebendige Systeme darstellen?

1961 arbeitete der berühmte englische Wissenschaftler James Lovelock als Berater für die NASA, um eine hochempfindliche Apparatur zu entwickeln, die in außerirdischen Atmosphären und Oberflächen überprüfen sollte, ob dort Leben existiert oder nicht. Damit begann ein planetarisches Erkundungsprogramm, bei dem Sonden ins All geschickt wurden. Zuerst sollte ein zweiteiliges Raumfahrzeug zum Mars aufbrechen, um vor der Landung dessen Landschaft von oben zu fotografieren und anschließend am Boden Proben zu analysieren.

Abgesehen davon, dass er der zweitnächste Planet ist, war der Mars bereits Gegenstand unzähliger Spekulationen, zumal nach der 1878 erfolgten Bekanntgabe des italienischen Astronomen Giovanni Schiaparelli, Direktor am Mailänder Observatorium Brera, auf dem Planeten *canali*, Kanäle, entdeckt zu haben.[7] Aufgrund einer fehlerhaften Übersetzung ins Englische (*canals* statt korrekt *channels*) dachte man an dort existierende, von wem auch immer errichtete Bauten, Zeugnisse einer Zivilisation von Marsmenschen.[8] 1895 beobachtete der US-amerikanische Astronom Percival Lowell die gleichen geradlinigen Bahnen, die in seinen Augen dazu dienten, Wasser von den Polen zu den Äquatorregionen zu leiten.[9] Seine einfallsreichen Deutungen der von ihm beschriebenen »unnatürlichen Merkmale« und Oasen, wo Kanäle sich kreuzten, regten ihn zu weiteren spekulativen Schriften an, die in der Annahme gipfelten, der Mars sei eine »Wohnstätte des Lebens«. Daraus gingen jene Klassiker der Literatur hervor, die außerirdisches Leben in den Mittelpunkt rückten, etwa *Die Mars-Chroniken* von Ray Bradbury, *Fremder in einer fremden Welt* von Robert A. Heinlein – oder die berühmte, am 30. Oktober 1938 im Radiosender CBS ausgestrahlte Hörspielbearbeitung des Buches *Der Krieg der Welten* von H. G. Wells, die unter den Zuhörern Panik auslöste, weil sie glaubten, es handle sich um die Liveübertragung eines tatsächlichen Angriffs der Marsianer auf New York City und New Jersey. Schon lange also hatten die im roten Planeten verborgenen Welten die menschliche Fantasie entfacht, als schließlich die *Viking*-Mission angekündigt wurde. Die Neugier, ob es jenseits der Erde Spuren von Leben gibt, ist nach wie vor ungebrochen.

1976 wurden im Rahmen des *Viking*-Programms der NASA an zeitlich versetzten Startterminen zwei Raumsonden Richtung Mars geschickt. In beiden befanden sich Lovelocks Instrumente und Detektoren. Als die Aufnahmen gemacht und geeignete Landeplätze ausgekundschaftet worden waren, fuhren die Sonden ihre Landevehikel aus, die kleine Baggerschaufeln enthielten, um damit Staub aufzusammeln und in raffiniert gestaltete Labore zu befördern. Diese verfügten über drei »Suppen«, die den erhofften Mikroben, Extremophilen oder Pilzen Nährstoffe zuführen würden. Nach einigen Stunden waren die Rohgase untersucht und die Ergebnisse an die Wissenschaftler der NASA übermittelt.

Die Tests ließen keine Rückschlüsse auf Leben zu. Ein belebter Planet hätte eine Atmosphäre, eine chemisch-dynamische Mischung aus Reaktanten und Gasen. Die Atmosphäre des Mars hingegen erwies sich als stabil und praktisch tot. Sie besteht fast gänzlich aus Kohlenstoffdioxid mit winzigen Mengen an Sauerstoff, Methan und Wasserstoff, was darauf hindeutet, dass keine Lebensformen vorhanden sind. Es bleibt die Frage: Hat auf dem Mars jemals Leben existiert?

Im September 2022, einen Monat nachdem James Lovelock an seinem 103. Geburtstag verstorben war, teilte die NASA mit, auf der *Perseverance*-Mission seien vier Sedimentgesteine aus einem vorzeitlichen Flussdelta geborgen worden, die beweisen könnten, dass sich auf dem Planeten einst Leben entwickelt hatte. Die US-amerikanische und die europäische Weltraumbehörde planen, eine Raumsonde zum Jezero-Krater zu schicken, die Steine einzusammeln und sie hoffentlich bis 2033 zur Erde zu bringen, wo sie dann genauer zu analysieren wären.

Vor dem Start der *Viking* wusste Lovelock, dass Lebensformen mit der Atmosphäre interagieren und deren Zusammensetzung modifizieren. Mit seinen Kollegen hatte er die komplexen atmosphärischen Einflüsse von Phytoplanktonblüten im Ozean erforscht. Statt die Atmosphäre als bloßes Ergebnis biologischer Ausdünstung zu betrachten, kamen sie zu dem Schluss, dass Phytoplankton die Atmosphäre durch negative Rückkoppelungsschleifen verändert und anpasst. Während sich die Atmosphäre erwärmte, führte das verstärkte Wachstum des Phytoplanktons dazu, dass es mehr Kohlenstoffdioxid aufnahm. Trat eine Abkühlung ein, ging die Population des Phytoplanktons zurück. Das war eine Symbiose, eine wechselseitig vorteilhafte Beziehung zwischen zwei Organismen, nur dass die Atmosphäre kein Organismus ist. Dennoch ergab diese Forschung einen Sinn, wenn die komplexen Wechselbeziehungen und Rückkoppelungen zwischen der Biosphäre und der Atmosphäre als ein einziger Organismus aufgefasst wurden. Der US-amerikanische Wissenschaftsautor Eric Roston schreibt: »Die Erde ist im Wesentlichen ein geschlossenes materielles System. Die Menge an Kohlenstoff, Wasser und anderen Substanzen ist ungefähr die gleiche wie bei der Entstehung des Planeten. Aus dieser Perspektive ist die Evolution eine sich ausdehnende und zusammenziehende Regulatorin des Weges, den der Kohlenstoff durch das irdische System nimmt … So vernetzt sie die Atmosphäre, die Ozeane und das Land immer wieder neu.«[10]

Aufgrund seiner Forschungen und ähnlicher Arbeiten von Alfred North Whitehead und George Evelyn Hutchinson entwickelte Lovelock die sogenannte Gaia-Hypothese. Sie besagt, dass sich die Erde wie ein einziges Lebewesen verhält, nicht wie ein Planet mit verschiedenartigen und konkurrierenden Wesenheiten. Der Begriff »Gaia« – nach der griechischen Mythologie die Muttergöttin der Erde und allen Lebens – stammt vom britischen Literaturnobelpreisträger William Golding.

Obwohl es Variationen der Gaia-Hypothese gibt, setzt die Kernversion voraus, dass die koordinierte Interaktion zwischen lebendigen Organismen den Planeten schützt zum Wohle der Gesamtheit des Lebens. Als diese Theorie erstmals präsentiert wurde, entsprach sie keineswegs den gängigen Vorstellungen. Ein Wissenschaftler bezeichnete sie spöttisch gar als »New-Age-Einheitsbrei«. Andere Kritiken betrafen das Verhalten von Organismen. Da Spezies im eigenen Interesse handeln, schlossen Darwins natürliche Selektion und Eigennützigkeit ihr Zusammenwirken aus. Das Gegenargument darauf lautete: Geschöpfe einschließlich des Menschen sind lebendig dank der Homöostase, eines dynamischen Gleichgewichts, wobei selbstregulierende Prozesse die innere Stabilität aufrechterhalten. Weicht der Körper von der Homöostase ab, kommen Probleme auf, die zu Krankheit und Tod führen können. Selbstregulierende Prozesse beinhalten chemische und physiologische Optimierungen, die Körpertemperatur, Flüssigkeiten und Blutzucker steuern. Lovelock erkannte, dass der Planet die gleichen Eigenschaften aufweist – die Neigung zur Stabilität unter unabhängigen Elementen, zu denen auch die Atmosphäre gehört. Seine Beobachtung war einfach: Die Erde kann »ihre Temperatur und Chemie in einem angenehmen, stetigen Zustand regulieren«. Aber wie gelang es den unermesslich vielen Lebensformen auf der Erde, gemeinsam eine planetarische Homöostase herzustellen? Eine berechtigte Frage, die weitere Fragen aufwirft: Hält die Atmosphäre die Homöostase zugunsten der Biosphäre aufrecht? Oder ist es umgekehrt? Die Gaia-Hypothese bejaht beide Positionen und bietet einen Verständnisrahmen, der Darwin'schen Paradigmen zuwiderläuft.

Die Folgerung aus der Gaia-Hypothese ist ebenso eindeutig: Schädigt weder die Erdhülle noch die Ozeane. Beschützt den biologischen Metabolismus des Planeten, der über etliche Jahre durch Bergbau, Entwaldung, Überfischung, Vergiftung, Übersäuerung und Zerstörung von Lebensräumen geschändet wurde. Tiere werden abgeschlachtet wegen ihrer Stoßzähne, Hörner, Felle und ihres Fleisches. Ein Großteil des Tierreichs wird schwer in Mitleidenschaft gezogen durch Besiedelung, Autobahnen, Landwirtschaftsbetriebe, Lichtverschmutzung, Lärmbelastung, Chemikalien und Zerstörung von Habitaten. Wir verabschieden uns von Golftümmlern, Flussdelfinen, Riesenpandas, Amur-Leoparden, Brachvögeln, Berggorillas, Waldelefanten, Mähnenwölfen, ja sogar von den vertrauten Haussperlingen.

Es gibt Wechselwirkungen, derer wir uns weniger bewusst sind. Um das Leben des Planeten zu bewahren, müssen wir mehr tun, als unsere Waffen, Langleinen, Kettensägen niederzulegen, Giftstoffe zu beseitigen, Minen und Ölquellen zu schließen, Planierraupen und Siedlungsbauten zu stoppen. Wir müssen leise sein und die Lichter ausschalten.[11] Eingriffe durch helles Licht und störende Geräusche verändern tiefgreifend die Welt der Vögel, Insekten und Säugetiere, verwirren und überfordern die Sinne von Spezies, die ihre Umgebung optisch und akustisch anders wahrnehmen, berühren und erkennen, als wir es tun.[12] LED-Scheinwerfer verletzen sogar unsere Augen, vor allem aber deformieren sie die Nacht und eliminieren das Mondlicht. Angesichts der Lichtverschmutzung verlieren Leuchtkäfer die Orientierung und stürzen ab. Man stelle sich vor, wie ein größerer Parkplatz in der Dunkelheit einer Fledermaus, Eule oder Nachtschwalbe erscheinen würde: Schwärme von Insekten, die hochintensive LED-Lichter umkreisen, deretwegen die Nacht gleichsam verschwindet. Zwei Drittel der wirbellosen Tiere sind nachtaktiv. Insekten jagen, bestäuben, paaren sich und benutzen dabei Mond und Sterne als Navigationshilfen.[13] Nachtfalter spüren das Licht des Mondes und der Milchstraße auf ihrem Rücken, wodurch sie direkt zu ihrem Ziel fliegen können. Sobald Insekten auf künstliche Straßen- und Verandabeleuchtung treffen, werden sie hypnotisiert und fliegen in Kreisen. Jene, die nicht von Fledermäusen eingefangen werden, flattern oft umher bis zur Erschöpfung, bis in den Tod.

An den Terroranschlag auf das New Yorker World Trade Center erinnern immer am 11. September zwei gleißende Lichtsäulen, Symbole der Zwillingstürme.[14] 88 Xenon-Scheinwerfer mit einer Stärke von 300 000 Watt strahlen über mehrere Kilometer in die Atmosphäre und sind noch aus fast 100 Kilometern Entfernung zu sehen. Die einwöchige Präsentation des sogenannten *Tribute in Light* (Würdigung in Licht) lockt über eine Million Zugvögel an und lenkt sie von ihrer Bahn ab – darunter Rotschwänzchen, Pirole, Würgervögel, Vireos, Kiefernwaldsänger, Mauersegler und Goldspechte. Der britisch-amerikanische Wissenschaftsjournalist Ed Yong schreibt: »Migrationen sind strapaziös und treiben kleine Vögel an ihr körperliches Limit. Schon ein Umweg von nur einer Nacht kann ihre Energiereserven vorschnell aufbrauchen – mit tödlichen Folgen.« Daher wechseln sich zahlreiche Ornithologen nachts ab, um das Verhalten der Tiere zu überwachen. Wenn eines davon gegen ein Gebäude prallt, verloren wirkt, im Kreis fliegt oder wenn über 1000 seiner Artgenossen um eine Lichtquelle versammelt sind, wird diese ausgeschaltet, damit sie ihre Richtung wiederfinden. Innerhalb weniger Minuten ändert sich ihr Verhalten und sie fliegen auf der ursprünglichen Route weiter. Städte wie Houston, Atlanta und Boston arbeiten mit dem Cornell Lab of Ornithology zusammen, um den vorzeitigen Vogeltod zu verhindern. Sobald dort Informationen über den Vogelzug eintreffen, werden Hochhäuser verdunkelt – nicht zuletzt in Anbetracht der Tatsache, dass jährlich über 600 Millionen Vögel aufgrund von Kollisionen mit Gebäuden umkommen.

Die Rücksichtnahme auf die Vögel, wie sie beim *Tribute in Light* zutage tritt, wird leider nicht in Bezug auf Hochhäuser, Flughäfen, Brücken, Straßen- und Terrassenbeleuchtungen oder Städte ganz allgemein praktiziert.[15] Licht ist eine Art der Verschmutzung, die vom Nervensystem statt von den Lungen aufgenommen wird. Yong führt aus: »Licht ist zu einem Symbol für Sicherheit, Fortschritt, Wissen, Hoffnung und Wohlergehen geworden. Dunkelheit hingegen versinnbildlicht Gefahr, Stillstand, Unwissenheit, Verzweiflung und Unheil. Von Lagerfeuern bis zu Computerbildschirmen verlangen wir nach mehr, nicht nach weniger Licht. Es erscheint uns befremdlich, Licht als Schadstoff zu betrachten, aber zu einem solchen wird es, wenn es sich in Zeiten und an Orten einschleicht, wo es nicht hingehört.« Über Millionen von Jahren haben sich frisch geschlüpfte Meeresschildkröten auf dunklen Stränden entwickelt. Nachts kriechen sie instinktiv in Richtung des Meereshorizonts, der heller ist als das Land hinter ihnen. Wenn jedoch das

Außenlicht von anderswo kommt, drehen sie um und bewegen sich weg vom Wasser, vielleicht direkt in ein Strandfeuer.

Lärm ist hörbare Verschmutzung, eine weitere Störung des Nervensystems, die von der kanadischen Autorin und Forscherin Karen Bakker als »akustischer Smog« bezeichnet wird und mittlerweile ein epidemisches Niveau erreicht hat. Er beeinträchtigt in hohem Maße jene Klanglandschaften, in denen Tiere leben, an Land und insbesondere im Meer, wo Schallwellen sich leichter und über größere Entfernungen ausbreiten. Wie der zirkadianische Tag-Nacht-Rhythmus von Sonnen- und Mondlicht ist auch das Geräusch ein Signal und eine Botschaft. Sensorische Informationen leiten und steuern die lebendige Welt. Menschen reagieren gleichermaßen empfindlich auf Geräusche. Was passiert mit uns, wenn wir eine Sirene, eine Flöte, einen Schrei, ein Lachen, Heavy Metal oder einen Gospelchor hören? Bernie Krause, ein US-amerikanischer Pionier auf dem Gebiet der Bioakustik, zeichnet seit 1979 Klanglandschaften in der freien Natur auf. Die Aufnahmen sind gleichsam ökologische Symphonien aus Tönen, Klängen, Rufen, Zwitschern, Summen, Surren, Lautäußerungen und Gesängen, die Organismen in ursprünglichen, noch unversehrten Lebensräumen erzeugen – vielschichtig, faszinierend und atemberaubend, das akustische Äquivalent zu Monets *Wasserlilien*.

Um besser zu verstehen, wie Klanglandschaften sich bilden, hat Krause zusammen mit dem Entomologen Stuart Gage Begriffe für drei Kategorien von akustischen Vorgängen geprägt. *Biophonie* ist das Geräusch von lebendigen Organismen in einem Ökosystem. *Geophonie* wiederum ist das natürliche Geräusch der Landschaft und der Geologie – der Wind, der durch die Bäume rauscht, oder Wasser, das in einem Bach gurgelt. *Anthrophonie* schließlich umfasst jene Geräusche, die durch menschliche Aktivität entstehen. Obwohl viele der Töne und Laute, die wir Menschen hervorbringen – etwa in Sprache und Musik – zielgerichtet und gebunden sind, wirken die meisten Geräusche, wie jeder Stadtbewohner weiß, chaotisch, unangenehm und unkontrolliert.

Im Laufe seiner jahrzehntelangen Forschung hat Krause eine niederschmetternde Veränderung in den Aufnahmen festgestellt. Die vormals akustisch erfassten Alpenwiesen, Primärwälder und naturbelassenen Waldwiesen klangen nach seiner Rückkehr anders. Vielleicht hatte in der Nähe eine Abholzung stattgefunden, war in Hörweite eine Vorstadt oder eine Autobahn errichtet worden – oder das betreffende Ökosystem lag nun direkt unter der Einflugschneise von Flugzeugen. Krauses Aufzeichnungsgeräte offenbarten, dass das hörbare Spektrum in einem intakten Ökosystem größtenteils abgedeckt war – von den tieferen Grundtönen eines Waschbärs bis zu den hohen Trillern eines Rotkehlchens während der Nacht. Die Anthrophonie, das »menschliche Getöse«, hat sich in der gesamten Natur ausgebreitet, verschmutzt und unterdrückt die biophonischen Symphonien. In einem Gespräch beschrieb Krause, wie die Bewohner eines Ökosystems akustische Räume aufteilen und besetzen, in Anpassung an ihre eigene und andere Spezies, ähnlich wie bei der Zuteilung von Übertragungsfrequenzen im Radio oder über Breitband. Zikaden zum Beispiel modifizieren und assimilieren ihre Klicklaute, jenes charakteristische Zirpen, um mit abweichenden Bandbreiten nicht zu interferieren.

Lincoln Meadow war ein uraltes, unberührtes Ökosystem auf knapp 2000 Metern Meereshöhe in der Sierra Nevada. Ein Holzfällerunternehmen überzeugte die Bewohner der angrenzenden Gemeinde, es würde in einem weiten Gebiet gezielt und mit Bedacht Bäume entfernen, statt den gesamten Landstrich kahl zu schlagen, und rühmte dabei sein Umweltbewusstsein für Habitate und Spezies. Als Krause davon erfuhr, eilte er nach Lincoln Meadow, um Tonaufnahmen vor Beginn der Abholzung zu machen.

Nach seiner Rückkehr ein Jahr später konnte er zwar noch immer die Geophonie des Baches hören, der durch die Wiese floss, aber die Geräusche der Biophonie waren fast völlig verschwunden. Seither hat er den Ort 15 weitere Male besucht. Obwohl dort äußerlich kaum etwas anders scheint als vor der Entforstung, hat sich Lincoln Meadow nie wieder davon erholt.

Sobald Anthrophonie und Biophonie aufeinandertreffen, kommt es zu einem tonalen Chaos.[16] Wird eine Straße über Feuchtgebiet gebaut, besetzt das kehlige Geräusch nachts heruntergeschalteter Dieselmotoren möglicherweise ein ähnliches akustisches Spektrum wie der niederfrequente Paarungsruf des Ochsenfroschs. Das Alphamännchen ist jetzt ein Peterbilt Truck, wohingegen die ehemals dominanten Ochsenfrösche verstummen. Krause hat dokumentiert, wie die Abwesenheit von Lauten einer oder mehrerer Spezies einen Rückgang bei anderen Spezies im gleichen Habitat zur Folge haben kann. Das lässt sich mit einem fliegenden Flugzeug vergleichen, von dessen Tragflächen nacheinander Nieten abzuplatzen beginnen. Der Verlust einiger Nieten ist hinnehmbar, doch ab einem bestimmten Punkt werden sich die Tragflächen lockern und schließlich zu Bruch gehen.

Weltweit nimmt der Lärm exponentiell zu, eine Form von unkontrollierter Verschmutzung, deretwegen die lebendige Welt aus den Fugen gerät. 2023 begab sich Krause erneut auf eine Wiese und setzte sich unter jenen Großblättrigen Ahornbaum, dessen Geräusche er 30 Jahre lang gewissenhaft aufgezeichnet hatte.[17] Zum ersten Mal herrschte Stille. Nichts war zu hören. Die Bewegungen im Unterholz, der Orangefleck-Waldsänger, die Fleckengrundammer, der Hauszaunkönig und die Trauertaube – alle wie vom Erdboden verschluckt.

Über Millionen von Jahren hat die Natur sich selbst gelauscht.[18] Aufgrund dieser Laute und Klänge, einer sich entwickelnden Sprache jenseits unseres Verstehens, entfaltet sie ihre Tätigkeiten.[19] Stellen Sie sich vor, Sie schalten morgen früh Ihren lokalen Radiosender ein und hören ein verzerrtes Gemisch aus Persisch, Wu-Chinesisch, Ranchero-Spanisch und sudanesischem Arabisch, das Ganze verquickt mit Pidgin-Englisch – eine Analogie dazu, wie Tiere wohl die Kakophonie von Geräuschen wahrnehmen, die aus unseren Städten, Öltankern, Autobahnen und Kettensägen aufsteigen. Mit der Lärmverschmutzung »breitet sich über die natürliche Welt eine große Stille aus«, so Krause.[20] Und diese wird durch einen großen Lärm verursacht. Forscher sagen voraus, bis 2050 werde es genügend Straßen geben, um die Erde 600-mal zu umrunden.

Auch wenn die Biologie das Leben nicht definieren kann, haben Biologen in den vergangenen Jahrzehnten mehr über die Intelligenz und die Vernetzung lebendiger Systeme herausgefunden als in früheren Zeiten.[21] Angefangen bei unserem Körper, haben wir keine Kontrolle über die unzähligen Ereignisse, die in unseren Zellen stattfinden. Einzigartige Pilzgeflechte, virale und bakterielle Netzwerke im Boden steuern die Homöostase des pflanzlichen Lebens sowie die Fähigkeit der Erde, Wasser zu speichern und die Oberflächentemperatur an Land durch die Hydrosphäre zu regulieren. Bäume bilden Gemeinschaften, benutzen pheromonähnliche, flüchtige Verbindungen und Pilzgeflechte, um einander Botschaften zu übermitteln, zu beratschlagen und so ihr Wohlergehen und Überleben zu gewährleisten. Desgleichen verfügen Tiere über umfassende Kommunikationsfähigkeiten und Erfindungsgaben, die wir gerade erst zu ergründen beginnen. 300 Meter unter der Wasseroberfläche ist die Tiefsee das größte Habitat überhaupt. Über 80 Prozent ihrer Bewohner bedienen sich der Biolumineszenz, um zu kommunizieren, Objekte zu erkennen und sich zu verteidigen, womit das Licht das wichtigste Kommunikationsmittel irdischer Organismen darstellt. An Land wie im Himmel beruht die Kommunikation auf Bioakustik, die den Gesundheitszustand von Ökosystemen beeinflusst. Wenn Sie einmal eine Nacht draußen am Amazonas verbringen, im vielfältigsten Ökosystem des Planeten, kommen Sie in den Genuss einer von der Fauna aufgeführten Oper. »Wenn wir eine Rolle spielen, dann tun dies auch alle anderen Lebensformen«, folgert die Bioethikerin Melanie Challenger in ihrem bahnbrechenden Werk *Wir Tiere. Eine neue Geschichte der Menschheit.* »Je mehr wir nehmen, desto häufiger erlöschen ihre Lichter.«

Fünf

Sternenlicht essen

> Wenn du es nicht aussprechen kannst, dann iss es auch nicht.[1]
>
> Micheal Pollan

Unser Hunger nach und unsere Leidenschaft für Nahrung – deren Geschmack und Aroma, Farbe und Konsistenz – sind Variationen des Tanzes, den der Kohlenstoff vollführt. Sobald man den Duft frisch gebackenen Brotes wahrnimmt, läuft einem bei der Umwandlung von Kohlenhydraten in Alkohol und Kohlenstoffdioxid das Wasser im Mund zusammen. Der Blutkreislauf spricht zu Zunge und Nase. Der menschliche Körper ist zu mehr als 99 Prozent aus Wasserstoff, Kohlenstoff, Sauerstoff und Stickstoff zusammengesetzt. Die Atmosphäre weist die gleichen Bestandteile auf, ebenso die Nahrung. Die Anordnung dieser vier Elemente bestimmt über natürliche und künstliche Geschmacksrichtungen. Körperfette – ob im Bauch, in der Haut oder dem Haarboden – sind Kohlenstoff, wie das Olivenöl in der Speisekammer. Zucker ist Kohlenstoff, zusammengefügt durch Sauerstoff und Wasserstoff. Gibt man Stickstoff hinzu, entstehen Proteine, die Organe, Muskeln, Haut und Augen bilden. Wenn wir trinken und essen und kauen, senden Geschmack und Geruch mit einer Geschwindigkeit von 160 Kilometern pro Stunde Neuronen zum Hinterhirn.[2] Jene unmittelbare Bündelung von

Informationen sagt uns, ob wir etwas zu uns nehmen sollen. Alles, was wir verzehren, besteht aus Kohlenstoff. Wir schmecken Nährstoffe, die Pflanzen aus Kohlenstoff, Wasser und letztlich Sternmaterie herstellen.

Zwei Millionen Jahre lang waren Homo-Arten Jäger und Sammler. Nomadisch wanderten sie von ihrer afrikanischen Heimat in den Nahen und Mittleren Osten, nach Asien, Europa und schließlich Amerika, entwickelten Werkzeuge, gründeten Siedlungen, erfanden das Feuer und eigneten sich ein komplexes Wissen über das Leben der Pflanzen und Tiere an.[3] Die noch naturnah lebende Diaspora von Homo sapiens wird heute durch 5000 verschiedene indigene Völker quer über den Erdball vertreten, die etwa sechs Prozent der Weltbevölkerung ausmachen.

Die Suche nach Nahrung nimmt kein Ende. Die durch das moderne, auf der Zähmung von Tieren beruhende Ernährungssystem bereitgestellte Fülle an Lebensmitteln beseitigt in den meisten Ländern die Notwendigkeit, nach Nahrung zu jagen, nicht aber die Notwendigkeit, zu sammeln. Christoph Kolumbus suchte nach Gewürzen, nicht nach einem unbekannten Kontinent. 1492 erreichte er San Salvador am nordöstlichen Rand der Bahamas, dann Hispaniola in den Großen Antillen, wo die Spanier ein »Massaker zum Vergnügen« anrichteten – Vergewaltigung, Folter, Enthauptungen sowie die Verstümmelung des Volkes der Taíno, der zweiten Kultur, mit der Kolumbus in Berührung kam.[4] Davonlaufenden Kindern wurden die Beine abgetrennt und Säuglinge den Hunden zum Fraß vorgeworfen. Er fand eine Baumrinde, die er für Zimt ausgab, um Königin Isabella zu beweisen, dass er den westlichen Seeweg nach Indien entdeckt habe, wo ihm viele »Inder« begegnet seien.

In den vorangegangenen 500 Jahren hatten Europäer 37 Hungersnöte erlebt, allein sieben davon in Italien.[5] Nun stießen die

Konquistadoren auf eine fruchtbare Landschaft, bewirtschaftet von Kulturen, die jahrhundertelang nicht unter Hunger gelitten hatten. Die Eroberer wussten jedoch nicht, dass die entdeckten Nahrungsmittel weitaus wertvoller waren als das geraubte Gold und Silber. Mais zum Beispiel ist vor etwa 10 000 Jahren in Zentralmexiko kultiviert worden. Jene Sorte, die Kolumbus von seiner Expedition mitbrachte, wird heute von Russland bis Südafrika angebaut, ihre Erntemenge ist vom Gewicht her größer als die aller anderen Getreidearten weltweit. Drei auf dem amerikanischen Kontinent angepflanzte Wurzelgemüse – Kartoffeln, Süßkartoffeln und Maniok – sind zusammengenommen die größte Kalorienquelle der Erde. Erweitert man die Liste um Kakao, Tomaten, Avocados, Paprika, Chili, Erd-, Cashew-, Pekan- und Butternüsse, Sonnenblumen, Vanille, Ananas, Papaya, Blau-, Erd- und Preiselbeeren, Passionsfrüchte, Kürbisse, Zucchini, Kidney-, Pinto- und Limabohnen, lässt sich ohne Weiteres zugestehen, dass die indigenen Bauern Nord- und Südamerikas die führenden Pflanzenzüchter in der Geschichte waren. Über die Entwicklung ihrer Landwirtschaft und ihrer Nahrungsmittel wüssten wir vielleicht mehr, wären die umfangreichen Bibliotheken der Mayas erhalten geblieben. 1562 aber befahl der spanische Bischof Diego de Landa die Verbrennung all ihrer Handschriften (Codices), deren er habhaft werden konnte, um die Zeugnisse dieser »heidnischen« Kultur auszulöschen. Vier verstümmelte Exemplare auf gefaltetem Baumrindenpapier haben überdauert, mit Aufzeichnungen über Geschichte und Religion, mit Kalendern und unfehlbaren Sternkarten.

Wir müssen nicht mehr nach Nahrung suchen. Sie wird uns zuteil durch ein außergewöhnlich komplexes System, das einen beispiellosen Überfluss hervorgebracht hat. Schätzungsweise gibt es 300 000 essbare Pflanzen, aber weniger als 200 werden gemeinhin von Menschen genutzt.[6] Viele der anderen mögen bitter, bizarr oder grasig schmecken und eignen sich nicht für einen Smoothie. Unsere Vorfahren hingegen vertrauten auf Tausende verschiedener Nahrungsmittel. Heute sorgen zwölf Pflanzen- und fünf Tierarten für 75 Prozent der menschlichen Ernährung. Der drastische Rückgang der Vielfalt ereignet sich zu einer Zeit, da die tiefgreifende Einzigartigkeit der menschlichen Spezies immer deutlicher wird. Gesichter, Augen, Fingerabdrücke und Körpergerüche unterscheiden sich ebenso voneinander wie Gene, innere Organe, Stoffwechselvorgänge, Nervensysteme und Darmfloren. Dementsprechend wollen Menschen nicht unbedingt das Gleiche essen.[7]

1928 begann die US-amerikanische Kinderärztin Clara Davis eine mittlerweile wohlbekannte Studie mit drei Säuglingen namens Donald, Earl und Abraham.[8] Im Lauf der Jahre kamen noch zwölf weitere hinzu. Die Kinder waren zwischen sechs und elf Monaten alt und in gewisser Weise medizinisch oder ernährungsmäßig herausgefordert. Mit der Brust gestillt, hatten sie keinen anderen Geschmackssinn als den für Muttermilch und verlangten ausschließlich nach ihr. Einigen waren bereits weitere Nahrungsmittel angeboten worden, die sie jedoch verweigerten. Daraufhin führte Davis ein Fütterungsexperiment durch, das bis heute richtungsweisend ist. Bei jeder Mahlzeit bekamen die Kinder 32 verschiedene Nahrungsmittel in einzelnen Schüsseln vorgesetzt – zehn verschiedene Gemüsesorten zusammen mit Äpfeln, Pfirsichen, Bananen, Ananas, Mais-, Gersten-, Hafer- und Weizenbrei, rohem und gekochtem Rindfleisch, Hühnchen, Eiern, Schellfisch, Hirn, Leber, Nieren, Kalbsbries, Knochenmark sowie süßer und saurer Milch. Nicht gerade das, was man unter typischer Babynahrung versteht. Die Speisen waren ungesalzen, aber eine separate Schüssel mit Meersalz wurde neben jedes Kind gestellt.

Es zeigte sich, dass sie alle jeweils eine unterschiedliche Wahl trafen und keines von ihnen die eines anderen nachahmte. Wer schon einmal ein Kleinkind gefüttert hat, konnte beobachten, wie es die Nase verzieht und den Kopf schüttelt vor dem Essensgeruch eines hingehaltenen Teelöffels oder den Mund öffnet und damit seine Zustimmung gibt. »Die Pflegekräfte hatten den Auftrag, still dazusitzen, Löffel in der Hand, und keine Bewegung zu machen«, erläuterte Davis.[9] Jedes Kind wollte eine andere Kost. Die Nahrungskombinationen waren ebenso merkwürdig wie die Essenszeiten, zu denen bestimmte Speisen erwünscht wurden. Earl war o-beinig angekommen, belastet durch Rachitis infolge eines Vitamin-D-Mangels. Neben anderen Speisen wurde ihm Lebertran angeboten. Ab und zu trank er das seltsam riechende Öl über einen Zeitraum von drei Monaten – bis zu seiner Heilung, nach der er nie wieder Appetit auf Lebertran hatte. Die Kinder änderten ihre Ernährungsweise häufig, manchmal sogar völlig. Einige waren ganz versessen auf sogenannte »Drogen« in Gestalt von Fleisch, Milch oder Eiern und hörten dann schlagartig auf zu essen. Der betreuende Kinderarzt bezeichnete sie als »die beste Gruppe von Kindern«, die er je in ihrem Alter gesehen hatte.[10]

Der US-amerikanische Verhaltensökologe Fred Provenza fragt sich, warum Menschen lieber das essen, was schlecht für sie ist, und meiden, was ihnen guttut.[11] Seine Studien über Pflanzenfresser in der Wildnis offenbarten die gleichen Merkmale wie bei den Kindern im Experiment von Clara Davis. Die Artgenossen innerhalb einer Herde suchen auf unterschiedliche Weise nach Futter – gemäß des ihnen angeborenen, für ihr Wohlbefinden notwendigen Wissens über Ernährung. Ratten mit einer im Labor induzierten Diabetes stellen auf eine proteinreiche Kost um, falls diese vorhanden ist, und beseitigen damit die Symptome ihrer Krankheit.[12] Natürlich wurden den Kindern in der Fütterungsstudie weder Süßigkeiten noch Weißbrot, Junkfood oder Softdrinks angeboten. Inzwischen sind zuckerhaltige, hochverarbeitete Nahrungsmittel jedoch gang und gäbe.[13] Nicht von ungefähr leiden drei Viertel der US-amerikanischen Bevölkerung unter Übergewicht oder Fettleibigkeit, ebenso wie eine Milliarde Menschen weltweit.

Lebensmittelproduzenten und Chemosensorikern ist bekannt, was beim Essen auf unserer Zunge und am Gaumen passiert, welche olfaktorischen Reaktionen im Mund ausgelöst werden und wie sie unser Gehirn und unser Wohlgefühl beeinflussen.[14] Viele der Aromen, die Menschen heute zu sich nehmen, sind synthetisch, hergestellt aus Estern, Ketonen, Pyrazinen, Alkohol und Phenolen. Öffnen Sie das Glas mit Erdbeermarmelade im Küchenschrank, so wird Ihre Nase wahrscheinlich von Ethylmethylphenylglycidat begrüßt. Wissenschaftler auf dem Gebiet der Organoleptik erforschen, wie sich Geruch, Geschmack, Farbe und Mundgefühl auf unsere Sinnesorgane auswirken. So hat man die Funktionsweise unserer Geschmacksknospen schon vor Jahrzehnten entschlüsselt.

Wir sind zu kulinarischen Hamstern im endlos sich drehenden Rad der Supermarktnahrung geworden. Glitzernd verpackte, fettreiche Nachspeisen, zuckerhaltige Ketchups und salzige, herzerweichende Snacks nutzen unseren angeborenen Appetit aus, der uns eigentlich beschützen, nicht umbringen soll. Ernährungskompetenz wurde auf drei intensive Geschmacksrichtungen reduziert: salzig, fettig und süß. Während 99,5 Prozent der Zeit, die Homo-Arten bislang auf dem Planeten verbracht haben, waren Fett, Zucker und Salz jedoch nur schwer zu bekommen. Bis Honigbienen domestiziert wurden, war in slawischen Ländern ein Holzfäller, dessen Axtklinge triefend vor Honig aus einem wilden Bienenkorb gezogen wurde, ein vermögender Mann. Salz galt im

Binnenland als knappes Gut. Fett stammte von Tieren. Äonen der Knappheit in ferner Vergangenheit entfachen nun die Sehnsucht nach diesen Stoffen. Die großen Lebensmittelkonzerne wissen das und hängen davon ab: Hochverarbeitete Speisen sollen anlocken, verführen, süchtig machen und Profit abwerfen.[15] Chemiker lassen sie immer noch begehrenswerter erscheinen: Doritos, Big Macs, Oreos (davon gibt es jetzt sogar ein Frühstücksmüsli für Kinder). Zu über 70 Prozent besteht der Speiseplan der US-Amerikaner aus ultraverarbeiteter Kost, darunter sogenannte natürliche Nahrungsmittel wie Vegan-Burger, Proteinriegel und Hafermilch. Gleichzeitig steht ihr Verzehr in direktem Zusammenhang mit Depression, Demenz, Diabetes, Bluthochdruck, Schlaganfall, Fettleibigkeit und Krebs.[16]

Weder der Geschmacks- noch ein außergewöhnlicher Geruchssinn ist ein Spielzeug, mit dem man beliebig hantieren kann. Gerade unsere Sinne geben der Welt einen *Sinn*. Doch die moderne Nahrungsmittelindustrie mit ihrem Junkfood verwandelt diese Form von Intelligenz in *Unsinn*. Nahrung, Geschmack und Geruch handeln nicht mehr vom Fluss des Kohlenstoffs, sondern vom Fluss des Geldes.

Im Hinblick auf Nahrung waren wir Jäger, lange bevor wir zu Verbrauchern wurden. Ob wilde Gurke, Muschel oder Flusskrebs – wir nahmen uns, was wir wollten. Der menschliche Körper ist dafür geschaffen, aus der lebendigen Welt – Tieren, Pilzen, Gemüse – kompetent Energie zu gewinnen. Schnelligkeit, Geschicklichkeit, Kiefer, Gebiss, Geruchs- und Gehörsinn waren unsere Leibwächter, dank derer wir uns ernähren und fortpflanzen konnten. Laut dem britischen Arzt Chris van Tulleken, Autor von *Gefährlich lecker: Wie uns die Lebensmittelindustrie manipuliert, damit wir all die ungesunden Dinge essen – und nicht mehr damit aufhören können*, hat die Lebensmittelindustrie den Spieß umgedreht: Sie ist jetzt der Jäger. Wir sind die Beute. Unsere Kinder sind die Beute. Ja sogar Embryonen sind die Beute.[17]

Aufgrund der fehlerhaften Übersetzung eines 1901 verfassten deutschen Aufsatzes hält sich die Legende, dass wir unterschiedliche Geschmacksrichtungen auf verschiedenen Teilen der Zunge wahrnehmen. Überzeugen Sie sich selbst – es stimmt nicht. Jede Geschmacksknospe erkennt die ganze Bandbreite des Geschmacks. Dennoch akzeptierte die Welt über mehr als 100 Jahre eine Theorie des Geschmacks, der zufolge wir Süßigkeiten an der Zungenspitze schmecken, bittere Nahrung in deren hinterem Bereich, salzige und saure auf beiden Seiten, obwohl niemand das je so empfunden hat. Dieses zuckende, feuchte, reptilienartige Geschoss in Ihrem Mund ist die direkte Fortsetzung einer Millionen Jahre währenden Entwicklung und Aneignung von Wissen. Durch Geschmack und Geruch unterscheidet der Körper zwischen genießbarer und giftiger Nahrung. Somit sind jene der höchste Ausdruck des Immunsystems, das darüber bestimmt, was Teil von Ihnen werden kann und was hingegen nicht ins Innere gelangen sollte. Indem wir die Nahrung wählen, die wir essen, stärken oder schwächen wir unsere Gesundheit, unterstützen oder entwürdigen wir das Leben, verbessern oder verschlechtern wir die Welt. Was wir zu uns nehmen und wie es angebaut wird, beeinflusst maßgeblich das Klima, also auch die Erderwärmung, und ist in seinen Auswirkungen weitaus folgenreicher als alle Autos, Lastwagen, Eisenbahnen, Schiffe und Flugzeuge zusammen. Von daher schädigt die Lebensmittelindustrie massiv die Biodiversität, Ozeane, Flüsse, Grünland, Bestäuber und die Gesundheit aller Tiere.

Der Geschmackssinn ist empfindlich. Wenn wir küssen, sind Aroma und Duft mit im Spiel. Auf der körperlichen Ebene ergießt sich eine Flut von Informationen. Wir schmecken unseren geliebten Menschen und entscheiden sofort, ob wir es noch einmal tun. Einer Himbeere im Mund wird die gleiche Vertraulichkeit zuteil. Eine gute Mahlzeit sorgt für den Austausch wertvoller Körperflüssigkeiten mit Fleisch, Fisch, Kräutern, Gewürzen, Körnern, Wurzeln, Samen und Ölen. Beim Kauen bewertet die Zunge mit ihren 10 000 Geschmacksknospen Hunderte Millionen Moleküle – sortiert, untersucht, überprüft sie, wie ein Portier, der sicherstellt, dass die Nahrung auf der Gästeliste verzeichnet ist. Unter dem Mikroskop erscheinen Geschmacksknospen phantasmagorisch, ähnlich den Kreaturen in einer Landschaft von Hieronymus Bosch. Pilzförmige Rezeptoren wirken wie Ansammlungen von Fliegenpilzen, die fadenförmigen gleichen vermummten Bandenmitgliedern, die ihre spitzen Köpfe wiegen. Über unseren Gaumen ziehen sich blattwerkartige Muster wie Kanäle durch die Wüste. Gäbe es nur ein Dutzend Geschmacksrichtungen, würden wir uns nicht sonderlich um Nahrung kümmern. Wir wären gelangweilt, äßen Katzenfutter – und fertig! Geschmacks- und Geruchssinn erschaffen ein Kaleidoskop von Erlebnissen, die wir mit Zunge und Nase suchen. Halten Sie diese nur einmal fest zu, während Sie einen großen Bordeaux trinken, und Aschenputtel verwandelt sich plötzlich in eine Greisin.

Unsere Nase ist der Schlüssel zum Geschmack. Menschen können über eine Billion olfaktorische Reize erfassen.[18] Der weitverbreitete Glaube, wir hätten einen schlechten Geruchssinn, stammt von einer Theorie aus dem 19. Jahrhundert, die sich hartnäckig gehalten hat wie ein schlimmer Ausschlag. Sie entbehrt jedoch jeglicher Grundlage. Unsere olfaktorischen Fähigkeiten übertreffen jene von Hunden und Wölfen, die zwar empfindlich auf spezielle Gerüche reagieren, durch die sie auf Nahrung, Geschlechtstrieb und Gefahr aufmerksam gemacht werden. Menschen jedoch müssen die komplexe Welt ringsum wahrnehmen und besitzen daher ein umfassenderes Riechvermögen.[19] Es wurde gezeigt, dass äußerst geruchsempfindliche Personen aus einem Abstand von wenigen Metern bei jemand anderem die Parkinson-Krankheit diagnostizieren können, obwohl bislang kein biochemischer Test dafür entwickelt wurde. Auch unsere Partnerwahl wird stark durch den Geruch beeinflusst. Allerdings leidet unser olfaktorischer Sinn heute zunehmend unter Umweltgiften, einseitiger Ernährung und verstopften Nasennebenhöhlen infolge von Allergien.

Werfen Sie erneut einen Blick auf jene zuvor genannten Nahrungsmittel, die erstmals in Nord- und Südamerika kultiviert wurden: Kakao, Tomaten, Avocados, Paprika, Chili, Erd-, Cashew-, Pekan- und Butternüsse, Sonnenblumen, Vanille, Ananas, Papaya, Blau-, Erd- und Preiselbeeren, Passionsfrüchte, Kürbisse, Zucchini, Kidney-, Pinto- und Limabohnen.

Gleicht für Sie der Geschmack eines dieser Nahrungsmittel einem anderen? Wenn Sie das eine probieren und dann irgendein beliebig anderes, sind 33 554 432 Geschmackskombinationen möglich. Niemand unter uns nimmt Geschmack und Geruch auf dieselbe Weise wahr und keiner von beiden wird in der Natur exakt wiederholt – weder der von Kürbis noch der einer Birne oder von Mohnsamen. Die Behauptung, wir hätten nur fünf Geschmacksrichtungen, untergräbt die ungeheure Vielfalt der Nahrung. Geschmäcker sind verschieden, ebenso wie jeder Bissen natürlicher Kost. Industrielle Lebensmittel dagegen werden sorgfältig so hergestellt, dass sie einheitlich sind und auf der ganzen Welt gleich schmecken. Das US-amerikanische Landwirtschaftsministerium erfasst 150 Nahrungsbestandteile, aber unser Essen enthält mehr als 26 000 verschiedene Biochemikalien und Phytonährstoffe.

In den Vereinigten Staaten wurde eine öffentliche Datenbank namens *Periodic Table of Food Initiative* (PTFI) angelegt, um dem Bedürfnis nach mehr Informationen über die Lebensmittelchemie nachzukommen.[20] Ziel ist es, ernährungsbezogene Krankheiten und Todesfälle ausfindig zu machen sowie landwirtschaftliche Systeme zu untersuchen, die minderwertige Nahrungsmittel produzieren. Die bisherigen Ergebnisse sind erschreckend. Im Brokkoli zum Beispiel wurden nahezu 10 000 Biochemikalien entdeckt, fast genauso viele im Grünkohl. Sie überlappen sich jedoch um weniger als 10 Prozent. Wir müssen herausbekommen, was die übrigen 9000 Nährstoffe in unserem Körper bewirken. Diese Einsicht könnte unser Verständnis von Ernährung und Gesundheit tiefgreifend verändern.

Der Geschmack wird hervorgerufen durch die wechselseitige Verbindung von Wasser und Molekülen, in diesem Fall Speichel. Der enthält Säuren, Enzyme, Elektrolyte, Proteine und Cholesterin, die mit der Nahrung interagieren und ihre Chemie modifizieren. Unser Geschmack ändert sich, wenn wir verliebt sind – oder wenn wir Angst haben. Leiden wir unter Fieber, kann die Speichelmenge auf die eines einjährigen Kindes zurückgehen, das über wenig oder gar keine Amylase verfügt, jenes Enzym, das komplexe Kohlenhydrate abbaut. Ein Stück Brot schmeckt dann wie Karton. Der Körper konzentriert sich auf eindringende Bakterien oder Viren, nicht auf Enzyme. Deshalb bereiteten Mütter früher für ihr krankes Kind klugerweise Milchtoasts zu. Durch das Toasten werden die Kohlenhydrate in leicht verdaulichen Traubenzucker umgewandelt, und die Laktose in der Milch war unsere erste Nahrung. Wir haben Heißhunger, wenn es uns an einem Vitamin oder Mineralstoff mangelt. Das Verlangen nach Zucker scheint durch den Verzehr großer Mengen an gekochtem Gemüse gedämpft oder unterbunden zu werden. Einige Geschmacksknospen bleiben 24 Stunden bei uns und verschwinden dann. Andere werden jede Woche oder alle zehn Tage ersetzt. Nach einwöchigem Fasten drängt sich einem das Gefühl auf, man hätte nie zuvor Nahrung geschmeckt – ein Zeichen dafür, dass der Organismus Tabula rasa gemacht und die Geschmacksknospen erneuert hat.

Es gibt Superstars der Geschmackswelt, Chefköche, die nur kurz an einer Bouillabaisse nippen und Ihnen sagen, wann die Meeräsche gefangen wurde, ob die Zeste aus Mandarinen- oder Orangenschalen hergestellt wurde, welche spezielle Tomatensorte als Beilage diente, ob der Safran aus dem Iran oder Aserbaidschan stammt, ob es sich um natives Olivenöl extra oder natives Olivenöl handelt, um Arbequina-Oliven aus Katalonien oder Cornicabra-Oliven aus den Regionen Kastilien-La Mancha und Andalusien … Ihr außerordentlicher Feinsinn ebnet künftigen Reisenden den Weg zu kulinarischen Hochgenüssen. Sie schreiben Kochrezepte, wie Dichter Verse aufs Papier werfen, und so besuchen wir ihre Esstempel, um uns bezaubern zu lassen.

Manchmal erliegen wir flüchtigen Trends und zwingen uns, etwas Bestimmtes zu essen, weil es angeblich gut für uns sei, obwohl es vielleicht nicht gut schmeckt – etwa roher und gekochter Grünkohl. Neuere Untersuchungen haben gezeigt, dass der handelsübliche Grünkohl besonders hohe Mengen an Schwermetallen enthält, in rohem Zustand außerdem Goitrogene, die Schilddrüsenhormone unterdrücken, indem sie die Aufnahme von Jod hemmen. Mittlerweile verfüttern Landwirte keinen Grünkohl mehr an Kühe und Schafe, weil er zu Vergiftungen durch Oxalsäure, Koliken, Durchfallerkrankungen und Blutarmut führen kann. Möglicherweise war also Ihr anfängliches Naserümpfen durchaus berechtigt.

Mitochondrien, primordiale Enklaven kohlenstoffbasierter Bakterien, versorgen die Körperzellen mit Energie. Demnach ernähren wir beim Essen uralte Lebensformen, die sich uns vor fast eineinhalb Milliarden Jahren angeschlossen haben. Diese Gemeinschaft von menschlichen und nicht menschlichen Zellen leitet uns, wenn wir unseren authentischen Geschmack wiedererlangt und empfunden haben, demnach über einen *guten* Geschmack verfügen. Wir kultivieren unser Leben, einschließlich unseres zweiten Gehirns in den Eingeweiden, ebenso wie ein kluger Landwirt das Leben in der Erde, die unterirdische Welt der Pflanzen, pflegt und fördert. Die gute Nachricht lautet: Sie selbst haben eigentlich nicht das Sagen. Zwischen den kohlenstoffbasierten Enzymen, Blutzellen, Neuronen, Antigenen und gewundenen Geschmacksknospen herrscht ein erstaunlicher Energieaustausch, neben Hunderten anderer Prozesse. Der Fluss des Kohlenstoffs ist das Leben, das Sie fühlen und erfahren. Zwar sind wir in der Lage, den Körper und seine Funktionen zu benennen, zu untersuchen und zu analysieren, aber könnten wir auch nur einen Bruchteil davon verstehen, was in ihm vorgeht, von seiner Komplexität und Intelligenz, würden wir erkennen, dass wir uns inmitten eines großen Geheimnisses befinden. Der US-amerikanische Architekt und Ingenieur, Philosoph und Schriftsteller Richard Buckminster Fuller hat einmal festgestellt, das »Raumschiff Erde« sei so gut gestaltet, dass wir gar nicht merken, in ihm zu sein. Dementsprechend könnte man hinzufügen: Unser Körper ist so gut gestaltet, dass viele Menschen gar nicht erkennen, in ihm zu sein.

Eine neue Generation von Landwirten, Chefköchen, Bäckern und Machern bereitet uns Freude, belebt unsere Geschmacksknospen neu und regeneriert das Land durch ihre ebenso unermüdliche wie oftmals unterbezahlte Arbeit. Die Erderwärmung umzukehren, erfordert, die Nahrung zu ändern, die wir essen – deren Herkunft und Anbaumethode. Die Wiederherstellung der Böden und der Bestäuber hängt davon ab, inwieweit wir Landwirtschaft anders betreiben. In den Vereinigten Staaten, wo 73 Prozent der verkauften Nahrungsmittel hochverarbeitet und ausgesprochen ungesund sind, fordert eine inspirierte Bewegung einen neuen Zugang zu Klima, Ackerland, Regionen, Kultur und Ernährungsweisen. Ich überlasse es Kulturhistorikern, zu beschreiben, warum wir erlauben, dass unsere Biologie in den Händen von Tyson Foods und Kraft Heinz endet. Der amerikanische Kongressabgeordnete Earl Blumenauer bringt die Sache auf den Punkt: »Wir zahlen den falschen Leuten zu viel dafür, die falsche Nahrung auf falsche Art an falschen Orten anzubauen.« Wenn wir die Verantwortung für unsere Gesundheit und die biologische Integrität unserer Agrarflächen zurückerlangen wollen, dann müssen wir unsere Münder und Geschmacksknospen abwenden von jenen, die sie benutzen, um Finanzkapital zu akkumulieren, und sie denen zurückgeben, die unser biologisches Kapital schaffen, weg von Leuten, die die Zukunft stehlen, hin zu Menschen, die die Zukunft heilen. Vertrauen wir ihnen, die, mit den Worten von Adrienne Rich, ein Universum der Humanität und des Humus bewahren für eine Welt mit abgestumpftem Gaumen, abgestumpft, weil schon so vieles verloren gegangen ist, für eine Gruppe von Menschen, die verstehen, dass wir ohne unsere Bauernhöfe, ohne unsere einzigartige Verbindung zu Löwenzahn und Distelhonig, Teigtaschen und unserem Erbe, Wasserscheiden und Böden in einer Welt leben werden, in der es, so die Dichterin, »kein Gedächtnis, keine Treue, keine Ziele für die Zukunft, keine Wertschätzung der Vergangenheit« mehr gibt.[21]

Sechs
Zuckersalat

> Menschen werden ernährt von der Lebensmittelindustrie, die der Gesundheit keine Beachtung schenkt, und behandelt von der Gesundheitsindustrie, die der Nahrung keine Beachtung schenkt.[1]
>
> Wendell Berry

Im Alter von sechs Monaten erkrankte ich an Asthma. Die Ärzte im Mills Hospital in San Mateo, Kalifornien, meinten, ich sei der früheste Fall, den sie je beobachtet hätten. Es war eine heikle Angelegenheit. Ich keuchte, rang nach Atem und kam, wenn ich gelegentlich blau anlief, eilends ins Krankenhaus zur Sauerstofftherapie. Mit 14 Monaten wurde ich sechs Wochen lang in einem Sauerstoffzelt festgeschnallt, in dem keine Familienbesuche erlaubt waren. Als man mich herausnahm, erkannte ich meine Eltern nicht mehr. Die Entlassung erfolgte nicht, weil sich mein Gesundheitszustand verbessert hatte, sondern weil ein anderer Patient das Zelt benötigte. Keine Empfehlung der Mediziner während meiner Kindheit versprach Linderung oder gar Heilung. Als sie später das Wort an mich statt an meine Eltern richteten, erfuhr ich, dass Asthma unheilbar und genetisch bedingt sei, dass ich lernen müsse, damit zu leben. Einer der Ärzte deutete an, eine mögliche Ursache könne die Beziehung zu meiner Mutter sein.

Ein anderer schlug vor, eine Schutzmaske zu tragen und im Haus zu bleiben, dessen Luft gefiltert werden sollte. Übereinstimmung herrschte darüber, im Frühling Aktivitäten im Freien zu vermeiden. Nach zahlreichen Scratch-Tests wurde festgestellt, dass mein Körper auf über 40 gängige Substanzen allergisch war. Die palliative Lösung? Ein verschreibungspflichtiges Medikament, Aminophyllin kombiniert mit Ephedrin, ein Aufputschmittel, das im Grunde jedoch betäubend wirkt. Die gleichen Bestandteile wurden in Rezepten zur Gewichtsreduzierung gefunden und 2004 verboten.

Ich trieb Sport, und um weiter atmen zu können, aß ich Pillen wie Süßigkeiten, dreimal täglich die maximale Dosis. Auf dem Basketballplatz war ich ein Jahrzehnt lang high, bis ich zufällig ein Buch las. Der Autor war taktlos: »Wenn du krank bist, ist es deine Schuld.« Was hatte ich als Kleinkind getan? Jahrelang hatte ich dem ausgeklügelten Fachjargon von Ärzten zugehört, Vokabularen, die mir zeigten, wie intelligent sie waren, wie wenig ich wusste – und inwiefern meine »unheilbare« Krankheit weitaus komplizierter war, als ich es je verstehen konnte. Im Verlauf der Lektüre wurde mir bewusst, dass der Autor mich aufrütteln und aus der Opferrolle befreien wollte. Für meine Krankheit war ich selbst verantwortlich und niemand sonst.

Angesichts der kargen Ergebnisse meiner medizinischen Behandlung hatte ich nichts zu verlieren, wenn ich meinem Weg auf eigene Faust folgte. In dem Buch wurde eine hypoallergene Ernährung empfohlen, bestehend aus Reis, der so lange zu kauen war, bis er die Konsistenz von Speichel hatte, und einem Tee, der aus der Pflanze *Camellia sinensis* gewonnen wurde. Das war's, eine gustatorische Zwielichtzone mit nur zwei Geschmacksrichtungen. Am achten Tag erwachte ich mit einer bislang unbekannten Empfindung. Zum ersten Mal spürte ich Luft tief in meiner

Lunge. Kein Keuchen mehr, keine Beeinträchtigung, kein Atemgeräusch. Ich war 19 Jahre alt. Mein Arzt war nicht beeindruckt und tat das Ganze als Anomalie oder Placeboeffekt ab. Er interessierte sich nicht für Reis und Tee. Damals gab es im Medizinstudium keinen einzigen Kurs über Ernährung. Heute leiden 25 Millionen US-Amerikaner unter Asthma, das, der Gerechtigkeit halber, größtenteils durch Luftverschmutzung verursacht wird, nicht durch angeborene Allergien.[2] Doch in der medizinischen Ausbildung wird die Nahrung nach wie vor nicht mit entzündeten Atemwegen in Zusammenhang gebracht. Auch ich war unwissend. Warum konnte ich nicht so essen wie andere? Warum riefen die von mir bevorzugten Lebensmittel eine Entzündung hervor? Und was hatte es mit ihnen eigentlich auf sich?

In den folgenden Monaten experimentierte ich und fügte meiner Mahlzeit jeweils nur ein einzelnes neues Nahrungsmittel hinzu, um seine Wirkung auf den Körper zu erfahren. Wenn man eine spartanische Ernährung gewohnt ist – in meinem Fall Reis, Tee und Gemüse –, macht sich der Unterschied schon bei einer einzigen Zutat sofort bemerkbar, egal ob Zucker, Milch, Butter, Orangensaft, Kaffee, Coca-Cola, Bier, Hamburger, Brot, Käse, Pommes frites, Eier, Speck, Tomaten, Chips oder Eiscreme. Nicht, dass ich solche Kost ablehnte, ich hatte sogar extreme Lust darauf. Doch wenn man täglich eine Kombination aus diesen Bestandteilen zu sich nimmt, wie es die meisten Menschen tun, ist es schwierig, seinen Gefühls-, Denk- oder Schlafzustand in Beziehung zu setzen zu dem, was man konsumiert. Vielleicht leidet man unter Gewichtszunahme, Fußpilz, Kopfschmerzen, Arthritis oder Psoriasis und wird nie darüber informiert, dass dergleichen möglicherweise auf das eigene Ess- und Trinkverhalten zurückzuführen ist.

Dank meiner gesammelten Erfahrungen mit Nahrungsmitteln konnte ich eines nach dem anderen ausschließen, eben weil sie mir nicht guttaten. Fortan wandte ich mich Vollkornprodukten zu, Samen (Reis, Weizen und Hafer), Nüssen, Bohnen, Gemüse, Früchten, Kräutern, Eiern und Fisch. Ich ging nicht mehr in Supermärkte, sondern auf Wochenmärkte. Die Leute fragten mich, wie ich eine so restriktive Ernährung durchhalte. Allerdings ist die Standardernährung in Nordamerika eingeschränkter als die meine und besteht hauptsächlich aus Weizen, Mais und Reis. 90 Prozent der verzehrten Pflanzen sind Kartoffeln, Tomaten, Karotten, Zwiebeln und Salate.[3] Die Ernährungsrichtlinien des US-amerikanischen Landwirtschaftsministeriums definieren großzügig, was ein Gemüse ausmacht: Demnach gelten Pommes frites und Ketchup als Gemüsesorten. Es gibt eine Vielzahl weiterer Nahrungsmittel, die Menschen im Lauf von Jahrtausenden verspeist haben, die Abendländer jedoch gemeinhin nicht kennen, sehen, berühren, anbauen oder essen. Offenbar haben wir nicht nur Kühe, Schweine, Schafe, Hühner und Bienen domestiziert, sondern auch uns selbst.

Heute gibt es weitaus mehr Untersuchungen und Erkenntnisse auf dem Gebiet der Ernährungswissenschaft als in früheren Jahrzehnten. Im Gegenzug hat sich bei den US-Amerikanern der Speiseplan verschlechtert; vorwiegend besteht er aus chemisch veränderten Lebensmitteln, die ungesunde Fette, Stärken, Zucker, Salze und künstliche Geschmacksstoffe enthalten. Das meiste von dem, was wir als Nahrung bezeichnen, ist keine Nahrung. Sie wird hergestellt aus Substanzen, die nie Teil der Nahrungskette waren: invertierte Zucker, modifizierte Stärken, Öle, die raffiniert, gebleicht und zu einem schmierigen, hydrolysierten Proteinisolat desodoriert wurden. Die Kalorien stammen hauptsächlich aus den Rohstoffpflanzen Mais, Soja und Weizen. Gemäß dem bereits erwähnten britischen Arzt Chris van Tulleken wurden unsere Nahrungsmittel »zu einer Mixtur zusammengesetzt, unter Verwendung anderer Moleküle, denen unsere Sinne nie zuvor ausgesetzt waren: synthetische Emulgatoren, kalorienarme Süßstoffe, stabilisierende Gummis, Feuchthaltemittel, Aromakomponenten, Farbstoffe, Farbstabilisatoren, Karbonisierungs- und Festigungsmittel, Füll- und Abbaustoffe«.[4] Allerdings wird die Nahrung nicht nur »hergestellt«, sondern eigens entwickelt und gestaltet. In unserem Körper befinden sich heute Chemikalien, die über zwei Millionen Jahre in keinem menschlichen Körper waren.[5]

Falls Sie Kabel-TV anschauen, achten Sie einmal darauf, dass viel Werbung für Arzneimittel geschaltet wird, die degenerative Krankheiten behandeln: Diabetes, Krebs, Bluthochdruck, Schlaganfall, Knochenschwund, Arthritis, Depression oder Demenz. Die US-amerikanische Gesellschaft leidet größtenteils unter einem schlechten Gesundheitszustand. 75 Prozent der jungen Menschen zwischen 18 und 24 Jahren sind untauglich für den Militärdienst.[6] 42 Prozent der Erwachsenen sind fettleibig.[7] Die Lebenserwartung der Bewohner von West Virginia ist die gleiche wie in Syrien, in Mississippi liegt sie unter der in Bangladesch. Der britische Autor Adrian Wooldridge weist darauf hin, dass ein krankes Amerika bald nicht mehr in der Lage sei, wirtschaftlich mit China zu konkurrieren oder sich selbst zu verteidigen – eine Folge des industriellen Nahrungsmittelsystems. Die industrialisierte Landwirtschaft und die großen Lebensmittelkonzerne schaden nicht nur dem Körper, sondern verschlechtern auch den Zustand des Ackerlands, verunreinigen Brunnen, verseuchen Flüsse, vernichten Bestäuber, roden uralte Wälder, entwässern Feuchtgebiete, vergiften Landarbeiter und fügen der Zukunft der Kinder irreparablen Schaden zu. Im Grunde essen wir die Ausbeutung, und was wir essen, ist suchterzeugend.[8]

Die verarbeitende Lebensmittelindustrie sieht die Sache erwartungsgemäß anders. Einmal traf ich, auf seinen Wunsch hin, den zuständigen Manager für Nachhaltigkeit bei McDonald's. Er kam in mein Büro, wo ich ihm fünf Listen mit verschiedenen Inhaltsstoffen präsentierte und fragte, ob er die dazugehörigen Speisen identifizieren könne. Das Ratespiel verwirrte ihn, aber er unternahm einen Versuch und musste schließlich zugeben, keine Ahnung zu haben. Ich erklärte ihm, jeder der Stoffe sei auf der Menükarte von McDonald's zu finden und er könne es erneut versuchen. Wieder studierte er die Listen, schüttelte aber den Kopf. Daraufhin zeigte ich ihm vier Nahrungsmittelzusammenstellungen in einer von der US-amerikanischen Arzneimittelbehörde FDA beauftragten Analyse, mitsamt den Angaben in Gramm von Kohlenhydraten, Proteinen, Zucker, Fett, Ballaststoffen, Natrium, Cholesterin und der Gesamtkalorienzahl. Ich fragte: »Was war der doppelte Cheeseburger und was der McDonald's-Salat?« Er starrte kurz vor sich hin und behauptete dann, das sei eine Fangfrage. Ich wollte wissen, warum er einen Trick dahinter vermute. »Weil das kalorienreichste Essen wahrscheinlich der Salat ist, nicht der Cheeseburger.« Bingo. Tatsächlich handelte es sich um den »Zucker«-Salat mit 1400 Kalorien. Einige Jahre später strich ihn McDonald's von der Speisekarte, vermeintlich um »Kosten zu reduzieren«.[9]

Die menschliche Existenz ist ein Fluss des Kohlenstoffs, von der Nahrung bis zur Atmung, ein energiegeladener Rhythmus, eingefangen und freigesetzt durch die gesellige Chemie des Kohlenstoffs.[10] Photonen erzeugen Zucker in den flatternden Blättern von Pflanzen, die Menschen, Tiere, Insekten, Pilze, Mikroben und den Erdboden nähren. Der Körper erhält täglich einen Fluss von Nährstoffen, die unsere Zellen mit Energie versorgen. Wenn wir Nahrung lediglich in ihre Bestandteile zerlegen – Glukose, Polysaccharide, Kreatin, Casein, Glycin, Omega-3-Fette, Vitamin K usw. –, sind wir verloren. Das Verständnis von der Zusammensetzung dessen, was wir zu uns nehmen, ist zwar durchaus richtig. Aber man kann nicht von gesunder Ernährung sprechen, wenn konzeptionell Dutzende von Bestandteilen angehäuft und mit Nahrungsergänzungsmitteln, Lebensmittelzusatzstoffen oder grünen Getränken kombiniert werden. Die süchtig machende Herangehensweise an Geschmack und Mundgefühl hat eine monströse Industrie hervorgebracht, deretwegen Menschen mit Fettleibigkeit und Stoffwechselkrankheiten zu kämpfen haben. Man könnte das für eine Art Komplizenschaft zwischen der verarbeitenden Lebensmittelindustrie und der pharmazeutischen Industrie halten. Der Umsatz der sogenannten »Abnehmindustrie« wird weltweit auf 377 Milliarden Dollar geschätzt. Amazon verkauft über 60 000 verschiedene Diätbücher. Die Industrie für Nahrungsergänzungsmittel hat einen Wert von über 150 Milliarden Dollar. Das ist kein Fluss des Kohlenstoffs, sondern ein labyrinthisches Gewirr. Menschen mit Übergewicht fühlen sich schuldig, wenn nicht beschämt. Konsumenten leben in einem Ernährungssystem, das darauf angelegt ist, Überkonsum zu produzieren. Unsere Ernährung hat sich in den vergangenen 140 Jahren mehr verändert als in einer Million Jahren davor.[11] Wie der US-amerikanische Journalist Michael Pollan prägnant formulierte, sind unsere Lebensmittel »lebensmittelähnlich« geworden.[12]

Die Vereinigten Staaten geben jährlich 4,5 Billionen Dollar – dies entspricht 20 Prozent der gesamten wirtschaftlichen Aktivität – für ein defektes Gesundheitssystem aus, das sich der Krankheit verschrieben hat. Mein Asthma wurde nicht durch Reis und Tee geheilt. Der Körper konnte genesen, weil ich bestimmte Dinge nicht mehr aß. Der bereits genannte Journalist Eric Roston beschreibt, wie Menschen sich selbst und anderen Lebensformen Leid zufügen: »Heute leben wir allzu oft so, als wäre die Menschheit – oder unser Land oder wir selbst – der Mittelpunkt von allem. Wir können tun, was immer wir wollen, ohne uns um die Folgen für die Natur zu kümmern.«[13] Die Fast-Food-Industrie gibt pro Jahr mehr als fünf Milliarden Dollar aus, um Kinder und Jugendliche davon zu überzeugen, statt ihrer Körper suchterzeugende Sehnsüchte zu nähren.[14] Der Tag wird kommen, an dem ein solches Vorgehen als das gesehen wird, was es ist: ein Verbrechen gegen die Menschlichkeit.

Die lebendige Welt fügt Moleküle zusammen, die zusammen sein wollen. Das wird »grüne Chemie« genannt, ein Ausdruck, der von den US-amerikanischen Wissenschaftlern John Warner und Paul Anastas geprägt wurde und der die Chemie des Planeten seit Beginn des Lebens umschreibt. Nahrhaftes Essen erfordert weder invasive Eingriffe noch Zusatzstoffe oder Lebensmittelchemiker. Über 9000 Jahre züchteten und kreuzten Bauern auf dem amerikanischen Kontinent mehrere Tausend Sorten Mais. Diese unterschieden sich stark voneinander und waren besonders nährstoffreich. Heute wird Mais in ausgedehnten Monokulturen auf Farmen angebaut, die größer sind als Kleinstädte. Mehr als 90 Prozent des produzierten Mais sind gentechnisch verändert, um Herbiziden zu widerstehen. Er findet Verwendung als Futtermittel für Schweine und Kühe, als billiger Süßstoff für Softdrinks, Treibstoff für Autos (Ethanol), Rohstoff für Plastik und verarbeitete Stärke für Maischips.

Die Zivilisation der Mayas war eine der am höchsten entwickelten in der Welt, sie verfügte über ein tiefes Wissen über Ernährung. Heute trinkt ein Mexikaner durchschnittlich 487 Dosen Coca-Cola jährlich, wobei sich die Zahl in den vergangenen zehn Jahren verdoppelt hat.[15] Einer von sechs Mexikanern leidet an Diabetes[16], der häufigsten Todesursache in dem Land.[17] Der 62. Präsident von Mexiko (Vicente Fox Quesada, 2000–2006) war der Vorstandsvorsitzende von Coca-Cola Mexiko. Über lange Zeit hinweg haben Lebensmittelvielfalt und lokale Varietäten die komplexe mexikanische Kultur hervorgebracht. Doch seiner einheimischen Nahrungsmittel beraubt, wurde das Land aufgrund des Nordamerikanischen Freihandelsabkommens (NAFTA) mit industriell produziertem, preisgünstigem, sterilem Mais überschwemmt.[18] Zwei Millionen der traditionellen Maisbauern gingen in Konkurs.

Dr. Weston Price war ein Zahnarzt in Cleveland, der in den 1930er-Jahren durch die Welt reiste auf der Suche nach Menschen, die nicht von Karies und anderen Zahnerkrankungen geplagt wurden. Im Vorwort zu seinem klassischen Werk *Ernährung und körperliche Degeneration* schreibt er, seine gesamte medizinische Ausbildung sei auf Pathologie ausgerichtet gewesen.[19] Um nun herauszufinden, was körperliches Wohlbefinden bewirkt, besuchte er abgelegene Dörfer in der Schweiz und auf den Äußeren Hebriden, indigene Völker im arktischen Kanada, Stämme in Afrika, Nachfahren der Maya in Mittelamerika, Aborigines in Australien und Maori in Neuseeland. Seine Forschung offenbarte, wie einheimische Kulturen, wenn sie von traditioneller auf verarbeitete Nahrung umstellten, Karies, schiefe Zähne, verkleinerte Gesichts- und Beckenstrukturen sowie chronische Krankheiten entwickelten. An jedem Ort entnahm er der ursprünglichen Nahrung einzelne Proben, untersuchte ihre Nährwertprofile und stellte fest, dass sie vier- bis zehnmal mehr wesentliche Mineralstoffe und Vitamine enthielten als US-amerikanische Gerichte. Auf sämtlichen Stationen der Reise machte seine Frau Aufnahmen, welche die gesunden Gesichter und Knochenstrukturen der Frauen und Männer zeigten, die sich traditionell ernährten. Sie standen in krassem Gegensatz zur Physiognomie von Kindern, deren Eltern westliche verarbeitete Lebensmittel aßen.

Indigene Völker auf dem amerikanischen Kontinent begannen vor 10 000 Jahren, Mais in einer alkalischen Lösung von Wasser und Kalk zu kochen – ein Verfahren, das man als Nixtamalisation bezeichnet. Die alkalische Zubereitung setzt das gebundene Niacin und Calcium frei und macht zugleich den Mais weicher, sodass er zu Mehl gemahlen werden kann, der Grundlage von Tortillas, Tostadas und Tamales. Ohne dieses Prozedere würden maisabhängige Kulturen unter Pellagra leiden, einer Krankheit, die Durchfall, Dermatitis und Demenz hervorruft. Aber wie haben alte Kulturen eine Mangelerscheinung verhindert, ohne zu wissen, dass deren Ursache das fehlende Niacin war? Offenbar gab es gründliche Untersuchungen und Weiterentwicklungen. Über Tausende von Jahren haben Menschen lokale Nahrungsmittel in unzähligen Variationen geprüft, probiert, geschmeckt, gekocht, geröstet, getrocknet und gegärt. Diese Kulturen haben mit ihrer Nahrung experimentiert und sie verfeinert, als Paris, London und Berlin noch gar nicht existierten.

Der US-amerikanische Historiker John Mohawk, der vom Schildkröten-Clan (Turtle Clan) des indigenen Volks der Seneca abstammt, beschreibt das präkolumbische Turtle Island (Amerika und Kanada) als einen Kontinent, auf dem Hunderte von Stämmen und Völkern in Bioregionen lebten, wo sie über Hunderte von Generationen lernten, dank lokaler Pflanzen und Tiere fortzubestehen und zu gedeihen. Dass Turtle Island als die »Neue Welt« bezeichnet wird, spricht für die weitverbreitete Illusion der Siedler. Mohawk zufolge waren diese Kulturen nicht auf Geld gegründet, außerdem wurde Nahrung nie verkauft.[20] In ihnen »wird alles, was dir je passiert, genau beobachtet. Wenn du klein bist, dich nicht entfalten kannst, bemerken sie es. Wenn sie dir etwas zu essen geben und du nicht gedeihst, bemerken sie es. Wenn sie dir etwas anderes zu essen geben und du gedeihst, bemerken sie es. Jede Möglichkeit, über die sie verfügen, kann ausprobiert werden; sie sind motiviert, zu beobachten und herauszufinden, welche Nahrungsmittel Menschen am meisten helfen. Nicht welche Nahrungsmittel Menschen helfen, Geld zu verdienen, sondern welche Nahrungsmittel die beste biologische Wirkung haben, insbesondere auf junge und alte Leute«.

Die Seneca leben unter anderem im westlichen und südlichen Teil des US-Bundesstaates New York, wie auch andere Stämme und Clans. Sie waren Gärtner, Gartenbauexperten und Bauern. Mohawk erinnert sich an mindestens zwanzig verschiedene Maissorten und Dutzende Arten von Kürbissen, Bohnen und Blattgemüse.[21] Dieses wurde in den Wäldern und Wiesen wild geerntet. Um die Gemüsepflanzen wuchsen Brom-, Blau-, Johannis-, Essigbaum- und Holunderbeeren, Wildäpfel, Schwarzkirschen, Kastanien, Butter-, Schuppenrinden-Hickory-, Schwarzwal-, Pekan- und Haselnüsse, Eicheln, Schwefel- und Laubporlinge, Pfifferlinge, Igel-Stachelbärte, Bovisten, Wildrosen, Löwenzähne, Maiäpfel, wilder Lauch. Die Tierwelt bestand aus Hausgeflügel, Truthähnen, Bachforellen, Stören, Schaufelstören, Zandern, Weiß- und Gelbbarschen, Tauben, Rotwild und Elchen. »Der einzige Vorteil, für den sie [die Seneca] sich interessierten, war die Gesundheit der Menschen. Der einzige. Die Gesundheit der kleinen, der mittelgroßen, der alten Menschen, jedenfalls denken sie immer an die Gesundheit.« Für die Stammeskulturen in der Welt war die Aufgabe stets eindeutig. Wenn eine Gesellschaft für ihre Gesundheit verantwortlich ist, wird sie darüber wachen, was sie verzehrt und verbraucht, zumal wenn die Nahrung als etwas betrachtet wird, das Ehrfurcht, Achtung und Dankbarkeit verdient.

Über Hunderttausende von Jahren fand ein fortlaufender Prozess der Pflanzenauswahl durch den *Homo sapiens* statt – welche Pflanzen Nahrung, welche Medizin und welche ein Gift waren. Die nordamerikanischen Heilpflanzen waren den Indigenen lange bekannt, von der Osha- und der Gelbwurzel über den Sonnenhut bis zum amerikanischen Ginseng. Die Kolonisatoren aber hatten keinen Sinn für das breite Spektrum ihrer botanischen Intelligenz.

Aufgrund von Krankheiten, Brutalität und Entwurzelung wurde das indigene Wissen zerstört und ist vielleicht für immer verloren. In Australien umfasste die Urbevölkerung vor der ersten Ankunft der Europäer zwischen 750 000 und 1,5 Millionen Menschen. Einhundert Jahre später war ihre Zahl auf nahezu 100 000 geschrumpft. Dennoch wird ihr ökologisches Wissen heute wiedererweckt. Die australische Ethnobotanikerin Beth Gott arbeitet mit den Koori zusammen, um an der Monash University in Melbourne einen indigenen Garten anzulegen, in dem 150 essbare Pflanzen angebaut werden, von der einschläfernd wirkenden Dünendistel bis zu den herzhaften Murnong-Wurzeln. Sie und ihre Studenten katalogisierten mehr als 1000 Spezies, die zum traditionellen *Bush Tucker* (Buschessen) gehörten.

Hier in Nordkalifornien, wo ich lebe, aßen die örtlichen Miwok Felsenbirnen, Berberitzen, Erd-, Apfel-, Busch-, Stachel-, Holunder-, Schnee- und Heidelbeeren, Pflaumen, Kirschen, Hagebutten, Trauben. Unter den Nüssen wählten sie Hasel- und Walnüsse sowie Pinienkerne. Essbare Wurzeln stammten von Zwiebeln, Ingwer, einheimischen Tulpen, Prärielilien und anderen Liliengewächsen, Schachblumen, Wüstenpetersilien, Nachtkerzen und Rohrkolben. Grünes Blattgemüse stammte von Gauklerblumen, Salbei, Klee, Veilchen, Wyethias (Sonnenblumen), Judasbäumen und Pappelblüten. Wilde Erbsen und Gräser wurden wegen ihrer

Samen geerntet. Tee bereiteten sie aus Fliederblüten, Braunellen und Tannenspitzen zu, süßten ihn mit Sirup vom Großblättrigen Ahornbaum. Aus den Flüssen fischten sie Lachse, Forellen und Neunaugen. Bei ihnen gab es weder Fettleibigkeit noch Diabetes Typ 1 oder 2, weder Asthma noch Herzkrankheiten, weder Demenz noch Alzheimer und keine Psoriasis. Niemand von uns kann sich noch auf diese Weise ernähren. Aber wir haben sehr wohl die Wahl. Über 160 Länder haben beschlossen, die Einfuhr von Brot, Mais, Süßigkeiten, Rind- und Schweinefleisch sowie weiteren Nahrungsmitteln aus den Vereinigten Staaten zu verbieten[22], weil deren Inhaltsstoffe als toxisch gelten.[23]

Das vielleicht fesselndste und vielsagendste Buch auf diesem Gebiet ist *Nourishment* (Ernährung) von dem US-amerikanischen Verhaltensökologen Fred Provenza, der wissenschaftliche Forschungen über die Futtergewohnheiten sowohl wilder als auch domestizierter Tiere betrieb. Was die erwähnte Fütterungsstudie von Clara Davis über Säuglinge belegte, trifft auch auf Tiere zu: Sie wissen instinktiv, was sie verzehren sollen. Das menschliche Tier wusste es in früheren Zeiten ebenfalls. Heute jedoch werden wir förmlich bombardiert durch die Lebensmittelindustrie und ihre Werbung, durch Mythen, aber auch durch Wissenschaftler. Provenza schreibt: »Niemand braucht Wildpflanzen, Bakterien, Insekten, Fischen, Vögeln oder Säugetieren zu sagen, was sie zu sich nehmen sollen, um gesund zu bleiben, wie sie sich selbst behandeln, um von einer Krankheit zu genesen, oder wie sie sich weiterentwickeln und fortpflanzen. Ironischerweise müssen die Leute nun von ›Behörden‹ mitgeteilt bekommen, was sie essen sollen und was nicht. Mangelt es den Menschen an der Fähigkeit, nahrhafte Speisen zu erkennen und auszuwählen, oder ist ihnen diese Fähigkeit geraubt worden?«[24] Die Klimakrise ereignet sich nicht da oben im Himmel, sondern hier unten auf der Erde –

auf Esstellern, in Take-out-Boxen, an Drive-in-Fenstern, in denaturierten Böden und beengten Massentierhaltungsbetrieben für Vieh, Hühner und Schweine. Die Krise ist eine direkte Folge der Wahl, die wir hinsichtlich unserer Nahrung treffen.

Sieben
Bucky und Bing

> Gott, so scheint mir, ist ein Verb,
> kein Substantiv.[1]
>
> Richard Buckminster Fuller

»Raumschiff Erde« war eine Metapher, die der US-amerikanische Architekt und Ingenieur, Philosoph und Schriftsteller Richard Buckminster Fuller benutzte, um die menschliche Aktivität in die richtigen Bahnen zu lenken.[2] Eine weite Reise im All würde Instandhaltung, Kooperation, Teamwork, Fairness und ein tiefes Verständnis von lebenserhaltenden Systemen erfordern. Das planetarische Raumschiff, in dem wir uns befinden, ist ingeniös gestaltet. Die Passagiere merken nicht, dass sie mit Hunderttausenden Kilometern pro Stunde durch den Raum schweben – ohne Sitzgurte, mit viel Platz in der Economy-Klasse und köstlichen Speisen. Das Raumschiff wurde mit Bedienungsanleitungen und wesentlichen Richtlinien bereitgestellt: Jede und jeder ist Besatzungsmitglied. Vergiftet weder das Wasser noch die Luft noch den Boden. Sorgt dafür, dass das Raumschiff nicht zu überfüllt ist mit Insassen. Und eine weitere wichtige Regel: Finger weg vom Thermostat!

Vor einiger Zeit habe ich Buckminster Fullers Metapher verwendet, um einen Workshop für das Management eines weltbekannten Chemiekonzerns zu leiten, der stolz war auf seine zigtausend Produkte, insbesondere sein hochprofitables Arsenal an chemischen Herbiziden und Pestiziden. Die Gruppe war in fünf Teams unterteilt, deren Aufgabe für den Tag darin bestand, ein Raumschiff zu entwerfen, das ihr Leben und jenes von künftigen Generationen 100 Jahre lang erhalten und fördern würde, bevor es zur Erde zurückkehrt. Es konnte so groß sein, wie sie es wünschten, und Licht empfangen, solange kein Abfall ins All gelangte. Am Ende des Tages präsentierten die Teams einander ihre Entwürfe. Danach stimmten sie ab, mit welchem Raumschiff sie auf die Reise gehen würden. Es gab einen eindeutigen Gewinner. Statt mit unzähligen Gadgets zur digitalen Unterhaltung war das siegreiche Raumschiff namens *Genesis* mit Künstlern, Sängern, Tänzern, Dramatikern, Schauspielern und Dichtern besetzt. Crewmitglieder und Passagiere schlossen viele Nationalitäten, Traditionen und Ethnien mit ein. Die anderen vier Teams hatten sich hauptsächlich auf die wissenschaftlichen Aspekte konzentriert und weder Kunst noch Tradition oder Diversität berücksichtigt.

Die Bewohner des Raumschiffs *Genesis* wurden ausgewählt in der Hoffnung, dass sie eine Kultur entwickeln könnten, die über einen Zeitraum von 100 Jahren trägt. Dies erforderte eine ausgewogene und gerechte Verteilung der Ressourcen. Zugleich trafen die *Genesis*-»Konstrukteure« die Entscheidung, keines der von ihrem Arbeitgeber hergestellten Produkte an Bord zu haben. Diese waren für ein geschlossenes System zu giftig und nicht wiederverwendbar. Als das Team explizit über Pestizide befragt wurde, den Goldesel des Unternehmens, lautete die Antwort, Insekten seien notwendig, um ein gesundes Ökosystem aufrechtzuerhalten. Und Herbizide? Auch sie wurden ausgeschlossen, weil »Unkraut« die Bodenfruchtbarkeit ebenso nähre wie Bestäuber. Bald danach legten die Mitglieder des Gewinnerteams auf dem

Betriebsgelände einen Biogarten an, und drei von ihnen verließen die Firma.

Im heutigen Raumschiff Erde besitzt und kontrolliert ein Prozent der Menschheit fast die Hälfte des planetarischen Reichtums – Ressourcen, Energie, Land und Nahrung. Dagegen verfügt die Hälfte der Weltbevölkerung nur über ein Prozent der Ressourcen und der Landfläche.

Richard Buckminster Fullers berühmtestes Bauwerk, die geodätische Kuppel, wurde durch Wasserbewegungen inspiriert. Als er Fähnrich auf einem Offshore-Rettungsboot war, betrachtete er einmal vom Heck aus das Kielwasser und fragte sich, warum Blasen rund sind. Es stellte sich heraus, dass eine »Blase« der größten Belastung standzuhalten vermag, mehr Raumvolumen beinhaltet und weniger Material benötigt als jede andere Konstruktion. Eine geodätische Kuppel konnte mit vorgefertigten Bauteilen schnell errichtet werden; außerdem war ihre Grundfläche um 30 Prozent geringer als bei einem herkömmlichen Gebäude, was wiederum die Energie für Heizung und Kühlung reduzierte. Weltweit wurden mehrere Zehntausend davon erbaut in Gestalt von Wohnungen, Gewächshäusern, Theatern, Biomen für das Eden Project in Cornwall, England, windresistenten Radarstationen in der Arktis, des Theatermuseums Dalí in Figueres, Spanien, und eines Öko-Hotels im chilenischen Patagonien. Die größte geodätische Kuppel ist das Jeddah Superdome in Saudi-Arabien mit einem Durchmesser von 220 Metern.

Zu Fullers Lebzeiten waren drei Formen reinen Kohlenstoffs bekannt – Graphit, Diamant und amorpher Kohlenstoff, also Ruß oder Holzkohle. Streicht man über die Oberfläche von Graphit, berührt man eine Million seidenweicher Schichten reinen Kohlenstoffs, ein Atom dick, jede Schicht eine hexagonale Reihe von Atomen. Der Kohlenstoff in einem Diamanten ist nach dreidimensionalen Kristallstrukturen angeordnet. 1985 haben Wissenschaftler eine vierte Konfiguration von Kohlenstoff entdeckt, aus der die Nanotechnologie hervorging, wobei ein Nanometer einem Milliardstel Meter entspricht. Ziel dieser Technologie ist es, Materialien auf atomarer Ebene zu verändern. Stellen Sie sich dazu einen Transistor in der Größe eines Moleküls vor.

Die Entdeckung wurde gemacht, als sechs Wissenschaftler unter der Leitung von Harold Kroto, Richard Smalley sowie Robert Curl molekulare Kohlenstoffketten untersuchten, und zwar mithilfe optischer Spektroskope, welche die Lichtintensität im elektromagnetischen Spektrum analysieren.[3] Hängt man Prismen in ein Fenster, zerlegen sie das weiße Licht der Sonne in Regenbogenfarben. Ein ähnlicher Vorgang findet im Spektroskop statt. Es spaltet die einfallende Strahlung und kann die Zusammensetzung, Dichte und Temperatur eines astronomischen Objekts bestimmen, indem es die Wellenlängen misst. Jedes Molekül besitzt eine charakteristische Frequenz, gewissermaßen einen einzigartigen Klang, wenn es hörbar wäre. Die Wissenschaftler richteten ihre Spektrometer auf interstellare Gaswolken, die von sterbenden Sternen stammten, und stießen dabei auf bislang unbekannte Ketten von Kohlenstoffmolekülen. Curl schlug vor, jene Bedingungen, die sie viele Lichtjahre entfernt erforschten, unter Verwendung eines Impulslasers an der Rice University in Texas zu wiederholen. Der Laser verdampfte Graphitatome bei Temperaturen, wie sie auch in sterbenden Roten Riesen vorkommen.

Der Graphit wurde in Plasma umgewandelt, ein heißes ionisiertes Gas, das Elektronen aus Atomen entfernt. In einer Höhe von 80 Kilometern wird das Gas der Erdatmosphäre zu Plasma, was manchmal mit bloßem Auge zu sehen ist, wenn die geladenen Teilchen von einfallender Sonnenstrahlung wogende, fluoreszierende Vorhänge erzeugen, bekannt unter dem Namen *Au-*

rora borealis oder Polarlicht. Obwohl Plasma auf der Erde selten ist, bestehen 99 Prozent des Universums daraus. Es ist gleichsam das Mutterschiff der drei anderen Aggregatzustände: fest, flüssig, gasförmig. Kühlt sich ionisiertes Plasma genügend ab, so kehrt es zu einem festen Zustand zurück, in dem Kohlenstoffatome sich anordnen und verbinden.

Mittels der Spektrometer entdeckten die Wissenschaftler eine Fülle von Kohlenstoffmolekülen, die jeweils 60 Kohlenstoffatome enthielten. Solche Moleküle unter der Bezeichnung C_{60} hatte man sich vorher nie vorstellen können. Wie waren sie aufgebaut? Wie sahen sie aus? Es war rätselhaft, wie sich 60 Kohlenstoffatome zu einem stabilen Makromolekül zusammenfügen konnten. Smalley spielte mit Schere und Klebeband herum, um kuppelähnliche Sphären mit 60 Kohlenstoffatom-Modellen zu konstruieren. Er und seine Kollegen wussten, dass Kohlenstoff Pentagone und Hexagone bilden würde, also empfahl Kroto, beide Formen miteinander zu kombinieren, weil er auf diese Weise schon einmal einen Weihnachtsstern für seine Kinder gebastelt hatte. Damit war das Rätsel gelöst – ein Kugelkäfig mit 32 Flächen, 12 Pentagonen und 20 Hexagonen. Es war ein hohles Molekül, das symmetrischste und ästhetisch schönste Molekül, das man bisher kannte. Physiker bezeichneten die neue Konfiguration als »Fulleren« oder »Buckyball« – in Anlehnung an Richard Buckminster Fullers geodätische Kuppeln.

Die Entdeckung von 1985 faszinierte Chemiker in aller Welt.[4] Es war, als hätte man einen neuen, hinter Jupiter verborgenen Planeten aufgespürt. Kohlenstoff ist in Physik und Chemie das mit Abstand am intensivsten untersuchte, erforschte und analysierte Element, weil es die Grundlage des Lebens und der meisten Materialien auf der Erde bildet. Nach jenem Ereignis 1985 mussten die bisher gültigen Chemielehrbücher entsorgt werden. Es gibt nicht drei Grundstrukturen des Kohlenstoffs, sondern vier. Smalley bezeichnete den Durchbruch als Weihnachtsbescherung für Chemiker. Er verglich deren Bedeutung mit der 1825 gemachten Entdeckung des Benzolrings mit sechs Kohlenstoffatomen, eines giftigen Kohlenwasserstoffs, der heute den meisten synthetisch hergestellten Chemikalien zugrunde liegt.

Und wie vorhergesagt, entfesselten jene Fullerene eine Flut von Erfindungen und möglichen Anwendungen.[5] Die kugelförmige Struktur ist nicht wasserlöslich und kann so im ganzen Körper zirkulieren, um an den betreffenden Stellen Medikamente kontrolliert freizusetzen.[6] Außerdem sind Fullerene für den Gentransfer nützlich, indem sie fremde DNA in bestimmten Zellgruppen platzieren und spleißen.[7] Als antivirale Wirkstoffe transportieren sie Proteasen, also Enzyme, welche die Vervielfältigung des Humanen Immundefizienz-Virus (HIV) unterbinden, was wiederum den Ausbruch von Aids verzögert. Zugleich hemmen Fullerenderivate das Hepatitis-C-Virus. Eine markenrechtlich geschützte wasserlösliche Form eines Buckyball wird *radical sponge* (radikaler Schwamm) genannt. Dieser bietet einen hochwirksamen Hautschutz vor den durch UV-Strahlung emittierten freien Radikalen und ist mittlerweile in rezeptfreien Sonnencremes enthalten. Schließlich werden Fullerene über Heidelbeeren und Kurkuma hinaus als die stärksten Antioxidantien überhaupt betrachtet. Eine 2012 durchgeführte Studie belegte eine fast verdoppelte Lebensdauer bei Ratten, die mit C60-haltigem Olivenöl gefüttert wurden, vermutlich aufgrund von reduziertem oxidativem Stress, der mit höherem Alter in Zusammenhang steht.[8] (Allerdings wurde der Test nicht wiederholt.)

Vielerlei Forschungsarbeiten haben inzwischen Variationen von Fullerenen offenbart, die 28 bis 108 Atome in sich bergen.[9] 1991 entdeckte ein japanischer Wissenschaftler Nanoröhren –

längliche Kohlenstoffhüllen, röhrenförmig angeordnet, an beiden Enden verschlossen wie eine Gelatinekapsel, ein Nanometer im Durchmesser. Menschliches Haar ist durchschnittlich 80 000 Nanometer breit. Vom Aufbau her sind Nanoröhren hundertmal stärker als Stahl, wiegen im Vergleich aber nur ein Sechstel. Heute werden sie in großem Maßstab hergestellt von einer milliardenschweren Industrie, im Angebot sind verschiedene Materialien, darunter Glas, Verbundstoffe, Sensoren, Halbleiter, Aluminium, Farben und Keramiken, mit leitfähigen, festigenden und leichtgewichtigen Eigenschaften. Dutzende Branchen verwenden Nanoröhren, etwa in den Bereichen Luftfahrt, Biomedizin, Elektronik, Windturbinen, Batterien und Solartechnik. Die Integration von Nanoröhren könnte das Gewicht von elektrischen Fahrzeugen – Autos und Motorrollern – um bis zu 25 Prozent senken und deren Gesamtwirkungsgrad um 30 Prozent steigern. Sie sorgen nicht nur für leichtere Karosserien, sondern auch für einen geringeren Rollwiderstand der Reifen. Mit anderen Worten: Nanoröhren haben sich zu einer revolutionären, einzigartigen Technologie entwickelt.

Allerdings geht Nano auch mit einem No-Go einher. Die gefertigten und verkauften Nanoröhren sind selten aus reinem Kohlenstoff. Sie enthalten katalysierte Metallummantelungen, in denen unter anderem Nickel, Kobalt und Molybdän vorkommen. Heute existieren über 50 000 Konfigurationen von Nanoröhren mit verschiedenen Dimensionen, Eigenschaften und Zusatzstoffen. Aufgrund ihres leichten Gewichts können sie unsichtbar und unmerklich in der Luft vorhanden sein. Sie haben weder Farbe noch Geruch oder Geschmack und lassen sich nicht berühren. Ähnlich wie Asbestfasern lösen sie die Verbundstoffe ab, die sie eigentlich festigen sollen, möglicherweise mit entsprechenden Folgen für menschliche Lungen.[10] Sie sind resistenter als jedes

Pestizid, wasserunlöslich und biologisch nicht abbaubar.[11] Die Benutzung, Reinigung und Entsorgung hergestellter Nanoröhren kann die menschliche Gesundheit schädigen und die Umwelt verschmutzen. Wer ihnen ausgesetzt ist und sie einatmet, hat mit Risiken zu rechnen: Bluthochdruck, Emphysem, Herzinfarkt, Nierenschädigung.[12] Werden sie verzehrt, drohen Krebs, DNA-Schäden, schwerwiegende Entzündungen, Schwächung der Mitochondrienmembranen und beschleunigter Zelltod. Die pharmazeutische Industrie schätzt die Nanoröhrentechnologie, weil durch deren Einsatz die Haut, ja sogar eine einzige Zelle durchdrungen wird. Das bedeutet eine präzise Arzneimittelabgabe an erkrankte Stellen im Körper mit weniger Nebenwirkungen. Es bedeutet aber auch, dass in der Umwelt vorhandene Formen von Nanoröhren durch Kontakt in den Körper gelangen können, metallische oder verschmutzende Verbindungen also direkt durch die Haut bis in die Lunge befördert werden.

Die enorme Verbreitung und Bioverfügbarkeit von Nanoröhren wird dazu führen, dass sie in der Nahrungskette genauso aufsteigen wie das Insektizid DDT und das Pestizid Glyphosat. Die Hersteller reinigen die Produktionsstätten mit Wasser und Säuren, die anschließend in die Kanalisation gespült werden. Es ist eine Sache, mit bestimmten Giften zu hantieren, etwa einem Viertelliter Farbverdünner in der Garage, doch eine ganz andere, langlebige Gifte mit unabsehbaren Auswirkungen überall um sich zu haben. Der weltweit größte Produzent von Nanoröhren ist ein chinesisch-russisches Gemeinschaftsunternehmen. Keines der beiden Länder ist bekannt für energischen Umweltschutz oder strenge Vorschriften. Nichtsdestotrotz ist es unwahrscheinlich, dass Zweifel, Bedenken oder gemeldete Gefahren die explosionsartige Entwicklung der Nanotechnologie verlangsamen werden. Die Sturheit der Wissenschaft kommt am besten zum Ausdruck in den Worten von Mihail Roco, Chefberater für Nanotechnologie bei der US-amerikanischen National Science Foundation: »Wir haben etwa 100 Arten von Atomen, und momentan werden 20 bis 25 davon häufig genutzt. Man sollte in der Lage sein, sie alle in verschiedenen Anordnungen auf der Nanoskala zu nutzen und ihre Eigenschaften nach Belieben zu verwerten.«[13] Diese Haltung ist prototypisch für die weltabgewandten, spalterischen Überzeugungen in der westlichen Wissenschaft.

Würde Richard Buckminster Fuller die Kommerzialisierung und Verbreitung von Fullerenen, Buckyballs und Nanoröhren in seinem Raumschiff sehen wollen? Solche Fragen wiegelt man oft ab durch die Zusicherung, dass Sicherheitsvorkehrungen getroffen würden. Die Begeisterung für Nanomaterialien in Kreisen der Wissenschaftler und Ingenieure ist leichtfertig und ausufernd. So wurde ein »Nano-Auto« mit vier Buckyballs für die Räder und ein paar Nanoröhren für das Fahrgestell gebaut. Es hatte kein Lenkrad, was vielleicht unbeabsichtigt die Welt der Nanotechnologie symbolisiert. In ihr ist häufig die Rede davon, dass die Wissenschaft zum ersten Mal Atome »domestizieren« könne. Die Versuchungen sind überwältigend. Man spekuliert sogar darüber, Nanotechnologie in die menschliche Zelle zu implantieren wie eine künstliche, dem Mitochondrium vergleichbare Organelle.

Der Begriff *domestizieren* bedeutet zähmen, beherrschen, unterwerfen. Dazu gibt es einen Präzedenzfall: Ab dem Jahr 1828 wurden Moleküle unter Anwendung der organischen Chemie domestiziert (wobei *organisch* meint, dass Kohlenstoffverbindungen enthalten sind). Das erste synthetische Erzeugnis war Urea oder Harnstoff, der bis heute in Düngemitteln, Medikamenten und Plastik eingesetzt wird. Das Spektrum der organischen Chemie umfasst mittlerweile über 350 000 synthetische Chemikalien und chemische Mischungen. Schätzungsweise 220 Milliarden Tonnen chemisch aktiver Substanzen werden jährlich in die Umwelt abgegeben – durch Agrar- und Pharmaindustrie, durch Abbau fossiler Brennstoffe, Mineralölverarbeitung, Bauwesen und sonstige Branchen. Die Zusammensetzung von mehr als 50 000 Chemikalien bleibt geheim und wird weder den Aufsichtsbehörden noch der Öffentlichkeit mitgeteilt.

In den meisten Fällen bauen sich freigesetzte Chemikalien über die Jahre auf. Mehr als 500 bekannte Todeszonen in Seen und Ozeanen weltweit wurden durch agrochemische Abflüsse verursacht. Karzinogene, Flammschutzmittel, Perfluoroctansäuren (PFOA), Polychlorierte Biphenyle (PCB), Schwermetallverbindungen, endokrine Disruptoren, Phthalate und Glyphosate sind heute bei einem Großteil der lebenden Menschen feststellbar.[14] Diese Chemikalien galten bei ihrer Erstproduktion und Markteinführung als äußerst vorteilhaft für die Menschheit. Doch die Sicherheitsgarantien haben sich oft als falsch erwiesen, so auch bei Nanoröhren. Staatliche Regulierungen können mit den bereits vorhandenen Chemikalien nicht Schritt halten.[15] Die EU zum Beispiel verbietet Phthalate in Bodenbelägen, nicht aber in Lebensmittelverpackungen. In den Vereinigten Staaten dürfen sie in Lippenstift verwendet werden, nicht aber in Schnabeltassen. Dem *Guardian* zufolge »haben Forscher Phthalate in Verbindung gebracht mit Asthma, dem Aufmerksamkeits-Defizit-Syndrom mit Hyperaktivität (ADHS), Brustkrebs, Fettleibigkeit und Diabetes Typ 2, niedrigem Intelligenzquotienten, entwicklungsneurologischen Störungen, Verhaltensproblemen, Autismus-Spektrum-Störungen, veränderter Entwicklung der geschlechtlichen Fortpflanzung und Problemen mit männlicher Fruchtbarkeit«. Man füge dem ohnehin schon unüberschaubaren Arbeitsaufwand der Aufsichtsbehörden ungefähr 50 000 Formen von Nanoröhren hinzu.

Die jährliche Produktion von Fullerenen ist gewichtsmäßig relativ gering, nicht aber zahlenmäßig. Etwa 6000 Tonnen pro Jahr entsprechen drei Quintillionen (jeweils eine Eins mit 30 Nullen) Fullerenen. 2018 analysierten Rasel Das, Bey Fen Leo und Finbarr Murphy die Literatur über die mit Fullerenen assoziierten Ungewissheiten und Risiken in einem der Bereiche, wo Nanoröhren eingesetzt werden – in der Wasseraufbereitung.[16] Aufgrund ihrer vergleichsweise großen Oberfläche und ausgeprägten Reaktivität auf Chemikalien besitzen Nanoröhren eine unübertroffene Fähigkeit, chemische und biologische Verschmutzungen zu beseitigen. Das Problem ist nur, dass die Filter einige der Nanoröhren in Trink- und Meerwasser absondern. Sie können weder in Deponien noch in Müllverbrennungsanlagen entsorgt werden. Sie sind nicht abbaubar, nicht wasserlöslich, aber außergewöhnlich resistent. Genau jene Eigenschaften, die ihnen einen einzigartigen Wert verleihen, machen sie gleichzeitig zu neuen, dauerhaften Bewohnern der Umwelt. Wie Kohle, Holzkohle, Erdöl und Gas übt auch Kohlenstoff eine übermächtige Anziehungskraft auf die Menschheit aus, eben weil er so mühelos kooperiert und Verbindungen eingeht. Aber wissen wir eigentlich, was wir mit dem Kohlenstoff tun? Anders ausgedrückt: Kooperieren wir mit ihm oder zwingen wir ihm unseren Willen auf? Erinnern wir uns an Richard Buckminster Fuller, der, mit einem Problem konfrontiert, gerne sagte: »Wenn die Lösung nicht schön ist, weiß ich, dass sie falsch ist.«

In den vergangenen zehn Jahren brachte die Erforschung der Nanotechnologie eine neue, andersgeartete Karbontechnologie hervor. Erfunden hat sie Liangbing (Bing) Hu, Professor für Materialinnovation an der University of Maryland. Geboren auf einer Reis- und Baumwollfarm in der chinesischen Provinz Hubei, wurde er in jungen Jahren für die Schule für begabte Jugendliche ausgewählt und mit 15 Jahren auf die Universität geschickt. Er konzentrierte sich auf Physik, damals wie heute fasziniert von der Fähigkeit dieser Wissenschaft, die Materie in jeder Größenordnung zu erforschen. Von Galaxien bis zu subatomaren Teilchen konnten alle möglichen Bausteine untersucht und analysiert werden. Mit 20 Jahren promovierte er in Nanotechnologie an der University of California in Los Angeles und absolvierte anschließend sein Postdoc-Studium in Material- und Ingenieurwissenschaft an der Stanford University.

Wenn man mit Bing spricht und ihm zuhört, tritt eine Ähnlichkeit zutage zwischen seiner Sicht auf die Welt und der von Richard Buckminster Fuller. In der kurzen Zeit, die ich mit Fuller verbracht habe, erschien mir seine Denkweise als am besten mit dem Ausdruck »brillante Unschuld« beschrieben. Bing betrachtete Holz so, wie Fuller Blasen verfolgte. Warum ist Zellulose derart robust? Er ging in den Mikrobereich, um es herauszufinden. Unter dem Elektronenmikroskop ähnelte die Struktur der Zellulosefasern im Holz jener von Nanoröhren, wobei sie in einer Richtung spiralförmig nach oben wuchsen. Es stellte sich heraus, dass Zellulosefasern stärker sind als Karbonfasern. Diese Widerstandsfähigkeit demonstrierte mir Bing bei unserer ersten Begegnung. Mühelos riss er die Hälfte von einem Blatt Büropapier ab, wie jedes Kind es hätte tun können. Dann nahm er ein neues Blatt zur Hand, hielt es an beiden Enden und versuchte es entzweizureißen. Weder er noch Sie oder ich wären dazu in der Lage gewesen. Zellulosefasern sind einfach: lange Ketten von Glukose-Monomeren, einem Molekül, das endlos mit sich selbst verbunden werden kann, genauso wie Nanoröhren, aber 10 000-mal kostengünstiger.

Bing war der Auffassung, dass durch die Nutzung der Widerstandsfähigkeit von zellulosehaltigen Nanofasern in einem Holzbauteil ein neues Material entstünde, dessen Eigenschaften mit denen von Stahl konkurrieren würden. Also begannen er und seine Mitarbeiter an der University of Maryland Laborexperimente durchzuführen. Holz wurde mit Natriumhydroxid zum Kochen gebracht, um die Lignine abzubauen, jene in die Zellwand eingelagerten Makromoleküle, die Pflanzen Struktur und Halt verleihen. Nach der Wiederholung des Vorgangs wurde das Holz bei 212 Grad Fahrenheit (100 Grad Celsius) heißgepresst, bis es nur noch ein Fünftel seiner Dicke aufwies. Dadurch öffneten sich die Poren innerhalb des Holzes, sodass der Druck die Wasserstoffatome in den Zellulosefasern aneinanderbinden konnte. Das Ergebnis bezeichnete Bing als *InventWood* – 50 Prozent stärker als Stahl, mit einem Sechstel von dessen Gewicht und nur halb so teuer. Es ist funktionell feuerfest (zu dicht) und bietet aufgrund seiner Härte den Insekten keine Möglichkeit, daran zu knabbern. In wabenartiger Struktur lässt es sich zwischen *InventWood*-Dielen klemmen, um Böden so fest und schalldicht zu machen wie Beton. Man stelle sich ein konventionelles Hochhaus mit 50 Stockwerken und einer Grundfläche von etwa 3 000 Quadratmetern vor. Die für die Konstruktion benötigte Menge an Beton und Stahl würde etwa 250 000 Tonnen wiegen; das entspräche 12 500 Lkw-Ladungen, die zur Baustelle transportiert werden müssten. Aus *InventWood* erbaut, würde das Gewicht nur ein Zwanzigstel betragen. Bei einem herkömmlichen Gebäude aus Beton und Stahl trägt die Struktur im Erdgeschoss sämtliche Stockwerke mit ihrem Beton und Stahl darüber. Das heißt, hätten die Zwillingstürme des New Yorker World Trade Center aus *InventWood* bestanden, wäre nach dem Terroranschlag am 11. September 2001 keiner von beiden eingestürzt. Die Türme sackten aufgrund ihres schieren Gewichts in sich zusammen, als der Stahl auf einem Stockwerk durch das brennende Kerosin aus dem Flugzeug weich wurde und schmolz.

Bings Erfindung kann mit einer Heißpresse zu unterschiedlichen Formen gestaltet werden. Eine Boeing 787 Dreamliner oder ein Ford F-150 Truck wären, aus *InventWood* hergestellt, leichter, billiger und sicherer. Ein dünnes Paneel aus diesem Werkstoff hält abgefeuerten Kugeln stand. Angereichert mit Methylmethacrylat, wird das Holz lichtdurchlässig und kann in Bauanwendungen Glas oder Plastik ersetzen. Der Unterschied zu Stahl und Beton erstreckt sich aber noch auf andere Bereiche. Stahl ist für etwa acht Prozent der globalen Treibhausgasemissionen verantwortlich, die Auswirkungen des Transports zu den Orten, wo er gebraucht wird, nicht miteingerechnet.[17] *InventWood* hat genau den gegenteiligen Effekt: Es bindet Kohlenstoff. Es kann aus verschiedenen Baumarten hergestellt werden, wobei Bambus, also ein Gras, das ideale Substrat ist. Anstelle der halben Stahlproduktion weltweit würde Bambus als einzige genutzte Materialquelle gut 100 000 Quadratkilometer Anbaufläche beanspruchen, etwas mehr als die Hälfte des Ackerlands in Nebraska oder weniger als 0,001 Prozent des bestellten Bodens auf der Erde. Es würde pro Jahr 106 Millionen Tonnen Kohlenstoff binden, im Gegensatz zu den 1,7 Milliarden Tonnen an jährlichen Emissionen aus der Stahlproduktion.[18]

Hierbei handelt es sich um Schätzungen. Nicht spekulativ hingegen ist die *InventWood*-Technologie, ihre Widerstandsfähigkeit, Wirtschaftlichkeit und Zweckmäßigkeit. Wie schnell sie übernommen und eingesetzt wird, bleibt noch zu bestimmen. Jedenfalls sehen wir hier Vorstellungskraft und praxisbezogene Genialität am Werk, ganz ähnlich wie es auch bei Richard Buckminster Fuller wahrgenommen wurde. Das US-amerikanische Energieministerium betrachtet diese neue Technologie ebenfalls als ingeniös und gewährte Bings Unternehmen im November 2022 die Summe von 20 Millionen Dollar für den Bau einer

Pilotfabrik in Maryland. Im Laufe von zehn Jahren Forschungsarbeit imaginierte und perfektionierte Bing eine andere Welt des Kohlenstoffs, ein Zeitalter der Zellulose, in dem der menschliche Einfluss auf die Umwelt durch ein völlig neues Verständnis der Pflanzenwelt um einen Faktor von über 3000 verringert wird.

Seit drei Jahren arbeitet Bing an dem Projekt, die Beschaffenheit von zellulosebasierten Nanofasern für Batterien nutzbar zu machen. Statt die Fasern zusammenzupressen und dabei Wasserstoffverbindungen herzustellen, werden sie voneinander getrennt. Stellen Sie sich feinste Filamente aus kleinsten, unsichtbaren Haarsträhnen vor, die die freie Bewegung von Lithiumionen ermöglichen würden – schon hätten Sie eine leichtere Batterie aus *InventWood*.

Acht
Grüne Wesen

Die Natur braucht kein Zuhause,
sie ist das Zuhause.[1]

David George Haskell

Würden Sie jeden Tag eine Pflanze untersuchen, bräuchten Sie 1200 Jahre, um sämtliche Spezies auf der Erde zu erfassen. Schließlich würden Sie auf die zwanzig Pfund schwere Rafflesia mit einem Umfang von viereinhalb Metern stoßen, jene riesige bolivianische Wasserlilie, auf der ein über zwei Meter großer Basketballspieler sich mühelos ausstrecken und ein Nickerchen halten könnte, oder auf die *Lomatia tasmanica* aus der Familie der Silberbaumgewächse, die noch immer mit ihrem 135 000 Jahre alten Klon tief in der Erde verbunden ist. Ein Höhepunkt wäre vielleicht der Afrikanische Affenbrotbaum (Baobab), der einen Durchmesser von über 25 Metern erreichen kann (das entspricht einem achtstöckigen auf der Seite liegenden Gebäude) – einer von derart voluminösen Bäumen, dass sie ausgehöhlt wurden und als Warenlager, Gaststätten oder Gefängnisse dienten. Die Kermes-Eiche kann niedergebrannt, bis zu den Stoppeln abgegrast, mit der Axt gefällt werden und dennoch wieder nachwachsen, um knabbernde Ziegen zu nähren, die auf deren hohen Ästen stehen.[2] Der tropische Dynamitbaum *(Hura crepitans)*, auch Sandbüchsenbaum genannt, lässt seine Samenkapseln mit der Wucht eines

Feuerwerkskörpers explodieren und schleudert die Samen hundert Meter hoch in die Luft. Eine vor der Küste Ibizas entdeckte Seegraswiese ist fast 200 000 Jahre alt.[3] Pflanzen sind ein Maßstab der Biodiversität, aber nur selten wird das Pflanzenreich im Zusammenhang mit dem Klima auf der gleichen Ebene behandelt wie Windturbinen, Solarparks, Batteriespeicher, grüne Gebäude und elektrische Fahrzeuge.[4] Doch Graslandschaften, Wälder, Seegraswiesen, Sträucher, Moose und Ranken bilden den wichtigsten Fluss des Kohlenstoffs auf dem Planeten, zehnmal größer als die Emissionen fossiler Brennstoffe und anderer menschlicher Tätigkeiten zusammen.[5]

Pflanzen und Tiere haben einen gemeinsamen Ursprung – eukaryotische Zellen, die einen Kern und eine skelettale Membran aufweisen. Vor 800 Millionen Jahren wurde ein Zweig der eukaryotischen Zellen zu Tieren, ein anderer zu Pflanzen und ein dritter zu Pilzen. Der wesentliche Unterschied zwischen Pflanzen und Tieren liegt in der Bewegung. Pflanzen sind stationär, sesshaft. Tiere indes bewegen sich in Luft, Wasser und über Land, sie sind mobil. Pflanzen können einer Bedrohung nicht entfliehen. Auch daher wurde ihre Welt lange Zeit als unbelebt betrachtet. Pflanzen heulen oder zirpen nicht, haben weder Persönlichkeit noch Charisma und sind an einen Ort gebunden. Obwohl es ein vermeintlicher Vorteil ist, ein Tier zu sein, oder vielleicht aufgrund des Nachteils, stationär zu sein, haben Pflanzen zwanzig Sinne entwickelt, die ihre Umwelt wahrnehmen und darauf reagieren, wogegen Tiere nur fünf Sinne besitzen.[6] Sie brauchen nirgendwohin zu gehen, um Futter zu suchen, weil sie Nahrung aus Licht, Luft, Boden und Wasser produzieren. Sie betreiben großartige sexuelle Aktivitäten aus der Ferne, dank Bestäubern und Wind. Sie verfügen über modulare und dezentrale Vitalfunktionen, während Tiere umzukommen drohen, wenn ihre Organe angegriffen werden. Kein Teil einer Pflanze ist absolut lebensnotwendig. Selbst wenn sie bis zum Boden abgenagt ist, kann sie sich in den meisten Fällen regenerieren. Durch das Grasen und Nagen der Tiere vermag die Pflanze umso kräftiger zu werden und darum beschneiden wir sie. Es wäre vergeblich, eine Klaue, einen Schwanz oder ein Ohr zu säen, eine Pflanze aber kann mithilfe eines abgeschnittenen Zweiges, eines Blattes oder einer Wurzel neu erschaffen werden. Wir sind Individuen, das heißt wörtlich »nicht teilbar«. Pflanzen bilden Kolonien und Systeme, die gerade deshalb gedeihen, weil sie teilbar sind. Das bedeutet jedoch nicht, dass sie nicht berühren, schmecken, hören, riechen oder sprechen können. Sie können es.

Hochzeiten, Bat Mizwas, Quinceañeras und Beerdigungen wären unvollständig ohne die symbolische Gegenwart von Lilien, Rosen, Pfingstrosen oder Margeriten. In der gesamten Menschheitsgeschichte haben Pflanzen Bewunderung und Verehrung erfahren. Bäume wurden angebetet, Tabak galt als ebenso heilig wie Süßgras – Heiliges Basilikum lautet sein Name – oder Peyote; Mais, Kürbis und Kletterbohnen zusammen angepflanzt wurden als die »Drei Schwestern« verherrlicht. Lehren, Mythen und Gleichnisse über das Leben und die Rolle der Pflanzen haben jedoch im 20. Jahrhundert an Bedeutung verloren, möglicherweise wegen der aufkommenden Pflanzenkunde. Diese kündigte eine außergewöhnliche Erforschung der Pflanzenwelt an, wodurch ein neues Vokabular entstand, zu dem nun solche Fachbegriffe gehören wie *Kryptobiose*, *phytophil* oder *diplostemonisch*.[7]

1913 experimentierte der deutsche Chemiker Fritz Haber mit Stickstoff, um Senfgasbomben für den Kriegseinsatz größere Sprengkraft zu verleihen. Eher zufällig fand er dabei eine Methode, Luftstickstoff in synthetisches Nitrat zu spalten. Aufgrund dieser Entdeckung arbeitete Carl Bosch mit Haber zusammen, um ein Hochdruckverfahren zu entwickeln, durch das große Mengen an günstigem Ammoniakdünger produziert werden konnten. Zum ersten Mal ließ sich löslicher Stickstoff über die oberste Schicht des Ackerbodens verteilen. Unter Einsatz des Haber-Bosch-Verfahrens verdoppelten und verdreifachten sich die Ernteerträge. Nach und nach verkümmerte das Erdreich zu einem chemischen Medium, das Nutzpflanzen produzierte. Glaubensvorstellungen, denen zufolge Pflanzen heilig und verehrungswürdig waren, wurden verdrängt zugunsten der Möglichkeit, Reichtum zu schaffen. Nun konnten Pflanzen genauso beeinflusst und verändert werden wie industrielle Materialien.

Vor und nach dem Aufkommen billiger Düngemittel wurden von den beiden Agrarwissenschaftlern George Washington Carver und Luther Burbank bahnbrechende Forschungen betrieben. Carver ging es darum, die Baumwollmonokulturen in Mississippi und Alabama zu überwinden, um Diversität und Bodenfruchtbarkeit wiederherzustellen und so die Gesundheit von Pflanzen und Menschen zu verbessern. Burbank wiederum war ein Magier im Bereich des Gartenbaus, der auf seiner Farm in Sebastopol, Kalifornien, 800 verschiedene Sorten von Bäumen, Früchten, Gemüse, Nüssen und Blumen durch Kreuzung züchtete.

Er pflanzte Tausende von Setzlingen einer einzigen Sorte und hielt Ausschau nach Varianten, die Ertrag, Geschmack, Farbe und Duft optimierten.[8] Die erwünschten Varianten wurden ausgewählt, gesät und fremdbestäubt, was er sorgsam von Hand tat. Zu seinen Erfolgen zählten die köstliche Burbank-Pflaume, die Flaming-Gold-Nektarine, steinlösende Pfirsiche und Kastanienbäume, die in drei statt in 25 Jahren Früchte trugen. Er entwickelte eine pilzresistente Kartoffel, um eine weitere Hungersnot in Irland abzuwenden. Heute wird die Sorte Russet Burbank für die Pommes frites bei McDonald's verwendet. Burbank verfasste ein achtbändiges Werk über seine Arbeit mit dem Titel *How Plants Are Trained to Work for Man* (Wie Pflanzen dazu angehalten werden, für den Menschen nützlich zu sein), das die Zukunft der Landwirtschaft bereits vorhersagte.

Die Modifikation und veränderte Nutzung von Pflanzen sind mittlerweile derart weit verbreitet, dass wir sie kaum noch bemerken. Pflanzen dienen als Nahrung, Dekoration, Fasermaterial und Holz. In der Nachfolge von Burbank entwickelte der Chemiegigant Monsanto glyphosatresistente Mais- und Sojapflanzen und veränderte dabei deren Erbgut »zum Wohle der Menschheit«.[9] Der eigentliche Zweck der Umgestaltung dieser Nutzpflanzen bestand jedoch darin, dem Unternehmen erhebliche Vorteile zu verschaffen. Das Patent für das hauseigene Herbizid Glyphosat war abgelaufen und die Gewinne brachen ein. Also nahm Monsanto genetische Änderungen an Mais und Soja vor, damit diese kompatibel blieben mit dem chemisch modifizierten Glyphosat. Es war das erste Mal, dass ein Herbizid nicht die Feldfrüchte vernichtete, dafür aber die konkurrierenden Pflanzen, das sogenannte »Unkraut«. Damit waren genetisch verändertes Saatgut und Herbizid untrennbar miteinander verbunden. Ein Landwirt konnte nicht die patentierten Samen kaufen, sondern nur eine Lizenz, als handelte es sich um eine Software. Durch die Lizenzvereinbarung war es Erzeugern verboten, die uralte Praxis der Wiederaussaat von Samen aus der Ernte zu befolgen. Wer immer dem zuwiderhandelte, wurde auf Schadenersatz verklagt, den viele Landwirte tatsächlich leisten mussten. Das war ein ebenso ausgeklügelter wie verheerender Schachzug. Heute ist Glyphosat das führende Herbizid weltweit, von dem jährlich etwa 700 Millionen Kilogramm eingesetzt werden.[10] Aufgrund seiner Wasserlöslichkeit reist es durch das ganze Land und ist in Trinkwasser nachweisbar, in Milchkühen, Hausstaub, Eiscreme, Brustmilch,

Tampons, Biogetreide, Seelöwen und in 75 Prozent der Niederschläge, die auf die gesamte Erdoberfläche herabfallen.

Weihnachtsbäume, einst aufgestellt, um die Geburt Jesu zu feiern, werden nach den Festtagen oft auf die Straße geworfen wie Müll. Südamerikanische Drogenkartelle produzieren pestizidgetränkte Rosen zum (Heiligen) Valentinstag, um Geld zu waschen. Wissenschaftler lancieren die Idee, Pflanzen und Bäume zu »Waffen« gegen den Klimawandel zu machen. In Landwirtschaftsbetrieben angebauter Biokraftstoff soll das raffinierte Kerosin ersetzen, um Flugzeuge anzutreiben. Genetisch verändertes Soja wird zu Biokunststoffen verarbeitet und Laborfleisch in hoch aufragenden Edelstahlcontainern gezüchtet. In den Vereinigten Staaten trocknen und verarbeiten 107 Fabrikanlagen Holz zu elf Millionen Tonnen Pellets pro Jahr für die »erneuerbare« Energieindustrie[11] – unter der erstaunlichen Annahme, das Verbrennen von Bäumen habe einen günstigen Einfluss auf den Klimawandel.[12] Laut dem englischen Nature Writer Richard Mabey sind »Pflanzen größtenteils auf den Status nützlicher und dekorativer Objekte herabgemindert worden … Sie werden nun als Einrichtungsgegenstände auf dem Planeten betrachtet – notwendig, zweckdienlich, reizvoll, aber ›einfach nur da‹, passiv vegetierend. Gewiss werden sie nicht als Wesen gesehen in dem Sinne, wie Tiere es sind.«[13]

Doch Pflanzen sind definitiv Wesen und als solche in hohem Maße pragmatisch. Sie haben bemerkenswerte Methoden entwickelt, um zu erfahren, was ringsum passiert. Bakterien enthalten rund 1000 Gene, Pilze 10 000. Menschen verfügen ungefähr über die gleiche Anzahl wie Mäuse, nämlich 25 000 Gene. Blütenpflanzen hingegen können bis zu 400 000 Genexpressionen besitzen. Das macht sie nicht intelligenter, unterstreicht aber die zunehmende Komplexität, die sich über 470 Millionen Jahre ausgebildet hat. Da sie unbeweglich sind, nehmen sie ihre Umgebung auf neuartige Weise wahr.[14] Blätter, Nadeln und Stiele sind mit raffinierten Netzwerken miteinander verbundener Fotorezeptoren bedeckt, die sich anpassen, um unterschiedliche Wellenlängen des Lichts zu erfassen. Tiere haben vier Arten von Fotorezeptoren in ihren Augen, Pflanzen 13, darunter einer, der UV-Licht einfängt. Sie interpretieren die Menge, Farbe und Richtung des Lichts, um Physiologie, Wachstum und Entwicklung zu steuern.

Winzige Spalte, sogenannte Stomata, auf der Epidermis von Blättern öffnen sich beim morgendlichen Vogelkonzert und beginnen einen ganztägigen Austausch, bei dem Kohlenstoffdioxid in Sauerstoff umgewandelt wird. Wenn es tagsüber zu heiß ist, schließen sich die Stomata, um Wasserverdunstung zu vermeiden, öffnen sich wieder bei kühleren Temperaturen und ziehen sich nachts dann erneut zusammen. Darin unterscheiden sich Pflanzen kaum von Menschen, die im heller werdenden Licht aufstehen und in der Dunkelheit schlafen. Sobald Pflanzen von Insekten angegriffen werden, senden sie flüchtige Verbindungen aus, die ihre Artverwandten durch Geruchs- und Geschmackssensoren erfassen.[15] Sie haben ein Hygrometer – die Fähigkeit der Wurzeln, den Feuchtigkeitsgehalt im Boden zu erkennen und zu messen. Außerdem reagieren sie auf taktile Hinweise, wodurch sich Wurzeln und Ranken einen Weg durch Hindernisse bahnen können. Pflanzenwurzeln spüren ferne Wasserquellen auf und lassen sich in ihrem Wachstum davon leiten. Sie haben eine perfekte Nase für unterirdische Nährstoffe, einschließlich Stickstoff, Phosphor, Kalzium und Spurenelemente. Betrachten Sie, in umgekehrter Richtung, nur einmal das Blätterdach im Regenwald, dann werden Sie feststellen, wie die Kronen höherer Bäume der gleichen Spezies sorgfältig darauf achten, einander nicht zu überlappen, damit das Licht nicht ungleichmäßig verteilt wird. Pflanzen geben 30 Prozent ihres Zuckers an den Erdboden ab und nähren damit die Gemeinschaft der Bakterien, Einzeller, Pilze, Ameisen, Regenwürmer und Insekten. Benötigen Pflanzen ein bestimmtes Mineral, senden sie spezielle chemische Signale an Pilze und Bakterien, die daraufhin aus Sand oder Gestein enzymatisch Minerale freisetzen.

Nachdem Charles Darwin mit den Werken *The Descent of Man and Selection in Relation to Sex (Die Abstammung des Menschen und die geschlechtliche Zuchtwahl)* sowie *On the Origin of Species (Über die Entstehung der Arten)* seine heftig umstrittene Evolutionstheorie veröffentlicht hatte, widmete er sich in der zweiten Lebenshälfte insbesondere der Erforschung von Pflanzen, Würmern und des Erdbodens. Während der 1850er-Jahre begannen er und sein Sohn Francis eine Reihe von Experimenten, die unter anderem Pflanzenbewegungen zum Gegenstand hatten. Auch diese Arbeiten und Schlussfolgerungen wurden von der Wissenschaftsgemeinde verschmäht, wobei sich deren Kritik später als falsch erwies. Die beiden untersuchten das Verhalten von Pflanzen und legten dafür einen zeitlichen Ablauf fest, der dem betreffenden Organismus entsprach. Pflanzen schwingen und schwanken, dehnen und bewegen sich langsam mit einem offensichtlichen Zweck, was einem geduldigen Beobachter auffällt. In Darwins Augen geschah die Pflanzenbewegung nicht zufällig, sondern zielgerichtet und daraus leitete er ab, dass der Vorgang auf Ursache und Wirkung, Ruf und Antwort beruhen musste. Seiner Auffassung nach war in den sensorischen Wurzelspitzen eine Art Schaltzentrale untergebracht, »wie das Gehirn eines niederen Tieres«.

Unterhalb des Erdbodens befindet sich eine vielschichtigere Welt als darüber. Zieht man eine Pflanze so behutsam wie möglich heraus, beträgt die Anzahl der Wurzeln in der Hand weniger als ein Tausendstel von jenen, die im Untergrund zurückbleiben. Der US-amerikanische Botaniker Howard Dittmer zählte im Team mit seinen Studenten 14 335 568 Wurzeln und Wurzelhaare an einem einzigen Stängel des Winterroggens.[16] Der gesamte Flächenbereich der unterirdischen Wurzeln war 130-mal größer als derjenige der oberirdischen Blätter und Stängel. Von daher kann es gut sein, dass der riesige Zweiflügelfruchtbaum auf Borneo mehrere hundert Millionen oder gar eine Milliarde Wurzeln hat. Unsichtbare Fäden in der Erde bilden ein Sinnesorgan der Pflanze, das wir nicht genau in Worte fassen können. Die Wurzelspitzen unterscheiden zwischen weichen und harten Hindernissen, erkennen und meiden Verschmutzung, verbinden sich mit dem Netzwerk der fadenförmigen Zellen von Pilzen, indem sie eine erstaunliche Reihe von Aktionen durchführen, um ihren Kohlenstoff gegen Mineralien und Nährstoffe einzutauschen. Wie Pflanzenwurzeln die ober- und unterirdisch empfangenen Informationen verarbeiten, entzieht sich unserem Verständnis. Im Gegensatz zu Tieren verfügen sie weder über Neuronen noch Nervensystem, weder über ein Gehirn noch einen physischen Sitz der Intelligenz. Der italienische Fachmann für Pflanzenneurobiologie Stefano Mancuso vertritt die Überzeugung, dass die Beschreibungen der Funktionsweise des Gehirns ebenso auf Pflanzen zutreffen. »Das Neuron ist keine Wunderzelle; es ist eine normale Zelle, die ein elektrisches Signal erzeugen kann. Im Falle der Pflanzen ist fast jede Zelle dazu fähig.« Das heißt, in den Wurzelspitzen findet kontinuierlich ein Entscheidungsprozess statt, aber wie kommunizieren sie?

Die Wurzeln agieren als Netzwerk. Sind sie anatomisch miteinander verbunden, da es *ein* Wurzelsystem ist, das elektrische Signale einsetzt? Wurzeln emittieren Töne und elektrisch erzeugte Klicklaute, aber einige dieser Töne hängen mit dem Wachstum der Zellen zusammen und könnten daher unerheblich sein.[17] Verhalten sich Pflanzen, wie Mancuso darlegt, ähnlich wie ein Starenschwarm, der fließende, wellenförmige Muster an den Himmel zeichnet, ehe er zur Nacht herabfliegt, also gemäß jenen kollektiven synchronen Bewegungen unter Vögeln, die auf einfachen Regeln und Signalen beruhen?[18] Es gibt keinen Anführer, keinen Plan, keine Richtung.

Bäume wiederum tauschen Informationen und Nährstoffe auf relativ kleinem Raum durch Pilzgeflechte aus. Können sie über Hunderte von Kilometern miteinander kommunizieren? Das ist eine verführerische Vorstellung. Bäume pflanzen sich fort, indem sie ihr genetisches Material in gereiften Samen ringsum verteilen – Kastanien, Eicheln, Schoten wie beim Gewöhnlichen Judasbaum, Ahorn-Helikoptern, Pappelflaum, Weidenkätzchen oder die Kapseln vom Stachligen Klettengras. Ihre jährliche Produktion nährt Weißfuß- und Rötelmäuse, Grauhörnchen, wilde Truthähne, Laufkäfer, Ameisen, Grillen, Vögel, Schweine und Rotwild. Alle paar Jahre tritt ein Phänomen auf, das als Baummast bekannt ist: Über ein weites Gebiet werfen die Bäume der gleichen Art gleichzeitig eine Fülle von Samen ab. Mastzyklen variieren je nach Spezies und Geografie. 2018 ließen Eichen von New Hampshire bis Georgia zur gleichen Zeit Tonnen von Eicheln fallen, bis zu 10 000 pro Baum.

Was war das Signal?[19] Wie haben sich die Bäume aufeinander abgestimmt? Zur Ursache der Baummast gibt es verschiedene Theorien. Eine davon lautet, sie werde hervorgerufen und beschleunigt durch windgetriebene Bestäubung, was die Bäume zur Überproduktion veranlasse. Diese Erläuterung ist deshalb zweifelhaft, weil auch Bäume reagieren, die gegen den Wind stehen und keinen Pollen empfangen können. Eine überzeugende Hypothese lautet, dass Bäume gezielt interagieren, um Bodenfresser zu überhäufen und zu sättigen, damit einige der verbliebenen Nüsse und Eicheln aufkeimen. Dennoch bedarf ihre Koordination weiterer Erklärung. In Tieflandwäldern auf Borneo reagiert die vorherrschende Baumart *Dipterocarpus* (Zweiflügelfruchtbaum) auf El-Niño-Ereignisse, die Trockenheit ankündigen.[20] Im Gegenzug bringen die Wälder eine leuchtende Farbenpracht hervor, wobei 80 bis 90 Prozent der Bäume vermehrt aufblühen. Ein einzelner Baum kann bis zu vier Millionen Blüten tragen. Das geschieht normalerweise im Abstand von vier Jahren, dann wird der Waldboden mit reifen Nüssen und Früchten übersät. Die ansässigen indigenen Stämme sehnen diese Zeit herbei, um sich an den Nüssen und den mit Nüssen gemästeten Wildschweinen gütlich zu tun. Obwohl Pflanzen allgemein auf drohende Trockenheit durch eine gesteigerte Blütenproduktion reagieren, kooperieren Zweiflügelfruchtbäume synchron über eine Fläche von 1,5 Millionen Quadratkilometern. Die Bäume kommunizieren miteinander, wie es die von El Niño angeregte Massenblüte veranschaulicht. Sie handeln im Sinne einer Gemeinschaft – eine Fähigkeit, die in der Pflanzenwelt weitaus stärker entwickelt ist als ursprünglich angenommen.

Besteht die Möglichkeit, dass Bäume und andere Gewächse in einer Weise einander lauschen, die wir nicht verstehen?[21] Ein Hörvermögen bei Pflanzen scheint kaum vorstellbar und doch ist das ihre dem unseren nicht unähnlich. Jeder Ton stellt eine Schwingung dar. Tiere können die Ohren auf den Boden legen, um darin Geräusche und Bewegungen zu erfassen. Pflanzen befinden sich bereits am und im Boden. Was machen sie mit derartigen Informationen? Der Gegensatz von Hören ist Sprechen und Antworten. In der Tierwelt nimmt die Lautäußerung vielerlei Formen an. Sprache dreht sich um Mitteilung, Vergewisserung und Überleben. Menschen sprechen, plaudern, tratschen, um

Wahrnehmungen miteinander zu teilen, voneinander zu lernen und damit die Ungewissheit zu verringern. Gemäß dem amerikanisch-kanadischen Experimentalpsychologen, Kognitionswissenschaftler und Linguisten Steven Pinker ist die Sprache das »Juwel in der Krone der Kognition«. Für Tiere ist sie die Krone selbst. Sie sind angewiesen darauf, Informationen über die Vorgänge in ihrer Umgebung zu verstehen und auszutauschen. Der französische Philosoph und Naturwissenschaftler René Descartes schrieb 1649, es sei die Sprache, die Menschen von Tieren unterscheide. Nun aber sieht es ganz danach aus, als wären Sprache und kognitive Kommunikation jeder Spezies zu eigen.

Die Überzeugung, Sprache sei aus einer einzigen Gattung, *Homo sapiens*, entstanden, ist eine Form von Exzeptionalismus. Sprache hat sich über mehrere Hundert Millionen Jahre entwickelt, bevor es uns gab. Das Summen, Heulen, Schreien und Singen von karibischen Buckelwalen kann von Walen in Irland entschlüsselt werden. Elefanten knurren, brummen oder grummeln auf unhörbaren, aber bedeutungsvollen Frequenzen, die noch in einer Entfernung von etwa zehn Kilometern zu hören sind. Neuere Untersuchungen belegen, dass ihr tiefes Grollen zwischen bestimmten Individuen wie auch den eigenen Nachkommen genau differenziert.[22] Präriehunde verwenden Adjektive und Dialekte, wenn sie ihren Kreis von Artgenossen warnen.[23] Die Braundrossel verfügt über ein Repertoire von 1900 Gesängen, mit Lautäußerungen, die wie Flötentöne klingen. Mit Absicht und Zweck jaulen Füchse und stoßen krampfartig kehlige Laute aus. Raben geben ein gurgelndes Krächzen von sich, um anderen Raben in der Nähe ihre friedliche Anwesenheit zu verkünden. Grüne Meerkatzen setzen Alarmrufe ab, sobald sie eine Schlange erblicken. Mäuse singen im Ultraschallbereich, um zu umwerben oder zu warnen. Forschungen haben gezeigt, dass Fledermäuse einander durch individuelle Namen unterscheiden, ihren Jungen Namen geben, in Streit geraten und um ein Stück Obst kämpfen. Die Familie des Lebens piepst, schnattert, quiekt, zirpt, heult, kichert, grunzt, grölt …

Aufgrund einer fehlenden *botanica lingua* haben Wissenschaftler die Vorstellung von pflanzlicher Intelligenz größtenteils verworfen. Gibt es eine Sprache der Pflanzen?[24] Wie könnten Pflanzen intelligent sein, wenn sie des Mediums ermangeln, Wissen zu übermitteln? Der ursprünglichen Definition zufolge bedeutet *Intelligenz* (von Lateinisch *intellegere*) so viel wie »wählen zwischen …«, also den Prozess, eine Auswahl zu treffen. Diese Fähigkeit kennzeichnet die gesamte lebendige Welt. Die Evolution hätte nicht stattfinden können ohne die Binäroption der Wahl, es sei denn, man hält das Leben für ein zufälliges Ereignis. Die Pflanzengemeinschaft fällt ständig Entscheidungen, ändert ihr Verhalten vom einen Moment zum nächsten, um zu überleben, ja zu gedeihen.

Aus einem anderen Blickwinkel kann man die Frage stellen, wie 438 000 verschiedene Pflanzenarten gelernt haben, jeweils genau diese eine Pflanzenart zu sein? Betrachten Sie eine Wiese oder ein aufgegebenes Stück Land. Man könnte meinen, dass sich die versammelten Arten von Vegetation ihrer Umgebung nicht bewusst sind. Das wäre unwahrscheinlich. Doch wie interagieren Pflanzen, wie stellen sie Verbindungen her und durchlaufen Lernprozesse? Die Möglichkeit, dass Pflanzen mithilfe von Tönen kommunizieren, ist umstritten. Selbst die artübergreifende Kommunikation zwischen Säugetieren und Insekten oder Vögeln bleibt unberücksichtigt, obwohl Bären äußerst empfindlich reagieren auf die Bedeutung der Kratz- und Zirplaute von Heuschrecken und den schrillen, auf- und absteigenden Schrei eines Rotschwanzbussards. Aber Pflanzen? Wie erwähnt besitzen sie kein Nervensystem, ja nicht einmal Neuronen, geschweige denn ein Gehirn. Auch wenn Anthropologen und Ethnographen indigene Völker erforscht haben, die glaubhaft mit Pflanzen interagieren und zu ihnen sprechen, wurde diese Form des Austauschs von der Wissenschaft nie weiterverfolgt. Der Grund ist einfach: Wir Menschen setzen uns selbst als Bezugspunkt für das, was möglich ist oder nicht, und daraus erwachsen Skepsis und Unverständnis.

Die italienischstämmige Ökologin Monica Gagliano ist eine der ersten Wissenschaftlerinnen, die systematisch die Bioakustik von Pflanzen untersucht – auch bekannt unter der Bezeichnung »Phytoakustik« –, also wie Pflanzen Töne aussenden und darauf reagieren. Sie hat ausgiebig über die Kommunikation zwischen Individuen einer Spezies und pflanzliche Kognition geschrieben. Ihr Interesse an Bewusstsein, Gedächtnis und Lernverhalten von Pflanzen erwachte zufällig im Ozean, als sie eine »Riffratte« war – ein Kosename für Leute, die übermäßig viel Zeit unter Wasser am Great Barrier Reef vor der australischen Küste verbringen. Sie erforschte den Entscheidungsfindungsprozess der Ambon-Demoiselles, einer gelb gefärbten Spezies, benannt nach der Molukken-Insel, wo sie zuerst entdeckt wurde. Die Untersuchung richtete sich darauf, wie Muttertiere das Bewusstsein von der sich verändernden Umgebung an ihre Nachkommen weitergeben.

Monatelang besuchte Monica Gagliano den gleichen Schwarm täglich. Die Fische erkannten sie, schmiegten sich in ihre ausgestreckte Hand und ließen sich von ihr im Handschuh halten. Sie beobachtete Brutpaare, Nachkommen, Rituale. Deren Liebesgesänge wurden aufgezeichnet, sie klingen wie Scheibenwischer auf trockenem Glas. Neben ihrem sanften Singen benutzen Ambon-Demoiselles die Schwimmblase, um perkussive Knall-, Zwitscher- und Klicklaute hervorzubringen, die ihr Verhalten beschreiben und steuern. Nach dem Abschluss der Untersuchung stand die Forscherin vor der Herausforderung, den Schwarm zu töten, die Kadaver zu sezieren, die Organe zu entfernen und zu analysieren: Wie war es bestellt um Nahrung, Alter, Muskelgewebe und Fortpflanzungsstatus? Am Morgen des letzten Tages der Fische begab sie sich zum Riff, um sich von ihnen zu verabschieden. Doch keine einzige Ambon-Demoiselle war zu sehen. Vor ihr lag ein Geisterriff und das verblüffte sie. Zugleich wusste sie, dass sie es wussten. Durch die gemeinsam verbrachte Zeit war eine taxonomische Grenze niedergerissen worden. Zwischen ihnen hatte eine Kommunikation stattgefunden, die Fische hatten sie kennengelernt und ihr vertraut, aber ihre letzte Botschaft war die Abwesenheit. Nachmittags kehrte sie zurück, stieß auf den Schwarm und schläferte ihn ein. Obwohl die Ethikkommission der Universität ihre Forschung guthieß, gaben ihr die Fische zu verstehen, dass sie die Zustimmung verweigert hatten. Das war für Monica Gagliano ein traumatisches Erlebnis. Sie erkannte, dass sie diese Art von Wissenschaft nicht länger betreiben konnte. Ja sie fragte sich sogar, ob sie überhaupt noch Wissenschaftlerin sein wollte.

Nachdem sie ihren Forschungsartikel zu Ende geschrieben hatte, zog sie sich in ihren Garten zurück, einen Ort der inneren Einkehr, der zum Wendepunkt wurde. Neben anderen Gemüsesorten pflanzte sie Chili, Basilikum und Fenchel an, wohl wissend, dass Basilikum und Chili nebeneinander besser gedeihen. Das Basilikum hält die Feuchtigkeit des Bodens zurück, dient als Mulch und emittiert schützende Insektizide für den Chili. Der Fenchel wiederum wirkt allelopathisch, gibt in Luft und Boden Substanzen ab, die das Wachstum von benachbarten Pflanzen hemmen. Der chemische Austausch zwischen Pflanzen oberhalb und unterhalb des Bodens ist gut dokumentiert. Wenn eine Raupe an einem Blatt knabbert, synthetisiert die Pflanze Chemikalien, um den Eindringling zu vertreiben. Diese Abwehrstoffe setzen Dünste frei, auf die Pflanzen in der nahen Umgebung reagieren, indem sie ihre eigenen Abwehrmechanismen in Gang bringen. Deren chemische Bestandteile weichen stark voneinander ab und jedes Molekül hat eine Bedeutung. Der bereits genannte US-amerikanische Verhaltensökologe Fred Provenza schreibt: »Die Sprache der Pflanzen besteht aus organischer Chemie. Jede der schätzungsweise 400 000 Pflanzenarten auf dem Planeten Erde vermag Hunderte bis Tausende primäre und sekundäre Verbindungen zu synthetisieren … Aus einem ›Alphabet‹ von nur 20 Verbindungen können Pflanzen Billionen von ›Wörtern‹ erschaffen, indem sie die relativen Mengen unterschiedlicher und sekundärer Verbindungen variieren.«[25]

Um herauszufinden, ob die Signale der Pflanzen auch andere Übertragungswege benutzen, zum Beispiel akustische, legte Monica Gagliano in ihren Pflanzenstudien die gleichen Forschungsprotokolle an, die sie bei ihren hochgelobten Untersuchungen zu Ambon-Demoiselles verwendet hatte. Sie stellte eingetopftes Basilikum in einen abgedichteten Plexiglaszylinder, der sich in der Mitte eines größeren Kastens befand.[26] Rings um den Zylinder wurden Töpfe mit Chili platziert. Das Plexiglas verhinderte den Kontakt mit in der Luft vorhandenen Chemikalien, Pilzsporen oder Wurzeln. So bestand keinerlei Möglichkeit für den Austausch eines einzigen Moleküls. Die Pflanzen waren völlig voneinander isoliert, umschlossen von einem größeren, mit einer Vakuumpumpe verbundenen Kasten, ihre Sichtachsen verdeckt durch schwarze Plastikfolien. Mit dem Basilikum im Zentrum der Anordnung fiel die Keimrate des Chilis merklich höher aus als ohne ihn. Als der Fenchel ins Zentrum gerückt wurde, keimte der Chili überraschenderweise noch schneller, als hätte die Bedrohung durch jene Pflanzenart seinen Wachstumszyklus angespornt und beschleunigt. Das kann man auch in offenen Landschaften beobachten.[27] Pflanzen kooperieren, werden sie jedoch von einem Konkurrenten bedroht, so ändern sie Rate und Umfang ihres Wachstums. Wie konnten die Chilipflanzen erkennen, ob Basilikum oder Fenchel ihr angrenzender Nachbar war? Wie hinsichtlich der Demoiselles lautete die Frage: Woher wissen sie das? In diesem Fall konnte die Antwort nur lauten: durch akustischen Austausch.

Es ist bekannt, dass Pflanzen unter Stress Ultraschallsignale aussenden und empfangen.[28] Zumal in dehydriertem Zustand emittieren sie bestimmte Töne. Dauert der Wasserentzug an, verstärken sich die Signale und werden zu »Schreien« im Ultraschallbereich, die schließlich nachlassen, sobald der Tod der Pflanze näher rückt. Jede Pflanze und jede Art von Stress ist mit einem speziellen, identifizierbaren Ton verknüpft. Fledermäuse, Mäuse und Insekten können diese Töne hören. Die Wurzelspitzen der Setzlinge von gelbem Mais richten sich nach einem wahrgenommenen Wassergeräusch aus, auch wenn es vor Ort an echtem Wasser fehlt. Wie erkennen sie ein günstiges Geräusch, das sie nie zuvor empfangen haben?[29] Maiswurzeln emittieren strukturierte, spitze Rufe. Monica Gagliano benennt einen wesentlichen Punkt: Ihre Entdeckung liefert keine mechanistische Erklärung dafür, wie Chilisetzlinge Informationen mit den anderen Pflanzen austauschen, aber sie markiert den Weg dorthin. Und gäbe es eine bessere Möglichkeit, mit dem Nachbarn hinter lichtundurchlässigem, abgedichtetem Plexiglas zu kommunizieren, als durch Töne?

Bei allen lebendigen Organismen verbirgt sich hinter der Organisation ihres Verhaltens und ihrer Beziehungen mit der Umgebung die Fähigkeit, Töne und Schwingungen wahrzunehmen. Warum sollten Pflanzen in Bezug auf Lautäußerungen eine Ausnahme bilden? Der offensichtliche Einwand lautet, dass Pflanzen keine Hörorgane haben. Doch Forscher haben festgestellt, dass sich auf den Blättern der Pflanzen winzige Härchen befinden, die ebenso empfindlich auf Töne reagieren wie die Haarzellen im Innenohr von Tieren. Monica Gagliano ist überzeugt, dass »Menschen ihre eigene Art von Erfolgsbilanz ins Feld führen, um jene zum Schweigen zu bringen, deren Stimmen sie nicht hören wollen. Das tun wir, indem wir sie unbewusst überhören oder absichtlich ausschließen ... Der Dialog wird allein dadurch ermöglicht, dass wir das andere Wesen als gleichwertig anerkennen.« Genauso wie von Gagliano beschrieben, hat sich der Wissenschaftsbetrieb der Botaniker in ihrem Fall verhalten und sie auf Konferenzen sogar ausgebuht. In dem Zusammenhang weist die US-amerikanische Wissenschaftsjournalistin Zoë Schlanger darauf hin, dass es nur die Männer sind, die laut protestieren und störend eingreifen.[30] Aber ebendiese männlichen Botaniker geben freimütig zu, dass Strand-Nachtkerzen innerhalb von drei Minuten mehr Nektar zu produzieren beginnen, wenn sie das Geräusch einer summenden Biene hören.[31] Jahrhundertelang hat die Wissenschaft Pflanzen zu bloßen Objekten gemacht, warum also nicht auch eine Botanikerin?

80 Prozent der Biomasse auf dem Planeten bestehen aus Pflanzen. Mithilfe der Energie des Sonnenlichts wandeln sie Kohlenstoffdioxid und Wasser in Glukose um – in jenes Zuckermolekül also, das die Welt regiert. Glukose wird von der Pflanze genutzt, um weitere Wurzeln, Blätter, Stiele auszubilden. In dem Maße, wie sie sich ausdehnt, wird sie förmlich zu einer Glukosefabrik. Die Wurzeln liefern noch mehr Wasser und Nährstoffe; durch die höhere Anzahl von Blättern werden größere Mengen an Glukose produziert. Die Fähigkeit der Pflanze, sich anzupassen, zu produzieren und zu gedeihen, übertrifft jene im Tierreich. Große und kleine Lebewesen, uns mit eingeschlossen, sind zur eigenen Ver-

sorgung vollkommen abhängig von der durch Pflanzen hergestellten Glukose. Entfernt man sie aus unserer Nahrung, verkümmert und schrumpft jeder unserer Körperteile. In ihrem Buch *Die Lichtwandler: Wie Pflanzen uns das Leben schenken* schreibt Zoë Schlanger: »Buchstäblich jeder Gedanke, der Ihnen je durch den Kopf gegangen ist, wurde durch Pflanzen ermöglicht. Das ist im atemberaubenden Sinne wörtlich zu verstehen. All die Glukose in der Welt … wurde aus dünner Luft durch eine Pflanze geschaffen.«[32]

Lange Zeit hielt man Pflanzen für eine unbelebte Ansammlung von Stielen und Blättern, die passiv Licht umwandeln. Nun ist die botanische Wissenschaft im Begriff, eine außergewöhnlich andere Welt zu entdecken.[33] Pflanzen verfügen über Neurotransmitter und ein Nervensystem, auch wenn es kein zentrales Organ wie ein Gehirn gibt, um die eintreffenden Informationen zu koordinieren oder zu registrieren. Wie Darwin es vorhersagte, biegen sie sich, klettern, umschließen, weichen aus und vermeiden mit zielgerichteter Absicht. Außerdem können ihre Zellen zählen. Pflanzen besitzen Hormone und regulieren diese. Sie sprechen. Sie senden chemische Warnrufe an andere Pflanzen, damit sie Eindringlingen nicht zum Opfer fallen. Einige der Rufe sind artspezifisch, andere allgemein verbreitet. Benachbarte Erlen und Weiden kommunizieren miteinander durch von der Luft übertragene Chemikalien. Aus welchem Grund sollte die ihre keine Sprache sein? Wenn Sie ein Blatt oder einen Stiel berühren, ist sich die ganze Pflanze dessen bewusst und reagiert (diese Vertraulichkeit mag sie nicht besonders, vielleicht um sich selbst davor zu warnen, dass sie vielleicht gegessen wird).

Sie merken es, wenn Ihr Fuß juckt. Efeu und Tomaten spüren dergleichen in ihrer Sphäre auch, womöglich umso intensiver. Aber wie? Sobald eine Berührung wiederholt und fortgesetzt wird, ändert eine Pflanze ihre Chemie und Struktur. Wie trifft sie eine solche Entscheidung? Was in ihr zieht die Schlussfolgerung und fasst einen entsprechenden Entschluss? Und was, wenn die Pflanzenwelt komplexer ist als der Mensch? Aus Angst vor Kritik stellen Botaniker nur im privaten Kreis eine radikale Frage: Was, wenn die gesamte Pflanze eine Art Gehirn ist?[34] Was, wenn sie ihre Umgebung genauso gut oder gar besser kennt als ein Tier und sich permanent neu anpasst? Botaniker haben Verfahren entwickelt, die zeigen, wie das Nervensystem von Pflanzen aufleuchtet, ganz ähnlich unserem Gehirn bei neuronaler Aktivität. Können die 80 Prozent der irdischen Biomasse, die wir als »Pflanzen« bezeichnen, ein Bewusstsein besitzen? Für die moderne Wissenschaft eine verblüffende Vorstellung, die jedoch in Einklang ist mit der traditionellen ökologischen Weisheit.

Ich erinnere mich an die Lektüre von Stefano Mancusos Beschreibung der den Pflanzen innewohnenden Fähigkeit, Bewegungen ringsum visuell wahrzunehmen. Auf dem Weg von meinem Haus bis zur Straße stehen 27 Mammutbäume. Die Stämme von zwei der älteren haben einen Umfang von fast drei Metern und erstrecken sich 25 Meter in die Höhe. Ich habe mich derart an sie gewöhnt, dass es mir vorher kaum aufgefallen ist. An jenem Tag aber wurde mir bewusst, dass sie mich bemerken. Das ist die Welt, die wir bewohnen.

Unsere Beziehung zur Biosphäre wird darüber bestimmen, was auf die Menschheit zukommt. Die Abkehr von der eklatanten Degeneration zugunsten der Hinwendung zu ökologischer Wiederherstellung beruht auf dem Wissen von den Pflanzen und der Achtung ihnen gegenüber. Vielleicht ist »Ehrfurcht« das richtige Wort. Sie repräsentieren den größten und erlesensten Fluss des Kohlenstoffs auf der Erde, den Ausgangspunkt für unseren Atem und unser Leben. Wir mögen fragen: Was ist wichtiger für den Planeten, Pflanzen oder Menschen?[35] Falls die Pflanzen verschwinden, folgen wir ihnen innerhalb weniger Tage. Falls wir aussterben, gedeihen die Pflanzen und die Überreste unserer Zivilisation werden durch Bäume, Wurzeln und Ranken überdeckt.[36] Dennoch halten wir uns gerne für den wichtigsten Organismus auf der Erde – eine Illusion, die wir überdenken sollten.

Neun
Verwandte

Eine Spore, deren Zeit gekommen ist.[1]

Peter McCoy

Toby Kiers liebt Pilze. Während ihrer Kindheit spielte sie draußen in weißen Kitteln und kehrte, nachdem sie Körper, Nase und Ohr an den Boden gepresst hatte, geschwärzt nach Hause zurück wie ein Minenarbeiter. Die unterschiedlichen Gerüche und Düfte des Erdreichs waren verführerisch, »eines der vielschichtigsten Werke, denen Menschen ausgesetzt sind«. Als Kind glaubte sie, der Boden berge Geheimnisse. Als Studentin und Forscherin blickte sie unter der Erde in eine Metropole geheimer innerer Abläufe. Sie sah, wie die Bestandteile von Pflanzen und Pilzen in alle Richtungen wuselten und auf Mikrometerebene Interaktionen ausführten, mindestens ebenso komplex wie jene von Menschen im oberirdischen Bereich. Es waren Myzel-Netzwerke, Matrices, endlos miteinander verbundene Fäden und Knotenpunkte, die die lebendige Welt unten und oben unaufhörlich umgestalten.

Pilzgemeinschaften verzehren Gestein, erschaffen Boden, recyceln Abfall und ändern Denkweisen. Alles Lebendige ist vermischt mit Pilzen. Sie sind Heiler des Landes, Umwandler und Bewahrer des Lebens, indem sie das Erdreich durchziehen, verschlingen, zersetzen und mit ihm ebenso wechselwirken wie mit den Pflanzen und der Atmosphäre. Pilze bilden das Bindegewebe des Planeten.[2] Sie haben einen Vorsprung von einer Milliarde Jahren, sind in den Stoff sämtlicher Pflanzen, Wurzeln, Bäume, Tiere und den Boden verwoben. Doch über mehr als zwei Jahrhunderte war die Mykologie eine vernachlässigte Wissenschaft und ist es bis heute geblieben. Man betrachtete Pilze vornehmlich als Pflanzen und Krankheitserreger, aber durch das bessere Verständnis ihrer Gene, Funktionen und Stoffwechselvorgänge wurde ihnen 1969 taxonomische Anerkennung zuteil, als der US-amerikanische Botaniker und Ökologe Robert H. Whittaker sie als eines der fünf Reiche der Biosystematik *(kingdom)* erkannte.[3] Der britische Biologe und Mykologe Merlin Sheldrake schlägt vor, Pilze sollten eigentlich als »Verwandte« *(kin-dom)* bezeichnet werden, als Gegenstand einer lange übersehenen Megawissenschaft, die den vier anderen Reichen zugrunde liegt. Wenn man überhaupt Vergleiche ziehen will, sind Pilze dem Reich der Tiere näher als dem der Pflanzen, aber mit deutlichen Unterschieden. Sie verdauen außerhalb ihres Körpers und absorbieren dann die Produkte ihrer Verdauung. Stellen Sie sich vor, Sie würden mit Ihrem Körper in Ihre Nahrung schlüpfen. Auf diesem Wege zersetzen sie die natürliche Welt, verteilen Energie und Nährstoffe um. In gewisser Weise verzehren Pilze Totes zum Frühstück und produzieren Lebendiges zum Abendessen, sind also zugleich das Grab und der Schoß des Lebens. Eine ihrer Schlüsselbotschaften lautet: Der Tod ist der Beginn des Lebens. Ohne Pilze würden Ökosysteme nicht existieren – ebenso wenig wie Brot, Wein, Bier, Joghurt, Käse, Schokolade oder Psilocybin, die wichtigste psychoaktive Komponente halluzinogener Pilze.

Toby Kiers wurde zu einer namhaften Evolutionsbiologin durch ihre Forschung zu bodenbewohnenden Mykorrhizapilze, die 90 Prozent der irdischen Pflanzen mit wesentlichen Nährstoffen versorgen. Mykorrhizapilze sondern federartige weiße

Myzelien ab, welche die Biologie und Chemie von Pflanzen und Boden in Graslandschaften, Wäldern und auf Ackerflächen tiefgreifend verändern. Der Fachausdruck *Mykorrhiza* beschreibt die Verbindung zwischen Pilz *(Myko-)* und Wurzelgeflecht *(Rhizom).*

Myzelien wiederum sind fadenförmige Zellen von Pilzen, weiße klebrige Fasern, die verrottende Baumstämme durchdringen oder sich unter nassen Blättern ausbreiten.[4] Sie bilden ein unermessliches Netzwerk sich ständig verzweigender Fäden, eine Zellwand dick, weit ausgedehnte Labyrinthe unter der Erde in direktem Kontakt mit dem Pflanzenreich und der Menagerie von Organismen, die den Boden bevölkern. Wir kennen Pilze hauptsächlich als Champignons, als kurzlebige Fruchtkörper unterirdischer Pilze, die oberhalb des Bodens hervortreten, um Sporen in die Luft freizusetzen. Unter allen Spezies auf der Erde ist ihre Fruchtbarkeit unübertroffen. Ein Riesenbovist kann sieben Billionen Sporen aussenden, sobald er in einer Dunstwolke aufplatzt. Die parasitischen Myzelien des Flachen Lackporlings oder Malerpilzes wachsen im Kernholz von lebendigen und toten Bäumen und können monatelang 30 Milliarden Sporen täglich abgeben. Die Fruchtkörper von Pilzen, einige köstlich, andere tödlich, werden gebildet, wenn sich die Myzelien zu einer dicken, weichen Plattform zusammenballen. Sie sind gleichsam Pilzblüten, die der Fortpflanzung dienen. Mit jedem Atemzug nehmen wir Pilzsporen in uns auf. Diese können durch Winde und Stürme aufgewirbelt werden und Ozeane überqueren. Ohne Nahrung verfallen manche Sporen schnell. Dagegen wurden lebensfähige Sporen in 4500 Jahre alten Eiskernen gefunden.[5] Mykorrhizapilze wiederum, die das Erdreich durchdringen und nähren, sind arbuskuläre Pilze, das heißt, sie setzen ihre Sporen weder durch Fruchtkörper noch Schimmel frei.[6]

Die symbiotische Verbindung von Pilzen und Pflanzen hat eine bewegte Geschichte.[7] Sie begann vor fast einer halben Milliarde Jahren im Kambrium. Irgendwann in diesem Erdzeitalter landeten Cyanobakterien, gemeinhin bekannt als »Teichschlamm«, am Ufer und brachten die Evolution der Landpflanzen in Gang.[8] Davor hatten Pilze bereits seit mindestens 700 Millionen Jahren im Ozean überdauert. Unter heftigen Windstößen, zusammen mit saurem Regen formte eine Mischung aus Algen und Pilzen eine blassgrüne Schicht, die sich über die felsige, kahle Erde ausbreitete. Das war die Vorstufe der Landpflanzen. Cyanobakterien brachten aus dem Meer ein Geschenk mit: Sie konnten Photosynthese betreiben und Licht sowie Kohlenstoffdioxid in Energie umwandeln. Pilze waren die perfekten Partner, besaßen sie doch die Fähigkeit, Gestein in Nährstoffe aufzulösen, deren Enzyme für das Pflanzenwachstum benötigt wurden. Aus dem Ozean stammende Cyanobakterien liefern die Hälfte des Sauerstoffs, den wir heute einatmen, und sind die Grundlage für die gesamte ozeanische Nahrungskette, vom zarten Zooplankton bis zu Blauwalen, die 200 Tonnen wiegen und mit einer einzigen Ladung Zooplankton im Maul 500 000 Kalorien konsumieren.[9]

Im Laufe der Zeit lagerte sich zunehmend eine organische Sedimentschicht unter dem rudimentären Pflanzenleben ab, ein Mantel aus Mineralien, Kohlenstoff und Mikroben. Die frühesten Pflanzen, Moose und Leberblümchen, waren über 50 Millionen Jahre lang blatt- und wurzellos und daher auf das Wurzelsystem der Pilze angewiesen. Es folgten Schachtelhalme und Farne, dann Bäume, Wälder und schließlich Gräser, die vor 40 Millionen Jahren erstmals aufkamen. Grassamen – Reis, Mais und Weizen – sorgen heute zu 60 Prozent für die Kalorienzufuhr der Menschheit.[10]

Unterhalb eines typischen Waldgebiets von gut 4000 Quadratmetern befindet sich ein Myzel-Netzwerk mit einem Umfang von etwa 50 Millionen Kilometern. Das entspricht ungefähr einem Kilometer Stränge in einem Fingerhut Erde. Die Verknüpfungen und Knotenpunkte in dieser Gemeinschaft übertreffen die Komplexität des Internets um einen Faktor von mehreren Hundert Billionen. Der Honiggelbe Hallimasch *(Armillaria mellea)* bedeckt im Malheur National Forest in Oregon eine Fläche von etwa zehn Quadratkilometern und ist schätzungsweise zwischen 2000 und 8000 Jahren alt. Würden sich Pilze nicht einverleiben, was zugrunde geht, wären Wälder übersät mit riesigen Ansammlungen abgestorbener Baumstämme. Der weiche, lockere Waldboden ist das Ergebnis der Koordinierung von Tod und Verwesung. Diese Hausreinigung stellt jedoch nur eine der wichtigen Funktionen dar, die Pilze ausüben. Die andere besteht darin, die lebendige Welt zu ernähren.

Der Einfluss von Mykorrhizapilzen auf Boden und Pflanzenleben wird erst allmählich verstanden. Jede Pflanze ist ein Verbund von Pilzen – diese produzieren Billionen Substanzen, die wesentlich zur Gesundheit jener beitragen. Außerdem bilden Pilzmyzelien um Wurzelsysteme eine Hülle, deren fadenförmige Zellen (Hyphen) die Wurzelspitzen durchdringen und direkten Zugang zu Wasser und Mineralien bieten – im Austausch für Kohlenstoffzucker und Fette, die durch Photosynthese seitens der Pflanze erzeugt werden. Myzelien brauchen Energie aus Zuckern und Fetten; Pflanzen brauchen Nährstoffe, Stickstoff, Phosphor und Mineralien. Die wachsenden Spitzen der Hyphen gehen eine Symbiose ein, im Einklang mit den Bedürfnissen der gesamten Pflanze. Ohne diese Verbindung würden viele Wüstenpflanzen nicht existieren. Im Zeitalter zunehmender Hitze und austrocknender Böden werden Mykorrhiza-Beziehungen für das Überleben der Pflanzen umso wichtiger. Die gegenwärtigen, von der Lebensmittelindustrie praktizierten Anbaumethoden zerstören jedoch Myzelien durch Pflug und gewaltsame Bodenbearbeitung, Herbizide, Fungizide und Pestizide. Die industriell betriebene Landwirtschaft vermindert erheblich die Widerstandsfähigkeit, Nährstoffaufnahme und -dichte sowie Trockenresistenz der Feldfrüchte. Intensiv bewirtschaftete Maisfelder zur Produktion von Sirup, Bioethanol und Körnern für Mastanlagen sind großteils ohne Leben. Es mag Jahre oder gar Jahrzehnte dauern, die beschädigten Mykorrhiza-Gemeinschaften in ruiniertem Land wiederherzustellen. Wir gehen definitiv in die falsche Richtung.

Schätzungen zufolge werden ab der Mitte des Jahrhunderts 90 Prozent der Erdböden auf dem Planeten schwer beschädigt sein.[11] Bis vor Kurzem aber spielte weder die Existenz noch die unterstützende Funktion von Mykorrhizae eine Rolle im Lehrplan von Landwirtschaftsschulen. Dabei bestimmen Pilze über die Bodengesundheit, die wiederum über die Gesundheit der Pflanzen und derer, die sie verzehren, bestimmt. Das Mikrobiom, also die Gesamtheit aller Mikroorganismen, des Bodens beeinflusst maßgeblich pflanzliche Nährstoffe, die ihrerseits das menschliche Mikrobiom versorgen. Lebendiger Erdboden ist die erste Nahrungsquelle überhaupt. Das wird die chemische Landwirtschaft niemals ändern, sie kann den natürlichen Ablauf nur verschlechtern.

Zieht man eine Pflanze aus dem Boden, erkennt man in ihrem unterirdischen Teil eine spiegelbildliche Spiegelung des oberirdischen Teils. Kommen dann noch die weit ausgedehnten Pilznetzwerke hinzu, verstärkt sich die Fähigkeit der Wurzeln, Wasser aufzunehmen, um einen Faktor von zehn bis eintausend. Außerdem verbessern diese Netzwerke die Bodenbeschaffenheit, verringern die Nährstoffauswaschung, steigern die Ernteerträge und erhöhen die Verfügbarkeit von Phosphor, Stickstoff und Mineralien für die Pflanze. Das tun die Pilze nicht aus Selbstlosigkeit. In den Beziehungen zwischen ihnen und den Pflanzen herrscht das Gesetz von Angebot und Nachfrage; beide tauschen aus, was sie zum Gedeihen benötigen.

Bei ihren Forschungen beobachtete Toby Kiers die dynamischen Prozesse in Pilzen, indem sie Nanopartikel an verschiedenen Molekülen befestigte, die Licht emittieren, wenn UV-Licht auf sie trifft. Sobald die Versuchsanordnung installiert war, wurde optisch sichtbar, dass eine Art von Handel stattfand. Die entsprechenden Strategien zwischen Pflanzen und Pilzen erwiesen sich als vielschichtig und anspruchsvoll.[12] Auf außergewöhnlichen Komplexitätsstufen wurden Taktiken angewandt und Entscheidungen getroffen. Eine einzige Pflanze kann über eine Million Wurzelspitzen verfügen, die mit den fadenförmigen Strukturen der Myzelien verbunden sind und unabhängig, aber nicht völlig autonom agieren. Gemäß der Auffassung von Kiers erschienen die Transaktionen der Pilze durchaus vergleichbar mit denen auf dem Markt. Offenbar verfolgten die Pilze eine Strategie nach dem Motto »billig kaufen, teuer verkaufen«: Sie speicherten Phosphor auf Vorrat, wenn er in einem Bereich üppig vorhanden war, und tauschten ihn dort, wo es daran mangelte, mit Pflanzen aus – gegen umso reichere Belohnungen in Form von Kohlenstoff.

Darüber hinaus führte die Forscherin ein Experiment durch, bei dem Wurzeln, denen Phosphor fehlte, in einem Bereich unweit wohlgenährter Wurzeln platziert wurden. Als das Myzel den Mangel an Phosphor in jener Wurzelgruppe wahrnahm, bewegte es ihn dorthin und bekam dafür mehr Kohlenstoff. Waren Pflanzen hingegen mit Phosphor bestens versorgt, akzeptierten die Pilze relativ niedrige Mengen an Kohlenstoff als Gegenleistung. Der Wechselkurs schwankte und wurde von Pflanze und Pilz gemeinsam berechnet – ähnlich wie auf einem Wochenmarkt am Ende des Tages, wenn Anbieter die Preise ihrer Produkte herabsetzen, um nicht mit Kisten voller Gemüse nach Hause zu fahren.

Kiers gründete die Society for the Protection of Underground Networks (SPUN, Gesellschaft zum Schutz unterirdischer Netzwerke), um die Biodiversität der Mykorrhiza-Gemeinschaften auf der Erde zu kartieren. Die Gesellschaft aktiviert Mykologen auf der ganzen Welt und arbeitet mit örtlichen Partnern zusammen, um aus allen möglichen Ökosystemen Kernbodenproben zu erhalten. Ziel ist es, die unterschiedlichen Gebiete der Myzelien zu ermitteln, zu überwachen, zu bestimmen und daraus einen Pilzatlas zu erstellen, ein biologisches Referenzhandbuch, das ihren Schutz und Fortbestand gewährleistet. Man kann Pilze nicht wie Pflanzen und Tiere in andere Böden und Ökosysteme verfrachten. Sie gehören einzig und allein zu dem Ort, wo sie sich befinden.[13] Sie verändern sich, sobald sich ihre Umgebung verändert. Die Untersuchungen der chilenischen Mykologin Giuliana Furci zeigen, dass Pilze auf der Rinde eines 400 Jahre alten Baumes nicht die gleichen sind wie jene auf einem 390 Jahre alten Baum. Laut den Mykologen der Royal Botanic Gardens in Kew bei London sind der Wissenschaft weniger als zehn Prozent der Pilzarten bekannt,[14] womit weitere 2,2 bis 3,8 Millionen Arten noch zu identifizieren sind – das entspricht etwa 30 Prozent der Spezies auf der Erde.[15] Kiers kartiert also, was als die »Dunkle Materie« des irdischen Lebens bezeichnet wurde.

Gemäß einer neueren begutachteten Studie von Kiers und ihren Kollegen leiten Pflanzen jährlich schätzungsweise das Äquivalent von 13,2 Milliarden Tonnen Kohlenstoffdioxid in Mykorrhiza-Pilzgeflechte. Die Zahl beruht auf einer konservativen Schätzung und ist nicht weit entfernt von der Summe des jährlichen Kohlenstoffdioxidausstoßes Chinas und der Vereinigten

Staaten, der beiden größten Emittenten der Welt. Damit besteht ein wichtiger Zugangsweg für das Treibhausgas, das in hohem Maße durch Organismen im Boden absorbiert wird. Diese Form der Kohlenstoffaufnahme wird jedoch fast völlig ignoriert, während chemisch-technische Verfahren zur Kohlenstoffabscheidung aus der Umgebungsluft für beeindruckende Schlagzeilen sorgen. Die Stratos-Anlage zur Speicherung von Kohlenstoffdioxid im Untergrund, die Occidental Petroleum gerade in Ector County, Texas, baut, wird die bislang größte ihrer Art sein – eine Vorläuferin von weiteren 100 solcher Anlagen in Planung. Sie »saugen« aus der Luft Kohlenstoffdioxid ab, verflüssigen und pumpen es in geologische Formationen unter der Erde. Die geschätzten Baukosten betragen eine Milliarde Dollar. Hinzu kommen jährlich 300 Millionen Dollar für den Unterhalt, um 500 000 Tonnen Kohlenstoffdioxid nach unten zu leiten. Was die Welt in 293 Sekunden emittiert, binden Pilze in 19 Minuten. Die Anlage, bekannt als »atmosphärischer Kohlenstoff-Reiniger«, tut also genau das, was biologische Systeme über Milliarden von Jahren getan haben. Wäre jeder US-Haushalt mit einem elektrischen Wäschetrockner bereit, seine Wäsche sechs- oder siebenmal pro Jahr an der Luft zu trocknen, würden dadurch die Treibhausgasemissionen stärker reduziert als in der texanischen Anlage und den Haushalten drei Milliarden Dollar an Stromkosten erspart bleiben.

Unter dem Mikroskop von Toby Kiers sind komplexe Flüsse von Kohlenstoff zu beobachten, die innerhalb der Myzelien-Netzwerke hin und her rasen. Wie wird dieser Fluss bestimmt und reguliert? Niemand weiß es. Der gebundene Kohlenstoff ist vielschichtig,[16] mit längeren Molekülketten, die Hunderte oder gar Tausende von Jahren im Boden überdauern können.[17] Aufgrund menschlicher Aktivität wandern jährlich 54 Milliarden Tonnen Treibhausgase in die Atmosphäre.[18] Gleichzeitig bauen Mykorrhiza-Gemeinschaften langfristige Kohlenstoffspeicher unter dem Boden auf. Die geschätzte Menge von 2,5 Milliarden Tonnen Kohlenstoff in der Erdhülle ist mehr als dreimal größer als die des Kohlenstoffs in der Atmosphäre.[19] Parallel dazu zerstört die industriell betriebene Landwirtschaft Pilze auf Hunderten Millionen Hektar Ackerland. Falls wir es unter Einsatz von Pestiziden und Fungiziden weiterhin übermäßig bearbeiten und beweiden, werden die Myzelien-Netzwerke umso mehr schwinden und damit ihre Fähigkeit einbüßen, Kohlenstoff unter der Erde einzuschließen. Verlieren wir nur acht Prozent der 2500 Milliarden Tonnen terrestrischen Kohlenstoff, werden die atmosphärischen Gase, ohnehin schon auf einem Höchststand seit 4,3 Millionen Jahren, um 100 Teilchen pro Million steigen.

Wenn wir ein Gelände beschreiten, überqueren wir ein aktives, dynamisches, energiegeladenes Reich des Lebens. Unter dem Boden ist das Leben üppiger als darüber. Doch obwohl es mehrere Tausend Studien über Vielfalt, Verhaltensweisen und Aufenthaltsorte der Mykorrhizae gibt, bleiben ihre Netzwerke mehr Rätsel als gesichertes Wissen. Die meisten Untersuchungen werden unter kontrollierten Bedingungen vorgenommen, nämlich mithilfe von Mikroskopen oder in Töpfen. Wie geht man dabei vor, wenn Myzelien eine Million verschiedene Berührungspunkte mit einer einzigen Pflanze haben? Oder wie untersucht man jenen Parasiten namens Honiggelber Hallimasch im Malheur National Forest in Oregon, der etwa zehn Quadratkilometer bedeckt und über 30 Millionen Kilogramm schwer ist?

Mykorrhizae-Netzwerke verhalten sich so, als könnten sie komplexe Berechnungen durchführen und die richtigen Lösungen finden. In Studien werden sie im Hinblick auf Austausch, Symbiose, Chemie sowie Prozesse dargestellt, die man beobachten, messen und verstehen kann. Aber die Welt der Pilze im Erdboden ist labyrinthisch, verwirrend, bewusst und sinnlich, ausgestattet mit Billionen sich kreuzender Verbindungen, die Moleküle und Informationen übertragen, wenngleich weder Gehirn noch Nervensystem vorhanden sind. Einer Theorie zufolge verhalten sie sich *in gewisser Weise* analog zu einem Nervensystem, weil sie – wie unser Körper auch – Aminosäuren zur Übermittlung von Informationen verwenden. Die wichtigste Methode der Kommunikation zwischen Pilzen ist geschlechtlicher Natur, indem sie einen Partner zur Fortpflanzung suchen.[20] Dabei benutzen sie das Äquivalent einer Nase und bahnen sich entweder ihren Weg zu einem potenziellen Partner oder wenden sich von ihm ab, jeweils bedingt durch Pheromone. Kommt einem bekannt vor.

Voyria, gemeinhin »Geisterpflanze« genannt, betreibt keine Photosynthese und erhält dennoch pflanzlichen Kohlenstoffzucker über Mykorrhizae-Netzwerke.[21] Ihr gebräuchlicher Name geht darauf zurück, dass sie anscheinend nichts zurückgibt. Offenbar findet zwischen beiden Seiten keine typische Symbiose oder Wechselwirkung statt. Trotzdem werden die Regeln gebrochen, was die Mykorrhizae-Netzwerke betrifft. Normalerweise tauschen Pflanzen für den Kohlenstoff, den sie erhalten haben, etwas aus, aber warum sollten Pflanzen oder Pilzwurzeln etwas teilen und nichts dafür bekommen? Bis vor Kurzem wurden Pflanzen als eigenständige, konkurrierende Lebewesen betrachtet und dementsprechend studiert und analysiert. Aus evolutionärer Perspektive gälte die einseitige Nahrungszufuhr an eine *Voyria* als »selbstlos«, aber die Selbstlosigkeit scheitert schließlich, weil sie die Abnehmer belohnt und die Großzügigen bestraft. Nichtsdestotrotz bilden Mykorrhizae-Netzwerke und Milliarden von Pflanzenwurzeln eine solidarische Gemeinschaft. Daher lautet die Frage: Wie gestalten sich darin die dynamischen Abläufe?

Wenn Toby Kiers die komplexen Mykorrhizae-Gemeinschaften untersucht, sehen sie eher aus wie Städte im Berufsverkehr, wobei sich Nährstoffe und chemische Verbindungen in verschiedenen Richtungen durch die Mikroröhrchen von Netzwerken bewegen. Die Substanzen fließen zuerst in die eine Richtung, kehren dann um, halten inne, setzen ihren Weg fort, verlangsamen sich, nur um schließlich erneut kehrtzumachen. Der Fluss ist gesteuert und schnell, eine ständige, fast ruckartige Reaktion. Aber eine Reaktion worauf? Es gibt einen Hinweis. Myzelien senden sowohl chemische als auch bioelektrische Impulse aus. Vor diesem Hintergund arbeitet Kiers mit dem englischen Musiker und Komponisten Cosmo Sheldrake zusammen, um Geräusche aufzunehmen, die in Hotspots mykorrhizaler Artenvielfalt wie etwa in Chile durch unterirdische Ökosysteme geleitet werden. Sie halten fest, wie Pilze wahrnehmen, lernen und Entscheidungen treffen. Pilze sind polyglott, sprechen und verstehen eine ganze Reihe chemischer Signale.[22] Merlin Sheldrake (der Bruder von Cosmo) erklärt in seiner hervorragenden Abhandlung über Pilze mit dem Titel *Verwobenes Leben,* dass des Menschen extreme Fixierung auf Tiere zu dem führte, was bekannt ist als »Pflanzenblindheit, bei der Bäume als Szenerie betrachtet werden, als Kulisse für Rehe und Vögel«. Und er fragt, ob wir nicht auch unter »Pilzblindheit« leiden.[23]

Eine Vielzahl von Studien untersucht bislang verbürgte Auffassungen über Bewusstsein und Intelligenz bei Tieren, insbesondere Vögeln und Insekten, sowie Pflanzen. Vormals undenkbare Schlussfolgerungen sind nun an der Tagesordnung. Insekten besitzen kognitive Fähigkeiten, die einst nur höheren Primaten zugeordnet waren. Bienen zählen mit Nummern, erinnern sich an menschliche Gesichter, haben Dialekte und sehen im Fliegen nur Grün, aber alle Farben, wenn sie auf Blüten landen.[24] Wespen können individuelle Wespengesichter wiedererkennen.

Schlafende Springspinnen träumen vielleicht, wenn sie kopfüber an einem Faden hängen, die Beine einrollen und zucken. Kiefernhäher wissen noch genau, wo sie mehrere Tausend Pinienkerne in bis zu 10 000 Verstecken in einem Umkreis von 25 Kilometern vergraben haben.[25] Grillen unterrichten ihre Nachkommen vor der Geburt über die Gefahr durch Spinnen und diese Lektion bleibt erhalten, nachdem die Mütter längst verschwunden sind. Raben können die Erinnerung an ein menschliches Gesicht auf ihre Jungen übertragen. »Bauern-Ameisen« frönen dem Spiel, bauen Nahrung an und hüten Blattläuse wie Vieh. Wissen wir eigentlich, was Pilze tun?

Die obigen Beschreibungen sind zutreffend, aber anthropomorph; sie veranschaulichen Intelligenz innerhalb unseres Verständnisrahmens. Wie brillant der *Homo sapiens* auch ist – wie beurteilen wir die Intelligenz anderer Spezies? In der unbelebten Welt der Physik und der Chemie gibt es Prinzipien und Konstanten, die Biologie aber widersetzt sich ihnen. Die Lebenswissenschaften haben sich ein halbes Jahrtausend lang immer wieder geirrt und so wird es wohl auch bleiben. Sie zeichnen auf, was zu einer bestimmten Zeit erkannt und akzeptiert wird, das ist keine eingefrorene Wahrheit. 1860 verspottete der anglikanische Bischof Samuel Wilberford während jener berühmt gewordenen, in Oxford ausgetragenen Debatte zu Darwins Schrift *Über die Entstehung der Arten* den Biologen Thomas Huxley mit der Frage, welche Seite seines Familienstammbaums von Affen abstamme. Naturgemäß hält die Wissenschaft an Paradigmen so lange fest, bis das Gegenteil bewiesen ist. Noch im 17. Jahrhundert wurden Tiere als Maschinen betrachtet: Sie hatten weder Gefühle noch Gedanken und waren gewiss keine Verwandten.

Wenn Spezies die Welt grundsätzlich anders wahrnehmen als wir, welchen Einfluss hat das dann auf ihre Logik, ihre Erinnerungen und Kommunikationsformen? Eine blinde Fledermaus, die Lage und Art von Objekten durch Aussenden von Ultraschalltönen erkennt, eine Libelle, die die Umgebung im 360-Grad-Panorama sieht, oder eine Biene, die ultraviolette Spuren erkennt und daher weiß, wann eine Blüte zuletzt besucht wurde – sie alle leben in einer von der unseren deutlich unterschiedenen Welt. Dennoch fällt es nicht leicht, auch Mykorrhizapilze als intelligent zu begreifen. Dessen ungeachtet sind Pflanzen fähig zur Kognition, Kommunikation und Kalkulation, sie können lernen und sich erinnern, verfügen jedoch weder über ein Gehirn noch Neuronen oder ein Nervensystem. Wäre es möglich, dass Pilze ihnen darin ähneln? Manche behaupten, ohne Bewusstsein könne es keine Intelligenz geben. Da aber die Wissenschaft nicht weiß, was Bewusstsein eigentlich ist, mögen bessere Herangehensweisen angeraten sein. Können wir wissen, was andere Spezies wissen, und können wir, durch Rückschlüsse, sie oder ihre Sprache je verstehen? Toby Kiers hat die Sache auf den Punkt gebracht: »Es ist verrückt, was da unten los ist.«

Zehn

Sprachgebrauch

> Die Sprachen der Erde sind keine Lügen oder Täuschungen, um politischen, religiösen, wirtschaftlichen oder wissenschaftlichen Zwecken zu dienen. Sie werden nicht angerufen, anvertraut oder geschenkt, um in lineare Datenfelder eingereiht zu werden. Sie werden jeden Moment als Heilmittel gesprochen und daher gebührt alles Lob der Erde.[1]
>
> Tiokasin Ghosthorse

Es wird allgemein angenommen, dass wir über das sprechen, *was* wir sehen. Doch was wir über uns selbst und die Welt sagen, bringt zum Ausdruck, *wie* wir sehen. In Zeiten politischer Kakophonie kommt das umso deutlicher zum Vorschein. Wir erwarten nicht mehr die Wahrheit. Wenn wir über Erfahrungen sprechen, treten unsere Gedanken in zwei Prismen ein. Das erste ist das Selbst – unsere Identität, unsere Absichten und Überzeugungen. Das zweite ist unsere erlernte Sprache. Unsere Muttersprache bestimmt darüber, wie wir die Welt wahrnehmen. In Japan wird ein Briefumschlag in einer Schreibfolge adressiert, die der unseren entgegengesetzt ist. Es beginnt mit dem Land und endet mit dem Vornamen. Das Gefühl, ein kleiner Teil eines größeren Systems zu sein, ist in die Sprache eingebunden. Das Individuum ist dem Ganzen untergeordnet – Achtung und Demut sind der Sprache eingeschrieben.

Englisch ist eine explizite Sprache, die aus dem Selbst hervorgeht. Oft beginnen Sätze mit der ersten Person, wohingegen japanische Sätze gewöhnlich kein Pronomen haben. Jede Kultur kann Englisch sprechen, aber die englische Sprache stammt nicht von *einer* Kultur her. Sie ist polyglott, besteht aus Worten von anderen Sprachen, Menschen und Zeiten; eingeflochten sind Griechisch, Latein, Französisch, Angelsächsisch, Teutonisch, Dänisch, Niederländisch, Deutsch, Keltisch und Italienisch.[2] Deshalb ergeben Ausspracheregeln im Englischen keinen Sinn. *Steak* reimt sich nicht auf *streak* (Strähne), *some* (einige) nicht auf *home* (Zuhause), *head* (Kopf) nicht auf *heat* (Hitze). Schätzungsweise 160 Dialekte, die gegenwärtig in Umlauf sind, bringen neue englische Wörter hervor. *Ta*, *brekky*, *arvo*, *strewth* oder *okker* kommen aus der australischen Umgangssprache. Gullah-Englisch, an den Küsten von South Carolina und Georgia gesprochen, verbindet Wörter aus Bantu- und Niger-Kongo-Sprachen. *Chany* bedeutet *chinaware* (Porzellan), *mannusstubble* entspricht *polite* (höflich), *crackuhday* hat die Bedeutung von *dawn* (Tagesanbruch), *ceebin'* die von *deceiving* (trügerisch). Der Dialekt wiederum führte *dunno* (weiß nicht), *no-count* (nichtsnutzig), *granny* (Oma) und *gimme* (gib mir) in den allgemeinen Sprachgebrauch ein.

Englisch ist die Sprache des Handels, vorherrschend in der Wissenschaft, omnipräsent in IT und maßgeblich in anderen Technologien. Sämtliche der 100 Millionen synthetisierten chemischen Verbindungen sind in Englisch registriert,[3] weshalb die industrielle Chemie die weltweit umfangreichste (nach Wortanzahl) Fachsprache darstellt.[4] Die zweitgrößte, ebenfalls nach Wortanzahl, ist die der Pflanzennamen. Es folgen Englisch, Mandarin, Hindi und Spanisch. Englisch ist das verbindende Medium auf vielen internationalen Konferenzen. Jedes Jahr werden der englischen Sprache Tausende neue Wörter hinzugefügt, sodass sie noch genauer und nützlicher ist. Sie hat buchstäblich alle bekannten Dinge, ob lebendig oder leblos, ermittelt, benannt und gekennzeichnet – eine überwältigende Leistung. Doch die in der einen Million Wörter englischer Sprache enthaltenen Kategorisierungen lassen die Sprecher ohne Rahmen, Zusammenhang oder Verortung zurück. Sie ist letztlich ohne Wurzeln. Sprache kann einen entweder mit dem Leben verbinden oder von ihm trennen. Wenn wir ein Reh oder eine Eule sehen, sagen wir: Es knabbert am Gras. Sie zieht ihre Kreise durch die Luft. Das würden wir einer Person gegenüber nie äußern. Sie isst? Sie fährt? Sie hat ihren Abschluss gemacht?

Da sind andere Arten des Sprechens und Sehens. Sprache dreht sich um Information, Verbindung, Gewissheit und Überleben. Die Chicham-Sprache der Achuar im ecuadorianischen Amazonasgebiet hat kein Wort für Natur, ebenso wenig wie andere indigene Sprachen. Es gibt gute Gründe, warum Begriffe wie »Natur« fehlen. Diese wären nur dann notwendig, wenn Völker wie die Achuar die Natur als unterschieden vom Selbst erfahren würden. Andrew Messing, Forscher an der Harvard University, erklärte, nach dem Wort »Natur« in indigenen Sprachen zu suchen, sei etwa so, wie nach dem Wort »Landhaus« unter Waldbewohnern zu suchen.[5]

Einmal war ich bei einer Podiumsdiskussion über Methoden zum natürlichen Ressourcenmanagement und bemerkte, dass der einzige indigene Teilnehmer namens Oren Lyons, Glaubenshüter des Seneca Turtle Clan, die ganze Zeit schwieg. Als sich der Moderator ihm schließlich im Sinne der Inklusion zuwandte und nach seiner Meinung fragte, bekam er zu hören: »In unserer Kultur sind Ressourcen Verwandte.« Die sechs Worte wurden in neutralem Ton, ohne Bewertung ausgesprochen. Es handelte sich um eine Tatsache. Lyons' Perspektive stand in deutlichem Gegensatz zu den Beiträgen davor – Ausdruck einer innig vertrauten Seinsweise innerhalb der lebendigen Welt, statt sie zu veräußerlichen und als bloßes Objekt zu betrachten.

Auf meiner Reise nach Torres del Paine in Patagonien ging ich an einem winterlichen Tag eher zufällig in das ungeheizte Yámana-Museum in Ushuaia auf Feuerland. Es war schwerlich als Museum zu bezeichnen; drinnen herrschten Dunkelheit und Kälte. Niemand war zu sehen. Ich wanderte in den beiden kleinen Räumen umher und starrte auf Schwarz-Weiß-Fotografien, die mich ihrerseits anzustarren schienen. Meistens zeigten sie halb nackte, durch Lendenschurz und Robbenfett geschützte Menschen, die misstrauisch in Richtung Kamera blickten. Es handelte sich um Familien aus dem Volk der Yámana im 19. Jahrhundert, dicht gedrängt in Behausungen aus Stöcken, Gräsern und Robbenhaut. Die Stammesmitglieder hatten hohe Wangenknochen, starke Kiefer, kleine, kräftige Körper, dichtes, rabenschwarzes Haar und ebenholzfarbene Augen, aus denen Angst und Not sprachen. Eine eindringende Siedlerkultur hatte ihre Lebensweise zerstört und fotografierte sie nun als Objekte. Das Museum war der Überrest ihrer Existenz. Ein ergreifendes, schmerzliches, ja herzzerreißendes Erlebnis.

1520 umrundeten drei von Ferdinand Magellan kommandierte Karavellen eine markante Landzunge südlich des 52. Breitengrades im südöstlichen Chile.[6] Damit hatte er die sagenumwobene Südwestpassage zum Pazifischen Ozean entdeckt, eine Meeresstraße, die heute seinen Namen trägt. Die Flotte segelte in ein erbarmungsloses Land. Kupferfarbene Einheimische beobachteten Magellans Schiffe auf Klippen inmitten dichten Buchenwalds. Es war Oktober, noch immer winterlich in südlicher Hemisphäre.

Das gespannte Publikum, gehüllt in Robbenspeck und gelegentlich Tierfell, war unbeeindruckt von den eisig kalten Sturmböen, die Magellans Seeleute bis ins Mark erschütterten. Auf den windumtosten Anhöhen standen Menschen, die seit der letzten Eiszeit am »Ende der Welt« gewohnt hatten. Sie lebten in Grubenhäusern, Zelten, Kanus aus Baumrinde und hatten kein festes Zuhause. Um ihr Überleben zu sichern, trugen die Yámana Körbe mit Glut, wohin sie auch gingen, und unterhielten so eine ständige Verbindung zum rettenden Feuer. Bei Fahrten hinaus aufs Meer legten sie glühende Kohlen auf Sand in die Mitte des Kanus – eine willkommene Wärmequelle für die Frauen, die im neun Grad kalten Wasser nach Schalentieren tauchten. Die Yámana konnten nachts unbekleidet und ungeschützt im Freien schlafen. Ungläubig sahen die fröstelnden Seeleute zu, wie Graupelschauer auf den nackten Oberkörpern von Männern und Frauen schmolzen. Die rauchigen Feuer, die Magellan rings auf dem Archipel erblickte, gaben Anlass zu dem Namen Tierra del Fuego, Feuerland.

Die letzte Sprecherin des indigenen Yaghan (wie die Sprache der Yámana bezeichnet wird), Cristina Calderón, verstarb 2022 im Alter von 93 Jahren. Versklavung, Krankheiten, Rassismus und Ausbeutung führten schließlich zur Ausrottung der Yámana. Aber in diesem Fall bleibt ein ungewöhnliches Vermächtnis zurück. Über mehr als 21 Jahre wurde ihre Sprache sorgfältig aufgezeichnet und katalogisiert von dem anglikanischen Missionar Thomas Bridges, der sich um eine kleine Restgruppe der Yámana gekümmert hatte. Als Amateurlexikograph arbeitete er mit dem letzten Stammesoberhaupt George Okkoko zusammen und dokumentierte die Bedeutung von 32 240 Wörtern, bevor er selbst 1898 verstarb. Wir wissen nicht, welchen Umfang das Wörterbuch in seiner endgültigen Fassung gehabt hätte, wäre Bridges zum Abschluss gekommen. Eines jedoch ist sicher: Im Lexikon der Yámana stehen weitaus mehr Wörter, als Shakespeare während seiner gesamten schriftstellerischen Laufbahn benutzte. Gebildete US-Amerikaner verfügen über ein Vokabular von ungefähr 20 000 Wörtern. Jugendliche verwenden etwa 1200 Wörter.

Ich fand ein Exemplar dieses Yaghan-Englisch-Wörterbuchs (300 wurden in den 1950er-Jahren von dem deutschösterreichischen Kulturanthropologen Martin Gusinde gedruckt). Wer darin liest, hat den Eindruck, auf eine andere Ebene der Existenz zu gelangen.[7] Es ist eine Art Leitfaden zu einem betörend schönen Land, in dem die Yámana aufblühten und die Abendländer überlebten. Anschaulich vermittelt wird darin die Reichhaltigkeit ihrer Sprache und ihres Alltags. *Taisana* zum Beispiel bedeutet, bedeckt zu sein und am Boden zu liegen wie Eier in einem Nest. Das Wort für *Niedergeschlagenheit* beschreibt einen Krebs, der seine Schale nicht vollständig abgeworfen hat. *Ondagumakona* verweist darauf, im Boot mehrere Muscheln vom Fels abzulösen, sie gleichzeitig zu kochen und zu essen. Die Sprache der Yámana war eine Lehre – sie erklärte, wie man auf dem von ihnen bewohnten Land und Meer ein erfolgreiches Dasein führt. Das Wort *Yámana* charakterisiert die höchste Form von Leben, das Lebendigsein schlechthin.

Einer von fünf Menschen in der Welt spricht Englisch. Fügt man Mandarin, Hindi und Spanisch hinzu, kommt man auf die Hälfte der Menschheit. Weitere 7145 Sprachen werden gesprochen; etwa 40 Prozent davon mit jeweils weniger als 1000 Sprechern gelten als gefährdet. Der UNESCO zufolge sind 608 mit weniger als 100 Sprechern ernsthaft in Gefahr. In den Vereinigten Staaten drohen 154 indigene Sprachen auszusterben, darunter Assiniboine, Chickasaw, Seneca, Salish, Tewa, Tlingit und Yurok. Eine Sprache stirbt, wenn sie nicht an Kinder weitergegeben wird. Welchen Wert könnten diese Sprachen heute in einer rasant sich wandelnden, globalisierten, aufgeklärten Welt haben? Die wahre Antwort lautet: Wir wissen es nicht, weil es kein »Wir« gibt. Wer sollte beurteilen und entscheiden, was von Wert ist und was nicht? Die Sprachen, die allmählich verloren gehen, sind gebunden an Menschen, Kulturen und Orte. Hunderte von Sprachen sind vertriebenen Kulturen in urbane Umgebungen gefolgt, gewöhnlich mit den Menschen, die nach Arbeit suchten. In New York City werden mehr als 700 Sprachen gesprochen – darunter Bartangi, Mohave, Taíno (das Volk, das von Kolumbus auf seiner ersten Reise fast ausgerottet wurde), Chamorro und der kurdische Dialekt Sorani –, von denen 150 gefährdet sind: die größte Konzentration von bedrohten Sprachen weltweit.[8] Einige Hundert Sprecher des Seke wohnen in zwei Dörfern und deren Umgebung in Nepal. Weitere 150 Seke-Sprecher leben in New York City in zwei Wohnhäusern in Brooklyn.[9] Es gibt mehr Sprachen pro Quadratkilometer im Stadtteil Queens als irgendwo sonst auf der Welt.

Der kanadische Kulturanthropologe Wade Davis vertritt die Auffassung, dass die auf der Erde gesprochenen Sprachen eine *Ethnosphäre* bilden, »die Gesamtsumme aller Gedanken, Träume, Ideale, Mythen, Intuitionen und Inspirationen, die seit der Morgendämmerung des Bewusstseins durch Vorstellungskraft hervorgebracht wurden«.[10] Zusätzlich stellen sie – wie im Fall der Yámana – ein einzigartiges Archiv der beobachtenden Wissenschaften dar, die gesammelten Weisheiten darüber, Tausende von Jahren in einem Gebiet, einem Wald oder auf einer Insel gelebt und die entsprechenden Lektionen gelernt zu haben. Sprachen bestehen nicht nur aus Verben, Substantiven, Adjektiven. Sie enthalten Lehren, Sitten und Gebräuche, Regeln, die durch Versuch und Irrtum über sehr lange Zeiträume entwickelt wurden. Jede Sprache bringt eine bestimmte Weltanschauung zum Ausdruck.

Der Zustand der Welt spiegelt wider, wie dominante Sprachen die außergewöhnliche Vielfalt der menschlichen Kultur überwältigt haben.[11] Davis betrachtet Sprachen so, wie ein Biologe die Artenvielfalt in den Blick nimmt: »Unterschiedliche Kulturen repräsentieren einzigartige Vorstellungen vom Leben, moralisch inspiriert und von Natur aus richtig. Und diese verschiedenen Stimmen werden Teil des Repertoires der Menschheit, um Herausforderungen zu meistern, mit denen wir in Zukunft konfrontiert sein werden. Während wir uns auf eine fade, gestaltlose, generische Welt zubewegen, Kulturen verschwinden und das Leben einförmiger wird, verarmen wir als Menschen und Spezies wie auch die Erde selbst in gravierender Weise.«[12] Mit anderen Worten: Auf dem Planeten existiert ein sprachliches Ökosystem, wobei es kein Zufall ist, dass Aufenthaltsort und Verteilungsdichte der indigenen Kulturen mit den verbleibenden Regionen größter Biodiversität praktisch übereinstimmen.[13]

Die Aborigines Australiens beziehen sich aufeinander nach den Maßgaben ihrer Heimat und Herkunft, wie etwa die Koori, Gandangara oder Nunga. Die indigene australische Autorin Claire G. Coleman erklärt, was ihresgleichen tun, wenn sie sich zum ersten Mal begegnen: Sie sprechen über ihre Familien, indem sie 20 oder mehr Generationen zurückgehen, um festzustellen, in welcher Weise sie verwandtschaftlich miteinander verbunden sind. Aus ihrer Perspektive sind es diese Verbindungen, nicht unsere Besitztümer, die uns menschlich machen.

Die Mi'kmaq wiederum leben in den nordöstlichen Waldgebieten Kanadas bis hinunter zum nördlichen Ende von Maine. Sie benennen hohe Kiefern nach dem Geräusch des Windes, der im Oktober eine Stunde vor Sonnenuntergang durch die Äste weht.[14] Jahre später können sich Stammesälteste an die Namen erinnern, die den einheimischen Kiefernhainen gegeben wurden, und durch Vergleich mit den aktuellen Geräuschen feststellen, ob die Bäume beschädigt worden sind. Wir haben verschiedene Verben, die das Geräusch in Bäumen beschreiben – rauschen, brausen, seufzen, stöhnen … Doch das Englische mit einer Million Wörtern hat keinen Ausdruck für das Geräusch, das ein einzelner Baum macht. Einen Baum nach seinem Geräusch zu benennen und sich daran zu erinnern, stellt eine außergewöhnliche linguistische Leistung dar. Es ist ein spezifischer Name aufgrund eines einzigartigen Geräuschs, und er kann in keine andere Sprache übersetzt werden.

Auf einem Flug nach Alaska saß ich neben einer Frau vom Volk der Yupik, die nach Hause zurückkehrte, weil ihre Schwester verstorben und sie nun die Älteste in der Familie war. Die alaskischen Yupik leben entlang der Beringsee im westlichen Alaska und an der Bristol Bay. Ihre Vorfahren kamen vor 10 000 Jahren aus Sibirien und deren direkte Nachkommen ließen sich während der vergangenen 3000 Jahre im westlichen Alaska nieder. Ich fragte sie, wie es sei, das ganze Jahr an der Beringstraße zu verbringen. Als sie Geschichten aus ihrem halbnomadischen Leben erzählte, erwähnte sie in sachlichem Ton, sie könnten das Wetter zwei Jahre im Voraus prognostizieren, und diese Fähigkeit sei entscheidend für ihr Überleben. Sie helfe ihnen, einzuschätzen, wie viel Trockenfisch und Robbenfleisch als Vorrat angelegt werden müsse, wie lange die Wintermonate anhielten, wann sie ins Landesinnere ziehen konnten und wie es um die Karibu-Population stehe. Die Frau teilte weitere Details über Jagd, Winterkleidung und Vogelwelt mit, aber da musste ich sie unterbrechen, um anzumerken, dass nicht einmal über 100 geostationäre Wettersatelliten das Wetter für die kommende Woche zuverlässig vorhersagen können. Die Yupik aber seien zwei Jahre im Voraus dazu in der Lage?

Sie erklärte, bei ihnen beruhe das Verständnis von langfristigen Wetterzyklen auf einem täglichen Beobachtungsbewusstsein. Bestimmte Ereignisse und Zwischenfälle würden erinnert und über Generationen weitergegeben – mit Bezug darauf, wann was in der Umgebung geschehen sei und welche Folgen dies in den Monaten und Jahren danach gezeitigt habe. Dazu gehören etwa, wann das Meer im Herbst gefriert oder im Frühjahr auftaut, die Färbung des Eises nach dem Gefrieren, seine Beschaffenheit und Dicke, die Konsistenz des Basts auf den Geweihen der Karibus, die Farbtöne des Tundramooses, die Ankunft der Grönland- und Weißwale, der Pazifischen Walrosse und Bartrobben, die Arten von Schneefall, die Oberflächenstruktur der Konvektions- und Schichtwolken sowie der Zeitpunkt der Migrationen von Alkvögeln und Eiderenten. Über Jahrtausende waren die Beobachtungen des Lebens und der Elemente eng verknüpft mit darauffolgenden Ereignissen. Dieses geschärfte Bewusstsein vom örtlichen Geschehen ist eine Form der Mustererkennung, die Verbindung zwischen Erinnerung und aktueller Information, die hier konkret das Wetter betrifft. Die Yukip haben nicht mehr Wörter für Schnee, Moos oder Wolken als die Wissenschaft. Der Unterschied besteht darin, wie sie Wörter verwenden, um eine dauerhafte Kultur zu schaffen und zu bewahren. Schottisch-Gälisch verfügt über Hunderte von Wörtern für Schnee. *Flindikrin* ist ein leichter Schneeschauer, *blett* sind große Schneeflocken, *smirr* ist Graupel und daneben gibt es 400 weitere Begriffe. Die Sprache ist farbenprächtig, reizvoll und ortsgebunden. Aber sie wurde nie zu Mustern zusammengefügt, die das Wetter über Jahre im Voraus prognostizierten.

Zwischen dem 11. November 1861 und dem 24. Januar 1862 erlebte Kalifornien einen historischen Starkregen, aus dem eine Megaflut resultierte, die 43 Tage lang anhielt.[15] Ein erbarmungsloser atmosphärischer Fluss, ausgelöst durch warmes Pazifikwasser, hinterließ gewaltige Schneisen der Verwüstung. Tausende Leben gingen verloren. Häuser, Siedlungen, Farmen und Vieh wurden weggespült. Das Kalifornische Längstal verwandelte sich in einen Binnensee, der ganze Städte sechs Monate zwei bis viereinhalb Meter unter Wasser setzte. Ein Drittel des Grundbesitzes wurde zerstört, worauf der Bundesstaat gezwungen war, Bankrott anzumelden. Der Gouverneur konnte nur mit dem Ruderboot den zweiten Stock seines Amtssitzes in Sacramento erreichen. Die Menschen wurden von dem Unglück völlig überrascht, mit Ausnahme des Volkes der Maidu. Am 11. Januar 1862 berichtete der *Nevada City Democrat* über ihre Reaktion auf das heranrückende Unwetter. Demnach verließen die Maidu ihre Wohnstätten »in Richtung der Gebirgsausläufer und prophezeiten eine noch nie da gewesene Überschwemmung. Sie sagten zu den Weißen, das Wasser werde höher steigen als in den vergangenen 30 Jahren, und deuteten hoch hinauf zu den Bäumen und Häusern, bis wo es hinaufreichen würde … Es ist nicht auszuschließen, dass sie über bessere Mittel verfügen als die Weißen, einen großen Sturm vorherzusehen«. Genau das ist ihnen gelungen – dank des Ahnengedächtnisses, das sich während ihrer über 2000-jährigen Geschichte in den Sierra Foothills und Inlandtälern entwickelt hatte.

Damals lebten 500 000 Menschen in Kalifornien. Mittlerweile hat sich die Zahl auf 39 Millionen erhöht. Geologische Zeugnisse deuten darauf hin, dass sich eine solche Megaflut über den Zeitraum von mehreren Jahrtausenden periodisch alle 100 bis 200 Jahre ereignet hat und wahrscheinlich auch in Zukunft kommen wird.[16]

Obwohl die englische Sprache über außergewöhnlich viele Wörter verfügt, kann nicht jedes Wort aus anderen Sprachen in sie übersetzt werden. Sie mag universale Gültigkeit besitzen, aber trotz ihres umfangreichen Wortschatzes verzichtet sie darauf, eine Sprache zu sein, die darüber unterrichtet, wo man lebt. In dieser Hinsicht wird sie immer heimatlos sein. Indigene Sprachen hingegen sind den Menschen und Orten angepasst, um zu gewährleisten, dass die Gemeinschaft in sich und mit der Umgebung verbunden bleibt. Die weiter oben genannten Sorgen des kanadischen Kulturanthropologen Wade Davis sind also durchaus berechtigt. Die Menschheit erkennt nicht, dass sie indigene Sprachen auslöscht und unwiederbringlich verliert und wie sehr diese ein einzigartiges und wunderbares Verständnis von der Welt widerspiegeln. Da die Auswirkungen einer zunehmend wärmeren Atmosphäre den Menschen, Städten, Flüssen und Wäldern umso größere Schäden zufügen, werden wir unsere Heimatregionen viel besser kennenlernen müssen, als es heute der Fall ist – das Biom, von dem Wasser und Nahrung kommen, mit welchen Mitteln wir Haltbarkeit herstellen, Antifragilität fördern und Verbindungen vertiefen.

Die Klimaschutzbewegung verwendet Worte und Sätze, die für einen Großteil der Menschen nur wenig oder gar keinen Sinn haben – *Netto-Null-Emissionen, Dekarbonisierung, Abscheidung von Kohlenstoffdioxid aus der Luft, Sequestrierung, enterische Fermentation, Teragramm, Kipppunkt, planetarische Grenzen.* Der vielleicht abwegigste Begriff von allen lautet: *Kohlenstoffneutralität*, eine biophysikalische Unmöglichkeit. Dergleichen wurde als »Nominalisierung« bezeichnet, eine bestimmte Art und Weise, sich von der Welt zu distanzieren, in der Teilbarkeit ein Synonym für Wissen ist. Auf eines aber reagieren Menschen, nämlich auf Verben. Tiokasin Ghosthorse, ein Lehrmeister der Lakota, erklärt, warum indigene Sprachen wie die der Yámana mehr Verben enthalten als das Englische. Diese drehen sich um Beziehungen, während Substantive die Welt in Dinge unterteilen. Der

Zusammenbruch lebendiger Systeme hat seine Ursachen auch in Grammatik und Vokabular. Obwohl indigene Völker jahrhundertelang aus ihren Stammesgebieten vertrieben wurden, weist Ghosthorse darauf hin, dass man ihnen das Land gar nicht wegnehmen konnte, weil sie nie daran glaubten, es sei ihr Besitz. Stämme und Kulturen mögen ohne Land, aber nicht heimatlos sein. Sie lebten nicht auf dem Substantiv, das wir *Land* nennen. In diesem Zusammenhang erzählt der US-amerikanische Reiseschriftsteller und Historiker William Least Heat-Moon eine alte indianische Geschichte:

Der weiße Mann fragte: Wo ist dein Land? *Der rote Mann antwortete:* Mein Land sind das Gras und die Felsen und die Vierbeiner und die Sechsbeiner und die Würmer und die Schwimmer und die Winde und all die Dinge, die wachsen und nicht wachsen. *Worauf der weiße Mann fragte:* Wie groß ist es? *Der andere erwiderte:* Mein Land ist, wo ich bin und wo die Angehörigen meines Volkes sind und die Großväter und ihre Großväter und all die Großmütter und all die erzählten Geschichten, und es umfasst all die Lieder und all unsere Tänze. *Schließlich fragte der weiße Mann:* Aber wie viele Völker gibt es dort? *Und der rote Mann sagte:* Das weiß ich nicht.[17]

Die meisten glauben, man könne Land an sich bringen und besitzen. Die Konsequenzen dieser Haltung sprechen für sich. Die Hälfte des weltweit verfügbaren Ackerlandes ist geschädigt. Seit 1800 wurde ein Drittel der Waldflächen beseitigt, zusammen mit 60 Prozent der Graslandschaften.[18] Ganze Landstriche werden von multinationalen Konzernen und ausländischen Staaten ebenso vereinnahmt wie Wasserrechte. Durch die Vereinigten Staaten ziehen sich Straßen mit einer Länge von insgesamt fast 65 Millionen Kilometern, auf denen Lkw und Pkw täglich mehr als eine Million Wirbeltiere töten. Nicht von ungefähr deutet Ghosthorse an, dass die Moderne ihr »Verfallsdatum« überschritten haben könnte. Deren gängiger Diskurs sei ein mentaler Mischmasch aus Überzeugungen und Gerüchten. »Bewusste Sprachen erfordern keine *Logik der Ansichten*, sondern eine *Logik des Wissens*, dass die Erde nicht lügt und allein die Wahrheit ausspricht, mit bewusster Achtung vor allen Lebewesen.«[19]

Elf

Papieraugen

Im Namen der Biene,
Und des Schmetterlings
Und der Brise – Amen![1]

Emily Dickinson

Eine *Libellula saturata* schwebt einen guten halben Meter vor meinem Gesicht und schaut mich direkt an. Die roten hervortretenden Augen haben 24 000 Hornhäute, was ihr eine 360-Grad-Sicht ermöglicht – gleichzeitig nach oben, unten, hinten, vorn und ringsum. Wie sie mich visuell wahrnimmt, entzieht sich meiner Vorstellung. Sie besitzt 30 Opsine, jene allgemein verbreiteten Proteinmoleküle in den Photorezeptoren der Netzhaut, die jedem Sehsystem im Tierreich innewohnen. Ich mit meinen drei Opsinen und zwei blauen Hornhäuten erwidere ihren Blick.[2] Am Fischteich, wo ich sitze, schwebt und flitzt sie mit transparenten Flügeln hin und her, rot und orange, Körper und Flügel. Meine Besucherin wiegt knapp drei Gramm und rast im Lauf ihres wenige Wochen dauernden hiesigen Lebens mit Geschwindigkeiten von bis zu 50 Kilometern pro Stunde durch die Luft. Ihre gesamte drei- bis vierjährige Lebensspanne verbringt sie hauptsächlich als Larve – eine Süßwassernymphe, eine Allesfresserin unter Wasser, die sich von Kaulquappen, Rotbarschen, Elritzen und anderen Nymphen ernährt. Heute funkeln ihre irisierenden Flügel wie die weiten Ärmel eines Ballkleids, bereit zur Paarung, die sie unanständigerweise gerne in der Luft vollzieht.[3] Während sie vor mir glitzert und pulsiert, an einer Stelle verharrend, betrachte ich 350 Millionen Jahre der Evolution.

Die Facettenaugen der Libellen sehen ultraviolettes Licht, womit sie die einzigartige Fähigkeit besitzen, Form und Bewegung zu erfassen. Militärexperten haben ihr Verhalten untersucht, um eine Software für Tarnkappenflugzeuge zu entwickeln, denn diese verwenden Systeme zur aktiven Bewegungstarnung. Wenn eine Libelle jagt, bleibt sie vollkommen still in der Schwebe und bringt sich in Stellung zwischen der Beute und einem Schattenspender hinter ihr, etwa einem Baum, der ihre Position verbirgt. Etwa so, wie wenn man sich im Wald an ein bestimmtes Objekt heranpirscht und hinter Ästen versteckt. Die Libelle kann ihre Position ständig verändern, je nachdem, wohin sich die Beute bewegt, diese und den Schattenspender zugleich auf einer Linie halten – ein Schmetterling oder eine Stechmücke werden sie nicht bemerken. Langsam nähert sich die Libelle ihrem Ziel, bis sie in Schlagdistanz gelangt. Die evolutionäre Anpassung hat sich bei Libellen als sehr vorteilhaft erwiesen und so sind sie trotz ihrer kurzen Lebensdauer zu höchst erfolgreichen Jägern geworden.

Ein erstaunliches Beispiel für indigene Beobachtungswissenschaft wurde 1949 offenkundig.[4] Ethnoentomologen dokumentierten, wie die Diné (Navajo) über 700 Insektenarten benannten und klassifizierten, ihre Geräusche, Verhaltensweisen und Biotope beschrieben – ein Wissen, das erinnert, geteilt und über Generationen weitergegeben wurde. Aus welchem Grund haben die Navajo dies getan? Vielleicht weil sie tatsächlich Wissenschaftler *sind.* Sie wollten ihre Welt besser kennenlernen und Einsichten gewinnen, die für Überleben und Gedeihen eines Volkes, das vollkommen auf und mit dem Land lebte, entscheidend sein konnten.

In den Wäldern Mexikos lebt der riesige Bananenfalter *(Caligo eurilochus((kursiv))*, der mit seinen papierartigen, bis zu 17 Zentimeter breiten Flügeln in der Abenddämmerung schlägt, wenn Raubvögel nicht in der Nähe sind. Auf den Hinterflügeln befinden sich zwei perfekt geformte, dunkelbraune Augenflecken, die auf unheimliche Weise den Augen einer Eule ähneln. Für einen Künstler wäre es eine Herausforderung, sie naturgetreu nachzubilden. Der englische Naturforscher, Evolutionsbiologe und Entomologe Henry Walter Bates erklärte als Erster das Phänomen der *Mimikry*, das die Flügel kennzeichnet. 1848 fuhr er weit den Amazonas und dessen Nebenflüsse hinauf. Ungeachtet der rassistischen Ausdrücke ist Bates' Werk *The Naturalist on the River Amazonas* (Der Naturforscher auf dem Amazonas) die atemberaubende Beschreibung einer elfjährigen Forschungsreise, während der er 14000 Arten sammelte, darunter 8000 bislang unbekannte – von gewöhnlichen Wanderameisen bis zu unglaublichen, fußbreiten, vogelfressenden Spinnen *(Mygalomorphae)*, die kichernde Kinder an der Leine herumführten wie Haushunde.

Wie andere Naturforscher seiner Zeit, etwa John James Audubon und Alphonse Dubois, schoss Bates auf Schritt und Tritt Vögel ab, die in Formaldehyd eingelegt und an Naturkundemuseen verschickt wurden. Sein Hauptinteresse galt jedoch den Schmetterlingen im Amazonasgebiet. So entdeckte er essbare Schmetterlinge, die von insektenfressenden Vögeln und Libellen deshalb übersehen wurden, weil die Färbung ihrer Flügel das Aussehen von giftigen oder gefährlichen Arten nachahmte.[5] Die Raupe des Gewürzstrauch-Schwalbenschwanzes schlüpft in Schwarz und Weiß aus dem Ei und ist als Vogelkot getarnt. Sie wird sich drei weitere Male häuten mit Flecken auf dem Kopf, die sie wie eine Schlange erscheinen lassen – das ist die sogenannte Bates'sche Mimikry. Dieser evolutionäre Prozess belohnt täuschende Flügelmuster und -farben, um Spezies zu schützen. Bates war ein früher Anhänger der Evolutionstheorie von Charles Darwin, der wiederum Bates' Buch als das beste je in England veröffentlichte über Naturgeschichte bezeichnete. Was beide hingegen nicht beantworten konnten, war die Frage, wie es Schmetterlingen gelingt, sich selbst zu tarnen. Hatten Raupen jemals das Auge einer Eule betrachtet? Sie haben sich entwickelt, das ist sicher, und die fehlerhaften Exemplare wurden verschlungen. Aber wie genau verwandelt sich die Puppe einer Raupe in einen Schmetterling mit perfekten Nachbildungen von Eulenaugen auf den Flügeln? Die wissenschaftliche Erklärung lautet: Ein regulatorisches Netzwerk ermöglicht Genen, zu kooperieren und voneinander zu lernen.[6] Damit ist allerdings nichts darüber ausgesagt, wie die Gene ursprünglich programmiert wurden. Jedenfalls begannen sie vor Millionen von Jahren, Flügel mit pigmentierten Mustern von außergewöhnlicher Detailtreue und Vielschichtigkeit zu bemalen. Wer war der Künstler?

Was Schmetterlinge betrifft, sind die meisten Menschen nur mit relativ wenigen Arten vertraut. Besondere Aufmerksamkeit wird den Monarchfaltern zuteil, die von ihren Sommerfutterplätzen in Nordamerika und Südkanada bis zu den Heiligen Tannen in Zentralmexiko mehrere Tausend Kilometer zurücklegen, wo sie dann überwintern. Die glänzenden Flügelmuster in Schwarz und Orange, die aus ihnen bevorzugte Gegenstände der Betrachtung machen, sollen Vögel daran erinnern, dass sie nicht bekömmlich sind. Monarchfalter legen ihre Eier unter die Blätter der giftigen Seidenpflanze. Sobald die Raupen schlüpfen, verzehren sie die Blätter, weshalb der aus dem Kokon hervorgehende Schmetterling ebenfalls giftig ist.[7]

Lepidopterologen, die Schmetterlinge und Motten untersuchen, haben gleichsam einen Panoramablick auf ihre Verbreitung und Bedeutung. Es gibt 19500 bekannte Schmetterlingsarten, aber mehr als 160000 Mottenarten, von denen viele in Gestalt und Flügelspannweite Schmetterlingen ähnlich sind.[8] Doch unterscheiden sie sich stark in der Größe – von Fensterfleckchen *(Thyris fenestrella)* mit einer Flügelspannweite in der Dicke einer Spaghettistange bis zu den Herkulesspinnern, maximal etwa 30 Zentimeter breit. Motten und Schmetterlinge sind von der gleichen Ordnung, sogar bis zu jenem Punkt, an dem einige Wissenschaftler die Schmetterlinge als »Tageszeitmotten« bezeichnen. Neuere Studien belegen, dass Motten effektivere Bestäuber sein können als Bienen. Das tun sie meistens nachts. Sie bedecken die Erde, wenn wir nicht zuschauen. Um ihre weite Verbreitung zu erforschen, muss man in der Abenddämmerung aufbrechen, idealerweise bei Mondlicht und fern von jedem künstlichen Licht. Gewöhnen Sie Ihre Augen an die Dunkelheit, warten und beobachten Sie. Es kommt einer Offenbarung gleich. So ging ich einmal in einer mondbeschienenen Nacht nach draußen, um ein paar Rosmarinzweige zu pflücken, und sah plötzlich, wie auf jedem von ihnen Dutzende dieser schmalen, silbern glänzenden Besucher saßen. Motten besitzen außergewöhnliche Fühler, die über eine Entfernung von mehreren Kilometern den Duft von Blumen oder potenziellen Paarungspartnern erkennen können. Während Bienen als die wichtigsten tagaktiven Bestäuber gelten, berühren Motten des Nachts eine größere Vielfalt an Blüten. Die zickzackartigen Flugmuster der Motten sind Abwehrmanöver, um die Echoortung von jagenden Fledermäusen zu überlisten.

Einer von zehn beschriebenen Organismen auf der Erde ist eine Motte und mehr als 90 Prozent der Vögel ernähren sich von ihnen.[9] Andererseits sind viele Mottenraupen auf bestimmte Familien oder Arten von Pflanzen angewiesen. Aufgrund von Habitatverlust verschwinden Pflanzen, wodurch mancherlei Mottenart für immer beseitigt wird. Ein Kreislauf immer größerer Verluste setzt ein, wenn Motten, Pflanzen und Vögel nacheinander verschwinden. Wenn Sie das nächste Mal eine Flasche Mezcal sehen, dann bedenken Sie, dass die konservierte Raupe am Boden gerne eine Motte geworden wäre.

Vielfalt und Anpassungsfähigkeit innerhalb der Insektenwelt mögen umfassender sein, als bislang angenommen wurde. Könnten Insekten empfindsam, bewusst, unserer gewahr und zu Gefühlen fähig sein?[10] Gemäß neuerer Studien ist das der Fall.[11] Man hat vermutet, dass winzige Gehirne außerstande seien, das Empfindungsvermögen zu unterstützen, aber diese These hält den Tatsachen nicht stand. Das gleiche Mittelhirn mitsamt seinen Grundfunktionen, das unser Bewusstsein von der Welt steuert, ist auch in wirbellosen Tieren vorhanden. Es gibt eine Bewegung namens *minds without spines* (Bewusstsein ohne Wirbelsäule), deren Vertreter die Frage stellen, warum Moral und Tierwohl nicht für Wirbellose gelten. Hinsichtlich der Bienen kommt nun vieles ans Licht. Der deutsche Biologe und Entomologe Lars Chittka, der an der University of London lehrt, hat gezeigt, dass Honigbienen *(Apis mellifera)* zählen, kontrastierende Unterscheidungen treffen und durch Beobachtung anderer Artgenossen lernen können. Sie erfahren Schmerz und Freude,[12] sind sich ihres Wissens bewusst[13] und erinnern sich an frühere Geschichten – genauso wie wir es tun. Das mag bei einem Gehirn mit einem Gewicht von zwei bis drei Milligramm – ein winziger Bruchteil des gut eine Million Milligramm schweren menschlichen Gehirns – unvorstellbar sein. Doch jede Nervenzelle im Bienengehirn kann Verbindungen zu 10 000 anderen Zellen herstellen und damit in jedem Moment mehr als eine Milliarde Synapsen bilden.

Im Innern aktiver Bienenstöcke herrscht ein summendes Getöse. Als Forscher Sondenmikrofone in sie einführten, entpuppte sich die Kakophonie als eine Anhäufung von kurzen Impulsen mit kodierten Informationen, die Bienen auf Nektar in der Umgebung, Blütenqualität und den Abstand zum Boden aufmerksam machen. Chittka, der sein Leben dem Studium der Bienen widmet, vertritt die Auffassung, ihre Sinnesorgane nähmen die Welt auf so grundlegend andere Weise wahr, als es uns begreiflich erscheint, dass sie »eindeutig als Außerirdische aus dem Innenraum betrachtet werden können«.[14] Mit ihren hervortretenden Augen verfügen sie nahezu über eine 360-Grad-Sicht. Ihre gesamte Nahrung ist in einer Blume enthalten.[15] Das Farbenspektrum, das sie sehen können, übertrifft das unsere bei Weitem. In ihrem winzigen Gehirn haben sie einen Magnetkompass sowie Fortsätze am Kopf, die elektrische Felder bis auf 60 Zentimeter Entfernung schmecken, riechen, hören und spüren können. Nicht zuletzt sind sie Präzisionspiloten. Angesichts solcher Eigenschaften stellt Chittka die unbeantwortbare Frage: Was geht in ihrem Kopf vor? »Es sieht nun danach aus, als seien zumindest einige Insektenarten – und vielleicht alle von ihnen – empfindungsfähig.«

Fast 1,1 Millionen Insektenarten wurden bisher identifiziert. Sind andere vielleicht so fremdartig und bewusst wie Bienen? Warum nicht auch Käfer, Höhlenspinnen, Heuschrecken oder Segellibellen? Auf jeden Menschen kommen ungefähr 1,4 Milliarden Insekten, die zusammen etwa 1000 Pfund pro Person wiegen. Doch während der vergangenen vier Jahrzehnte haben sich die Insektenpopulationen zwischen 30 und 75 Prozent verringert, womöglich die signifikanteste Einbuße seit dem Verschwinden des Wollhaarmammuts vor 10 000 Jahren.[16] Im gleichen Zeitraum von 40 Jahren ist die Insektenbiomasse jährlich um zwei Prozent geschrumpft und kein Ende in Sicht. Hierin liegt die Ursache für den Verlust von drei Milliarden Vögeln. Ohne jene Lebewesen, die auf und ab schwirren, summen, brummen, graben, beißen, stechen und fressen, können die meisten Vögel ebenso wenig überleben wie die meisten Pflanzen. 80 Prozent der Wildpflanzen sind von Bestäubern abhängig. In dem Maße, wie Insekten abhandenkommen, verschwinden auch wir.[17] Die Nahrungskette wäre unwiderruflich zerstört. Gäbe es nur wenige oder gar keine Bestäuber, würden Tiere, Vögel und Fische innerhalb von Monaten eingehen. Die Landwirtschaft folgte innerhalb eines Jahres, da fast keine Agrarbetriebe mehr funktionstüchtig wären. Bei Ozeanen könnte es ein paar Jahre länger dauern. Auch Pilze würden noch einige Jahre durchhalten, um die verwesenden Kadaver zu beseitigen, und dann ebenfalls verschwinden. Die Erde fiele in ihrer Entwicklung um eine Milliarde Jahre zurück und verwandelte sich in eine Art Einöde, bevölkert mit Bakterien und Protozoen.[18] Von daher könnte das Gegenstück zu dem berühmten Aufsatz des US-amerikanischen Biologen Edward O. Wilson von 1987 mit dem Titel »The Little Things That Run the World« (Die kleinen Dinge, die die Welt in Gang halten) lauten: »Without the Little Things the World Does Not Run« (Ohne die kleinen Dinge bleibt die Welt nicht in Gang). Nach Ansicht von Dave Goulson, Professor für Biologie an der University of Sussex, werden Grund und Boden allmählich unbewohnbar für das Leben.

Insekten sind wesentlicher Bestandteil terrestrischer Ökosysteme und leisten ihnen unersetzliche Dienste.[19] Sie halten einige der Schadinsekten in Schach und unterstützen die Zersetzung von Laub und Holz, die Bodenbildung, Wasserreinigung und Kohlenstoffspeicherung. Außerdem sind Insekten notwendig, um natürliche Abfallprodukte einschließlich Fäkalien, Biomasse und Kadaver abzubauen und zu verbrauchen. Sie bestäuben 1200 Arten von Feldfrüchten und 180 000 Pflanzenarten, ernähren Fische, Vögel, Schuppentiere, Reptilien und Fledermäuse. Und ja, sie sind Schädlinge, übertragen Krankheiten, vertilgen Ernten und machen einen nachts verrückt, wenn sie um den Kopf surren, um Blut zu saugen für ein leckeres Mahl. Ungeachtet der verständlichen Abneigung gegen sie ist der Schutz des Lebensraums von Insekten entscheidend für den Fortbestand von Milliarden Vögeln, Reptilien, Fischen und Säugetieren und unerlässlich für Ökosysteme.[20]

Die relative klimatische Stabilität, derer wir uns weiterhin erfreuen, wird durch Wald- und Grünland, Wiesen, Tümpel, Sümpfe, Moore, Salzmarsche, Flussdeltas, Mangroven, Korallenriffe, Prärien, Taiga und Tundra gewährleistet. Diese Ökosysteme entziehen der Atmosphäre jährlich Milliarden Tonnen Kohlenstoff und speichern sie. Insekten hängen von ihnen ab und umgekehrt. Ökosysteme sind Puffer, biologische Reserven, die ober- und unterirdisch drei Milliarden Tonnen Kohlenstoff binden, viermal mehr, als sich in der Atmosphäre befindet. Ohne Käfer, Schmetterlinge und andere Insekten stagnieren, schrumpfen, verblassen, verdorren sie, werden zu Matsch und gehen zugrunde. Diese verheerende Dynamik wird leicht ignoriert, weil sie größtenteils unsichtbar bleibt. Wissenschaftler, die Erdsysteme untersuchen, sind der Überzeugung, dass die Insektenkrise eine genauso ernste Bedrohung für die Menschheit darstellt wie die Klimakrise.[21]

Das Insektensterben wurde insbesondere von Gelehrten erkannt, die sich am Wochenende als Amateurentomologen betätigen.[22] Sie machen Entdeckungen, die den Laien durchaus überraschen können. Eine Studie, die die weltumspannende Gemeinschaft der Insektenforscher aufrüttelte, wurde vom gemeinnützigen Entomologischen Verein Krefeld angefertigt. Seit 1905 hatte er fast eine Million Insekten aus den Naturschutzgebieten in Nordrhein-Westfalen gesammelt und darüber akribische Aufzeichnungen geführt. Im Lauf der 2000er-Jahre stellten die Mitglieder in den Fallen für fliegende Insekten einen eklatanten Schwund an messbarer Biomasse fest. Von 1989 bis 2016 verringerte sie sich um 76 Prozent. Die 2013 erstmals veröffentlichten Daten wurden von den Medien später mit dem Ausdruck »Insekten-Apokalypse« umschrieben. Die Nachricht verbreitete sich und Wissenschaftler auf der ganzen Welt bestätigten die Befunde.

Es bedurfte keiner Wissenschaft, um den Rückgang aufzudecken. Überall auf der Erde, zumal in ländlichen Regionen, beobachtet man das Sterben der Insekten. In meiner Jugend wurden Straßenlaternen von Motten belagert und umkreist – gemeinsam mit Schwarzen Hexen, Kohlweißlingen, Dickkopffaltern, Pfauenaugen –, aber dem ist heute nicht mehr so. Ich wuchs im ausgiebig bewirtschafteten San Joaquin Valley auf. Wenn mein Onkel nachts mit dem Auto unterwegs war, hielt er nach mehrstündiger Fahrt an und holte einen Eiskratzer hervor, um das pulverisierte Insektenprotein von der Windschutzscheibe zu entfernen. Am Kühlergrill klebte eine ganze Menagerie – Heuschrecken, Glasflügler, Kleinlibellen, Hummeln, Steinfliegen, Schwalbenschwänze und Motten. Insekten waren so reichlich vorhanden, dass die Kühlergrills mit Maschendraht abgedeckt wurden, damit der Kühler nicht überhitzte. Jahrzehnte später befahre ich die gleichen Überlandstraßen mit einer sauberen Windschutzscheibe. Dieses sogenannte »Windschutzscheiben-Phänomen« wird auf der ganzen Welt beobachtet. Folglich nimmt auch die Zahl der Vögel rapide ab, weil deren Nahrung zu 96 Prozent aus Insekten besteht. Die Zukunft der Insekten, Vögel und der Menschheit liegt hauptsächlich in den Händen der Agro-Industrie, denn sie ist der größte Emittent giftiger Chemikalien in Boden, Luft und Wasser. Ihre Forschungen aber haben noch immer das vorrangige Ziel, Insekten auf die eine oder andere Weise zu vernichten.

Pestizide bescheren Nahrungsüberfluss – so lautete das schlichte Kalkül. Agrochemikalien versprachen dem Landwirt höhere

Ernteerträge, wenn relevante Giftstoffe zum Einsatz kämen. So wurden Ackerflächen gleichsam zu Endlagern für 17000 Arten von Pestiziden, Herbiziden und Fungiziden. Die Herbizide Paraquat, Dicamba und Glyphosat zerstören unerwünschte Gräser und Unkraut. Methylbromid, Organophosphate und Chlorpikrin begasen den Boden. Ein US-amerikanisches Glas Apfelmus für Kinder enthält wahrscheinlich Acetamiprid, Fenpropathrin, Carbendazim und etwa 16 weitere Pestizide. Das schädlichste Insektizid, das heute in Landwirtschaftsbetrieben benutzt wird, ist Neonicotinoid – ein Pestizid, das eigens erfunden wurde, um die pathogene Toxizität anderer Pestizide zu ersetzen. Es wirkt auf die Nervenzellen von Insekten ein, verursacht Lähmung und Tod.

Acetamiprid, die vorherrschende Chemikalie in Apfelmus, ist ebenfalls ein Neonicotinoid.[23] Wird es als Saatgutbeschichtung verwendet, verteilen sich fünf Prozent auf die Nutzpflanzen, die übrigen 95 Prozent gehen in Boden, Wurzeln, Gräser, Bäche und Flüsse, wo sie fünf bis sechs Jahre überdauern. Insekten gehen zugrunde, wenn sie Pflanzen anknabbern oder bestäuben, die Neonicotinoide aus dem Boden oder Wasser aufgenommen haben. Fast 75 Prozent der Blütenpflanzen sind auf eine immer kleiner werdende Gemeinschaft von Bestäubern angewiesen, ebenso wie 87 der 115 wichtigsten Feldfrüchte. Es ist ein widernatürlicher Handel: Landwirte sind abhängig von einem Insektizid,[24] das schließlich die Landwirtschaft zerstören wird.[25] Dabei sterben nicht nur die Bestäuber aus. Pestizide beseitigen auch Springschwänze, Käfer, Ameisen, Milben, Silberfische, Zwergfüßer, Pilze und andere Organismen im Boden. Der Boden und das Leben von Bestäubern liegen großteils in den Händen von Chemiekonzernen. Der normale Bürger hat weder Mitspracherecht noch Einfluss.

Zugleich verschwinden Insekten infolge der Entwaldung, des Verlusts von Feuchtgebieten, des Mangels an Wildblumen und, im Falle Großbritanniens, der Planierung von Heckenreihen über eine Gesamtlänge von etwa 120 000 Kilometern – mit ausdrücklicher Unterstützung der Regierung. Aufgrund des Insektensterbens haben sich in Europa die Vogelpopulationen auf Anbaugebieten halbiert.[26] Insektenfressende Vögel wie Mehlschwalben, Bachstelzen, Pieper und mehrere Dutzend andere, einst weitverbreitete Arten sind bedroht. Ein weiterer Beleg dafür, dass die Nahrungspyramide fest und unwiderruflich auf einer einzigen Basis ruht – Insekten.

In völliger Unkenntnis der Bedeutung von Insekten für Ökosysteme forderte Mao Zedong 1958 das chinesische Volk auf, an der Kampagne zur »Ausrottung der vier Plagen« teilzunehmen, nämlich der von Ratten, Stubenfliegen, Stechmücken und Sperlingen.[27] Zu jener Zeit herrschte in China chronische Getreideknappheit und Sperlinge galten als eine der Ursachen dafür. Offiziellen Schätzungen zufolge konnte ein Sperling zwei bis vier Pfund Getreidekörner pro Jahr verzehren. Mit blindem Gehorsam, wie er nur unter strenger kommunistischer Herrschaft möglich ist, schritten die Menschen zur Tat und schlossen sich der Kampagne an. Jedes bekannte Mittel kam zum Einsatz, um Sperlinge zu traktieren und zu töten. Nester wurden zerstört, ganze Scharen in der Luft abgeschossen und Töpfe und Pfannen geschlagen in weiten Gebieten, um so die Vögel immer wieder vom Landen abzuhalten, bis diese vor Erschöpfung tot vom Himmel fielen. Im Zuge des sogenannten »Großen Sprungs nach vorn« starben Dutzende Millionen Sperlinge. Ihre Population war nahezu ausgelöscht.

1960 erklärte der chinesische Ornithologe Tso-hsin Cheng den Beratern Maos, dass Sperlinge Insekten fressen, vor allem im Sommer. Aber die Nachricht kam zu spät. Für die Behörden galt: Sperlinge fressen Körner und Getreide ist ein Korn. Außerdem verspeisen sie Heuschrecken, um ihre Nahrungsquelle zu schützen. Mit anderen Worten: Sperlinge waren eigentlich die Verbündeten der chinesischen Bauern. Im selben Jahr explodierte die Heuschreckenpopulation, weil keine Vögel ihnen Einhalt geboten. Gleichzeitig führte das schlechte Wetter dazu, dass die Getreideproduktion zusammenbrach, worauf eine Hungersnot schrecklichen Ausmaßes folgte. Es wird geschätzt, dass 45 bis 78 Millionen Menschen an Hunger starben. Zum Vergleich: Der Zweite Weltkrieg forderte insgesamt etwa 55 Millionen Todesopfer. Misshandlungen, Verbrechen, Morde, ja sogar Kannibalismus waren in China an der Tagesordnung. Dieses Gemetzel und seine Auswirkungen bleiben dort jedoch weiterhin Tabuthemen. Bis heute erfahren chinesische Schüler nichts davon. Um die Ökologie der Vogelwelt wiederherzustellen, importierte China schließlich 250 000 Sperlinge aus der Sowjetunion.

Im Hinblick auf den Planeten Erde sind wir alle Amateure, ähnlich wie die Mitglieder des Entomologischen Vereins Krefeld. Sie sind keine Entomologen, sondern Geistliche, Lehrer, Techniker und Enthusiasten. Im Französischen ist ein *amateur* derjenige, der liebt. Rund um die Welt engagieren sich Tausende von Organisationen und »Amateure«, die die Natur lieben, auf unterschiedliche, ebenso konsequente wie praktische Weise, Lebensräume für Insekten zu erneuern, deren Vergiftung und Ausrottung aufzuhalten. Die konstruktive Antwort besteht darin, viele verschiedene, farbenprächtige, essbare Blütenpflanzen anzupflanzen, die die Ökosysteme von Agrarlandschaften zum Positiven verändern. Konventionelle Landwirte sind überrascht, dass diese Methoden ihre Betriebe widerstandsfähiger, profitabler und nachhaltiger machen. Ebendiese Diversität in Anbaugebieten wiederherzustellen, ist das Anliegen der Pflanzenforscherin Stefanie Christmann, die mit Landwirten rund um den Globus direkt zusammenarbeitet.[28] Als sie auf einer internationalen Agrarkonferenz zum ersten Mal vorschlug, die bewirtschafteten Böden anzureichern und zu diversifizieren durch Wildgräser, bepflanzte Umzäunungen und Grasstreifen mit duftenden Blumen, Früchten, Beeren, Ölsaaten und Bäumen, wurde sie von den anderen Teilnehmern ausgelacht. Seitdem aber haben sich dank ihrer Methoden die Anzahl der Bestäuber sowie die Quantität und Qualität der Feldfrüchte effektiv erhöht. In semiariden Gebieten, auf die sie spezialisiert ist, wurden die Ernteerträge bei Bohnen und anderen Gemüsesorten von 177 auf 561 Prozent gesteigert, während zugleich weniger Schädlinge wie Blattläuse zu verzeichnen waren. In Reihenkulturen kommt eine andere Methode zur Anwendung. Wenn Mais, Soja und Weizen angebaut werden, ist ein Viertel des Feldes blühenden Pflanzen, etwa Raps, vorbehalten. Die Umzäunungen sind nach dem Vorbild englischer Heckenreihen bepflanzt – mit Streifen von Johannis- und Brombeersträuchern, Rosmarin, Salbei, Geißblatt, Buchen, Wildblumen und Holzapfel.

Mittlerweile ändern Hausbesitzer die Bepflanzung in ihren Gärten, um Bienen, Schmetterlinge und Motten zu ernähren. Stadtverwaltungen lassen begrünte Mittelstreifen anlegen, um für Bestäuber Korridore zu schaffen, die sich über die Stadtgrenzen ausdehnen. Insekten sind so wie wir, sie wollen in Sicherheit sein. Indem ihre Korridore zu Netzwerken verbunden werden, können sie giftige Sprays und mit Herbiziden kontaminierte Landstriche vermeiden. Landwirte durchziehen ihre Ackerflächen mit Wiesenstreifen, versetzen Ufer-Pufferzonen in den alten Zustand zurück, beseitigen invasive Arten und bauen Dutzende unterschiedliche Zwischenfrüchte an, um Insektenvielfalt wiederherzustellen.

Freiwillige siedeln Seidenpflanzen, heimische Flora und Wildblumen auf Grasstreifen, Schulhöfen und am Straßenrand an. Lehrer unterrichten Kinder darüber, welch wichtige Rolle Insekten in der Natur spielen. Fotografen posten Aufnahmen, auf denen ihre besten Insektenporträts zu sehen sind.

Durch ihre komplexen Wechselwirkungen mit lebendigen Systemen halten die kleinen Dinge die Welt in Gang. Der englische Ausdruck *climate emergency* (Klimanotstand) ist durchaus treffend. Das Verb *emerge* bedeutet »hervortreten« und »ans Licht kommen«. Wie zu Beginn dieses Buches ausgeführt, ist die Erderwärmung eine Lehre, eine Gabe, eine Anleitung. Genauso verhält es sich mit dem Insektensterben. Die verschwindenden Wirbellosen mit ihren so wertvollen Flügeln, Hörnern und Fühlern, ihren Klauen, Mundwerkzeugen, Brustsegmenten und Pollenkörben bringen ans Licht, was übersehen oder missachtet wurde. Ihr Leben entfaltet sich ungehindert, aber das heißt nicht, dass wir es ihnen ungehindert nehmen können, um uns zu entfalten. Und noch ein Hinweis: Vermeiden Sie es, wenn möglich, den Rasen zu mähen.[29] Im Gras wachsen wilde Seidenpflanzen, Geburtsort und Nahrungsquelle der Monarchfalter. Außerdem klammern sich weibliche Leuchtkäfer an ihr ungestörtes Habitat in Gestalt feuchter hoher Gräser, wo sie ihren Bauch funkeln lassen gegenüber Männchen, die daraufhin zu blinken beginnen.

Zwölf
Urzeitlich

Für mich ist das Tor zum Wald das Tor zum Tempel.[1]

Mary Oliver

Wälder bestanden schon Hunderte Millionen von Jahren auf der Erde, ehe der Mensch in Erscheinung trat. Waldgebiete, Sumpfwälder und Dschungel waren wilde, vielschichtige Bastionen des pflanzlichen und tierischen Lebens. Vor über 300 Millionen Jahren schwirrten die Vorfahren der heutigen Libellen, so groß wie Möwen, durch die Schneisen prähistorischer Wälder, während zig Zentimeter lange Skorpione und zweieinhalb Meter große, Palmwedel fressende Tausendfüßer unter dem Blätterdach jagen gingen.[2] Farne und niedrig wachsende Bärlappe, die nun in Baumschulen anzutreffen sind, stammen von 40 bis 55 Meter hohen Bäumen ab. Über Äonen häuften verschwenderische Ökosysteme enorme Mengen von Biomasse an. Aufgrund fehlender Pilze und Mikroben, die Holzfasern zersetzen, entstanden zahlreiche, weit ausgedehnte Torfmoore, die durch Hitze und Druck über mehrere Millionen Jahre in Kohle umgewandelt wurden. Die wichtigen Kohlelagerstätten offenbaren uns, wo die üppigsten Sumpfwälder der Vorzeit standen. Nordamerika besitzt die größten Kohlereserven weltweit, hauptsächlich in Montana, Illinois, West Virginia, Kentucky und Wyoming. Ursprüngliche Vegetation, Hitze und Alter bestimmen darüber, ob die Kohle von weichem Braun ist oder von schimmerndem Anthrazit.

Wälder bergen 80 Prozent der globalen Biomasse an Land; ungefähr drei Billionen Bäume nehmen ein Drittel des Territoriums mit Vegetation ein und speichern mehr als die Hälfte des organischen Kohlenstoffs. Heute verändern sie sich mit einer Geschwindigkeit, wie sie seit dem Einschlag des Chicxulub-Meteoriten auf der Halbinsel Yucatán vor 66 Millionen Jahren nicht mehr vorgekommen ist.[3] Ein Felsbrocken von der Größe des Mount Everest traf den Planeten mit einer Geschwindigkeit von etwa 70 000 Kilometern pro Stunde. Die plötzliche Luftverdichtung erzeugte heißere Temperaturen als auf der Sonnenoberfläche. Teile der Erdkruste explodierten und wurden in den Raum geschleudert. Es heißt sogar, Splitter von Dinosaurierknochen könnten über den Mond verstreut worden sein. Durch den gewaltigen Bruch der Erdkruste war der Planet von Staubwolken, Aschezyklonen und Glasregen umhüllt, über 30 Kilometer hoch und fast 100 Kilometer breit. Auf viele Gebiete senkte sich eine undurchdringliche Finsternis herab, die zwei Jahre andauerte. Ohne Photosynthese gingen 75 Prozent der Pflanzen zugrunde.[4] Die 180 Millionen Jahre alte Dynastie der Dinosaurier fand ein abruptes Ende. Das Ausmaß jenes Impakts hat der US-amerikanische Physiker und Geophysiker H. Jay Melosh modelliert und daraus den Schluss gezogen, dass die überwiegende Mehrheit der Tiere ausgelöscht wurde, viele von ihnen auf der Stelle. Erst mehrere Jahre später, als die verdunkelnden Wolken sich lichteten, kamen einzelne Blütenpflanzen mit ruhenden Samen wieder zum Vorschein.[5]

Die heutigen Wälder werden nicht durch ein singuläres Ereignis vernichtet. Verluste entstehen durch Abholzung, Feuer, Bergbau, Straßennetze, großflächigen Anbau von Ölpalmen oder die Ausrottung von indigenen Bewohnern und einheimischen Tieren.

Zusammen ergeben diese Zerstörungen eine seit dem damaligen Meteoriteneinschlag nie da gewesene Verfallsrate. Wir aber leiden unter einer kognitiven Verzerrung, betrachten Pflanzen und Bäume als minderwertig im Vergleich zu anderen Lebensformen.[6] Laut der US-amerikanischen Wissenschaftsjournalistin Sarah Kaplan hat das zur Folge, dass weniger Ressourcen »den Organismen zuteilwerden, die auf der Erde für Sauerstoff sorgen, ihre Tiere ernähren und mehr Kohlenstoff speichern, als die Menschheit in zehn Jahren ausstoßen wird«. Eine von sechs Baumarten, die größten und langlebigsten Organismen auf dem Planeten, ist vom Aussterben bedroht,[7] darunter der Kalifornische Küstenmammutbaum, der höchste Baum der Welt.[8] Die Pflanzenbiologin Murphy Westwood vom Morton Arboretum in Illinois beklagt: »Wir verlieren Arten, bevor sie überhaupt beschrieben werden.«

Statt über komplexe Computermodelle bezüglich kommender Klimafolgen nachzudenken, wollte ich mehr erfahren über frühere Erdzeitalter, in denen »grüne Biomasse« nordwärts wanderte, wie Wälder es heute tun, während einer Wärmeperiode, deren Temperatur die gegenwärtige überstieg, und so einen Einblick in unsere mögliche Zukunft gewinnen. Wie war es damals auf der Erde? Welche Spezies zogen Vorteile daraus und welche nicht? Welche Lebensformen begaben sich auf Wanderschaft und besiedelten die nördliche Hemisphäre? Diese wurde subtropisch im Lauf der Eem-Warmzeit vor etwa 130 000 bis 115 000 Jahren. Der Temperaturanstieg ging *nicht* auf eine erhöhte Konzentration von atmosphärischem Kohlenstoff zurück, wie viele Klimaleugner fälschlich behaupten. Der Kohlenstoffgehalt war ungefähr der gleiche wie zu Beginn des Industriezeitalters, nämlich 280 Teilchen pro Million. Es handelte sich also nicht um einen Treibhausgaseffekt, sondern vielmehr um ein Schwankungsphänomen.

Die Erdachse ändert ihre Neigung über einen Zyklus von 100 000 Jahren, der nach seinem Entdecker, dem serbischen Wissenschaftler Milutin Milanković, benannt ist. Verschiedene Zyklen wirken auf unseren Planeten ebenso ein wie auf unser persönliches Leben – Jahreszeiten, Migrationsbewegungen, Tag-Nacht-Rhythmus, Mondphasen, Fruchtfolgen und sogar musikalische Rhythmen. Der Milanković-Zyklus ist der längste, wobei sich die Erdachse zur Sonne hin- oder von ihr wegneigt, was dazu führt, dass das Polareis sich ausdehnt oder verschwindet, gewissermaßen eine 100 000-jährige Version unserer Jahreszeiten und zugleich ein genauer Klimaprädiktor für lange Zeiträume. Die Warmzeiten, die jeweils um die 15 000 Jahre dauern, werden als »Zwischeneiszeiten« bezeichnet. In einer solchen sind wir seit 10 000 Jahren. Eem, die vorhergehende Zwischeneiszeit, verdankt ihre Benennung dem gleichnamigen Fluss in den Niederlanden.[9] Dort waren die Mollusken in den ausgehobenen Uferböden deutlich verschieden von denen in der Nordsee. Ihr Alter wurde auf rund 118 000 Jahre geschätzt.

2004 war ich eingeladen, eine arktische Forschungsstation im nördlichen Grönland zu besuchen, Arbeitsplatz und Unterkunft für Klimawissenschaftler aus 14 Ländern. Dorthin kommt man nur auf dem Luftweg. So flog ich in einer C-130 Hercules – gesteuert und bemannt von dem 109th Airlift Wing der New York Air National Guard, stationiert in Scotia, New York – von Kangerlussuaq im Südwesten Grönlands zur North-Greenland-Eemian-Ice-Drilling-Forschungsstation. Dieser Außenposten liegt im Northeast Greenland National Park südöstlich des Petermann-Gletschers. Einen Monat zuvor waren von dem fast 70 Kilometer langen Gletscherbereich etwa 250 Quadratkilometer abgebrochen und unversehens zur »Petermann-Insel« geworden. Die Forschungseinrichtung war die von jeder menschlichen Siedlung am weitesten entfernte, die ich je aufgesucht hatte. Der Pilot kannte das Gebiet gut. »Das unserem Standort nächste menschliche Artefakt ist vielleicht eine Bonbonverpackung, 250 Kilometer weg von hier«, sagte er. An Bord befanden sich die Kronprinzessin von Schweden sowie der Kronprinz von Norwegen und der von Dänemark – Victoria, Haakon und Frederik, in dieser Reihenfolge –, skandinavische Hoheiten, die gekommen waren, um ein realistisches Verständnis davon zu erlangen, womit ihre Länder in einer wärmer werdenden Welt konfrontiert sind. Man hatte geglaubt, Gletscher, Eis und Schnee im hohen Norden wirkten als Puffer gegen einen raschen Klimawandel. Das Gegenteil ist der Fall. Der Temperaturanstieg in hohen nördlichen und tiefen südlichen Breiten dürfte Prognosen zufolge dreimal höher ausfallen als in gemäßigten Zonen.

Wir landeten in einem buchstäblichen Whiteout. Aus der gleißenden Schneelandschaft traten Angestellte hervor, um ihre königlichen Gäste zu begrüßen, und ich vermutete, dass sie ebenso froh waren, die Posttasche zu sehen. Einige Zeit später, 2008, wurde bei der Forschungsstation damit begonnen, die Eisdecke zu durchbohren und Eiskernproben zu entnehmen, die 130 000 bis 115 000 Jahre alt waren. Es stellte sich heraus, dass Grönland damals drei bis fünf Grad Celsius wärmer war, nicht weit entfernt von aktuellen Vorhersagen, in den kommenden Jahrzehnten werde die globale Temperatur um zwei bis vier Grad Celsius ansteigen. Was in der Eem-Warmzeit geschah, wiederholt sich, aber nicht in Zeitlupe. Die Bohrstelle wurde gewählt, um gut zweieinhalb Kilometer unter der Oberfläche Alter, Tiefe und Eigenschaften des Eises zu bestimmen. Als die Eiskerne aus dem dieselbetriebenen Bohrrohr auftauchten, ging ihnen eine dampfende, milchig weiße Flüssigkeit voraus, die mich an jenen Science-Fiction-Horrorfilm erinnerte, *The Thing from Another World (Das*

Ding aus einer anderen Welt), den ich mit sieben Jahren gesehen hatte. Wissenschaftler, die tief ins arktische Eis bohren, durchbrechen versehentlich eine Art außerirdisches Raumschiff und setzen dabei einen gruseligen Außerirdischen frei, der sie nicht mag. Hier erwies sich das »Ding« als überhitztes Kokosöl, das als Gleitmittel diente, denn Mineralöle verfälschen die Daten. Die Eiskernproben offenbarten frühere Temperaturen, Verunreinigungen in der Atmosphäre, Gasblasen in der gegenwärtigen Atmosphäre und biologische Materialien wie Pollen. Der Pollen sowie die Isotope von Wasserstoff und Sauerstoff in den Proben bestätigten, dass über 15 000 Jahre hinweg eine ungewöhnliche Wärme geherrscht hatte. Auf der gesamten Erde waren die Meeresspiegel durchschnittlich knapp fünf Meter, die Temperaturen in Alaska und Nordeuropa vier bis fünf Grad Celsius höher als heute. Flusspferde suhlten sich im Flussdelta der Themse und in Deutschland machten Höhlenlöwen Jagd auf Elefanten mit geraden Stoßzähnen.[10]

Während der Eem-Warmzeit vollzogen sich die Wandlungen in Fauna und Flora über Tausende von Jahren. Die aktuell vorhergesagten atmosphärischen Veränderungen werden jedoch innerhalb weniger Jahrzehnte geschehen. Um dem schnellen Anstieg der Kohlenstoffdioxidemissionen entgegenzuwirken, wird zum Beispiel empfohlen, eine Billion Bäume zu pflanzen, die sie wenigstens teilweise senken. Dieser Vorschlag kommt besonders gut an bei Unternehmen, die momentan nicht bereit sind, ihre Emissionen zu verringern. Großflächige Bepflanzungsprojekte werden in Prozentzahlen bezüglich bisheriger Emissionen dargestellt, die sich mit der Zeit kompensieren ließen. So kalkulieren die Befürworter, dass eine halbe Billion Bäume 25 Prozent der globalen Emissionen speichern könnten. Was in solchen Prognosen meistens unerwähnt bleibt, ist die Zeitskala. Die Kohlenstoffbindung würde nämlich erst in mehreren Jahrzehnten erreicht werden. Wenn Bäume in Tabellen angepflanzt werden, bringen sie vielerlei Vorteile, nicht aber in der Realität. Gewöhnlich ziehen die Planer nicht die traditionellen Landbesitzer zurate, auf deren Grund die Bäume stehen sollen, noch arbeiten sie enger mit ihnen zusammen.

Kein Unternehmen kann Klimaneutralität erreichen, indem es Kiefersetzlinge in den Boden pflanzt. Und auf Brachland Bäume zu ziehen, ist etwa so, als würde man einen Vogel im Käfig füttern.[11] In der Wissenschaftsgemeinde gibt es klügere Stimmen, die besagen: Die Natur pflanzt keine Bäume, sondern lässt Wälder wachsen, widerstandsfähige Gemeinschaften von Bäumen, Pflanzen und Tieren.[12] Die weltweiten Kohlenstoffdioxidemissionen liegen jährlich bei etwa 11,2 Milliarden Tonnen. Doch der Nettoanstieg von elementarem Kohlenstoff in der Atmosphäre beträgt pro Jahr etwa 5,4 Milliarden Tonnen, weil Böden, Pflanzen und Ozeane 5,8 Milliarden Tonnen binden. An Land nehmen Wälder, insbesondere sehr alte Urwälder, den größten Teil des Kohlenstoffdioxids auf. Bis vor Kurzem nahm man an, ältere Bäume in Urwäldern würden, wenn überhaupt, nur geringfügig Kohlenstoff speichern. Dabei verhält es sich genau umgekehrt. Gegen Ende ihres langen Lebens absorbieren Urwälder beträchtliche Mengen davon. Wälder unterhalten tiefe, symbiotische Verbindungen zu Böden und deren reichhaltigen Pilznetzwerken, die jeweils als die andere Hälfte des Baumes fungieren. Ohne lebendige unterirdische Gemeinschaft können Baumpflanzungen nicht wirksam Kohlenstoff binden. Die bestehenden Wälder zu schützen, hätte von jetzt an bis zum Jahr 2100 also weitaus größeren Einfluss auf das Klima, als neue Wälder anzupflanzen.[13]

Die für den Kohlenstoff wichtigsten Ökosysteme auf dem Planeten sind fünf Riesenwälder: Die Borealen Wälder Kanadas und der russischen Taiga, Amazonien, das Kongobecken, Papua-Neuguinea sowie Indonesien einschließlich Borneo. Die Fähigkeit dieser Wälder, Kohlenstoff aufzunehmen und zu speichern, wird durch kulturelle Diversität noch gefördert. In Neuguinea werden 1000 Sprachen gesprochen, 300 in Amazonien, 653 in Indonesien und 170 auf Borneo, von denen die meisten bestimmte Kenntnisse, Geschichten und Lehren darüber beinhalten, wie man im Wald lebt und ihn bewahrt. Das Volk der Moni etwa wohnt seit mindestens 50 000 Jahren in West-Neuguinea. Noch bis vor Kurzem waren ihre Waldsiedlungen unversehrt. Der unverminderte Anteil an Riesenwäldern ist kulturellen Überlieferungen zu verdanken, wonach der Wald als Familienmitglied betrachtet wird. Und mit verwandtschaftlichen Verbindungen gehen Verpflichtung, Treue, Achtung einher.

Riesenwälder sind prinzipiell durch ihre Unwegsamkeit gekennzeichnet. Der US-amerikanische Ökologe Thomas Lovejoy, der den Begriff *Biodiversität* prägte, fand bei seinen bahnbrechenden Forschungen im Amazonasbecken heraus, dass die durch Rodungen und Straßenbau verursachte Zerstückelung einen drastischen Rückgang der Artenvielfalt und Waldgesundheit zur Folge hatte. Sein Ziel bestand darin, jene kritische Mindestgröße der Landfläche zu bestimmen, die für die Aufrechterhaltung der Biodiversität notwendig ist. Dem war die Debatte vorausgegangen, ob Biodiversität durch den Schutz mehrerer kleiner Gebiete gewährleistet werden könne oder ob dafür weit ausgedehnte, unversehrte Landschaften erforderlich seien. Lovejoys Untersuchungen zeigten, dass unbestreitbar das Letztere zutrifft. Intakte Wälder sind kühler, regenreicher, vergrößern die Diversität und bieten Bewohnern eine reichhaltigere Fülle. Dagegen sind beschädigte Waldgebiete trockener und Bäume stärkeren Winden ausgesetzt; die Gefahr eines Feuerausbruchs ist höher; Siedler können unrechtmäßig Land besetzen und Subsistenzparzellen anlegen, was ebenfalls Arten zum Verschwinden bringt. Außerdem führt ein offener Zugang dazu, dass Tiere wie Tapire und Agutis, die unverzichtbar sind, um unverdauliche Samenkörner zu zerstreuen, als Lieferanten von Wildfleisch gejagt werden.

Wälder haben nichts Dauerhaftes, sie kommen und gehen. Während der vergangenen drei Millionen Jahre hat die Erde Zyklen von je 100 000 Jahren durchlaufen, wechselnd zwischen Kalt- und Warmzeiten. In den zunehmend wärmeren Perioden wandern die Bäume nordwärts, und sobald die Vergletscherung einsetzt, ziehen sie sich von dort zurück. Der britische Autor Ben Rawlence fasst diesen Vorgang in folgende Worte: »Eine Zeitrafferaufnahme der geologischen Zeit würde zeigen, wie eine Eisschicht nach rhythmischem Muster zurückweicht und herabsinkt, indes eine grüne Masse von Wäldern aufsteigt Richtung Nordpol und dann wieder abfällt, wie Atem.« Diese grüne Masse besteht aus Gemeinschaften von Kiefern, Lärchen, Fichten, Tannen, Sträuchern, Moosen und Flechten, die geheimnisvolle Habitate bilden, üppig ausgestattet mit Sümpfen, Marschen, Mooren und arktischen Morastlandschaften, bestückt mit Baumstümpfen, von Schwarzflechten umhüllt.

Riesenwälder sind die wildesten Orte auf Erden – und die vielfältigsten, was die Artenentstehung betrifft. Die nordamerikanischen Borealen Wälder sind das größte unversehrte Gebiet zusammenhängender Wälder, Moore und Feuchtgebiete, durchzogen mit Bächen und Flüssen, Seen und Teichen auf einer Gesamtfläche von etwa 485 Millionen Hektar. Ein bis drei Milliarden Vögel fliegen jedes Jahr dorthin, aus so fernen Gegenden wie Patagonien kommend, um ihr sommerliches Refugium zu beziehen. Im Herbst kehren drei bis fünf Milliarden Vögel mitsamt den Jungtieren zurück zu den Überwinterungsgebieten. Dazu zählen

Vögel, die in Hausgärten, Parks, Feldern und Wäldern gesichtet werden – Grasmücken, Sperlinge, Enten, Seidenschwänze, Raben und bedrohte Arten wie die 400 noch erhaltenen Schreikraniche.

Die Borealen Wälder bieten Schlupfwinkel für Wölfe, Grizzlybären, Waldbisons, Karibus, Elche und eine Fülle kleiner fleischfressender Säugetiere – Luchse, Marder, Nerze, Hermeline, Zobel, Vielfraße, Dachse und Wiesel. Die Sommer sind kühl und kurz, die Winter lang und kalt. In vielen Gebieten ist der Boden dünn, sandig und toxisch sauer aufgrund der ständigen Abscheidung von Nadeln, Harzen, Ölen und chemischen Verbindungen seitens der Bäume. In Bereichen, wo Licht einfallen kann, gibt es märchenhafte Flecken mit Lachs- und Heidelbeeren, roten und schwarzen Johannisbeeren. In Hoch- und Flachmooren fangen und verdauen fleischfressende Sonnentaue und Kannenpflanzen arglose Insekten und Spinnen.

Die vorherrschenden Nadelbäume sind dunkelgrün, um möglichst viel Licht aufzunehmen. Sie bilden perfekte Pyramidenkegel, um den schweren Winterschnee abzuwerfen, und produzieren in den Nadeln Harze zum Frostschutz, um nicht zu gefrieren. Die Borealen Wälder verfügen über die höchste Kohlenstoffdichte auf der Erde, die unter dem Boden sogar größer ist als bei intakten Tropenwäldern über dem Boden. Die feuchte und kalte Witterung zieht den natürlichen Zerfallsprozess in die Länge und sorgt damit für kohlenstoffreiche Moore und Sumpflandschaften. Infolge von Abholzung und Kahlschlag aber trocknet der Boden aus, wodurch Kohlenstoff freigesetzt wird, was noch schädlichere Auswirkungen hat als der Verlust der Bäume selbst.[14] Falls die Hälfte der Borealen Wälder mitsamt ihrem Kohlenstoffspeicher verschwindet, wird die Kohlenstoffdioxid-Konzentration in der Atmosphäre auf 600 Teilchen pro Million steigen, verglichen mit 425 Teilchen pro Million zum gegenwärtigen Zeitpunkt.

In Kanada, Skandinavien und Russland sind die Borealen Wälder Heimat für mehr als 600 indigene Gemeinschaften, die sie, das Land und seine Gewässer kennen wie niemand sonst. Auf jenen Breitengraden befindet sich unter den Seen, in den Wäldern und Torflandschaften mehr Kohlenstoff als in der Atmosphäre. Heute wird der Boreale Wald in Kanada durch Bergbau und industrielle Forstwirtschaft zerteilt und auseinandergerissen.[15] Unternehmen zerstören Kiefern, um Toilettenpapier herzustellen.[16] In dem Zusammenhang schreibt die US-amerikanische Wissenschaftsjournalistin Zoë Schlanger: »Was musste dieser Baum nicht alles tun, um die Jahre zu durchleben, jedes Frühjahr Tausende von Blättern auszubilden, den Winter über Zucker zu speichern, Licht und Wasser in eine Holzschicht nach der anderen umzuwandeln? Es fällt schwer, das Drama, ein Baum oder sonst eine Pflanze zu sein, zu unterschätzen. Jede [Pflanze] ist ein unvorstellbares Kunststück aus glücklichem Zufall und Erfindungsreichtum. Sobald man das weiß, kann man die Augen nicht mehr davor verschließen. Im Denken hat sich eine neue moralische Seite offenbart.«[17]

In ihrem Buch *Ever Green (Immer grün)* beschreiben John Reid und Thomas Lovejoy den biologischen Rahmen von Primärwäldern: »Sie haben Räuber-Beute-Beziehungen, Bestäubung, Samenausbreitung und Fortpflanzung, das alles geschieht auf natürliche Weise und im Überfluss. Sie haben Rudel, Kolonien, Rotten und Hackordnungen: Mikrofauna, Megafauna, unerschrockene Migranten und fest verwurzelte Bewohner. Harpyien fressen Klammeraffen, Grizzlybären Lachse, Baumschlangen Laubfrösche, Kannenpflanzen Ameisen und Ameisen bewirtschaften Pilze.«[18] Tropische Riesenwälder wurden einmal »Dschungel« genannt, ein Begriff, der sich von *jangal* in Hindi herleitet, womit ein undurchdringlicher, für Menschen nicht geeigneter Wald gemeint ist, der einen intensiven Konkurrenzkampf ums Überleben erfordert. Heute werden tropische Wälder als uralte Gebiete mit Naturgefahren, Giftschlangen, lauernden Raubtieren und dünnen Böden dargestellt. Andererseits glauben die Bewohner dieser Wälder wie etwa die amazonischen Achuar, dass sie einst, verglichen mit anderen Menschen auf der Erde, das am wenigsten beschwerliche Leben führten. Nun aber ist ihre Existenz durch zivilisatorische Übergriffe und Zerstörungen ihrer angestammten Heimat aufgrund von Bergbau, Bohrarbeiten, Landwirtschaft, Staudämmen und Abholzungen bedroht.

Megawälder zu schützen, ist fünf- bis siebenmal weniger kostspielig, als Emissionen zu reduzieren oder neue Wälder anzupflanzen. Mit anderen Worten: Effektives Handeln in Bezug auf Lebenswelt und Atmosphäre ist am günstigsten. Doch das wäre nur ein Maß für die Kosten, im Grunde die koloniale Sichtweise auf den Wert von Megawäldern.[19] Eine integrative Einstellung hingegen richtet sich direkt auf die Kultur. Über Tausende von Jahren haben sich Menschen in natürlicher Umgebung bestens entfalten können. Afrika besitzt ein Sechstel der globalen Wälder und 70 Prozent der Bevölkerung sind auf sie angewiesen, um sich mit Nahrung zu versorgen und den Lebensunterhalt zu bestreiten. Indigene Bewohner haben tropische Gebiete fortwährend verändert und in der Wildnis Landwirtschaft betrieben.

Norman Myers, ehemals Professor am Green College der Oxford University und bekannter Naturschützer, erzählte von einer Reise in die tief gelegenen Regenwälder von Borneo, weil er den Wunsch hatte, »unberührten, jungfräulichen Wald« zu entdecken. Borneo ist die drittgrößte Insel der Welt, zweimal so groß wie Deutschland. Die dortigen tropischen Laubwälder beherbergen schätzungsweise 15 000 Pflanzenarten, mehr als in ganz Afrika.[20] Es gibt hoch aufragende Flügelfruchtgewächse, einschließlich Eben- und Eisenholzbäume sowie Würgefeigen. Zusammen mit einem Ethnobotaniker drang Myers tief ins Dickicht ein, um herauszufinden, wie ein 40 000 Jahre alter Wald aussieht.[21] Einmal hielten sie inne und verharrten stundenlang an derselben Stelle, ließen die Blicke schweifen, während der Botaniker die Bäume, Sträucher und Ranken vor ihren Augen identifizierte. Am Ende des Tages stellte sich heraus, dass die aufgereihten Formen spektakulärer Biodiversität weder unberührt noch uralt waren. Beide bemerkten die Eingriffe indigener Völker, die jahrtausendelang hier gelebt hatten. Wenn riesige Bäume mit einem Gewicht von über 30 000 Kilogramm dem Alter erliegen und umstürzen, werden andere Bäume ringsum gefällt, worauf gebündelte Sonnenstrahlen die Lichtung durchfluten. In solchen Gebieten säen die Bewohner dann Saatgut und pflanzen Stecklinge, die sie künftig mit benötigten Nahrungsmitteln, Arzneien, Holzvorräten und Fasern versorgen werden. In den Worten von Reid und Lovejoy: »Um die Megawälder zu bewahren und mit ihnen den einzigen Planeten, von dem wir wissen, dass er Wälder besitzt, muss sich die moderne Menschheit um die Welt kümmern, als gehörte sie zur Familie. Wir müssen versuchen, eine Grammatik zu entwerfen, in der Subjekt und Objekt, Menschen und alles andere gleichwertig sind. In einem materiellen und evolutionären Sinn sind sie das absolut.«[22]

Dreizehn
Dunkle Erde

Wenn du auf dem Boden stehst, stehst du auf dem Dach einer anderen Welt.[1]

Jill Clapperton

Unter den Füßen befindet sich das komplexeste lebendige System der Erde.[2] Dunkle, schiefergraue und sepiafarbene Böden bergen verschlungene Menagerien von Lebensformen, welche die Wissenschaft zum größten Teil nicht identifizieren kann und noch nie gesehen hat. Dieser überaus ingeniöse Schoß aus Lehm und Ton, Schlick und Mergel nährt und gestaltet die endlose Vielschichtigkeit unserer Welt. Das Erdreich ist ein Erzeugnis, dessen Herkunft Äonen zurückreicht und aus Pilzen, Mikroben, Insekten, Mineralien besteht, einem reichhaltigen Gemisch von Elementen, die die Lebenszyklen vom Verfall bis hin zu ausgeprägter Empfindungsfähigkeit organisieren. Die Beschreibung jenes unterirdischen Reichs erfordert eine Sprache, die irgendwo zwischen Wissenschaft und Dichtung angesiedelt ist. Wie sollte ein Klumpen Erde Wunder bereithalten – oder ein Teelöffel davon fast zehn Kilometer lange Myzelien? Die Wissenschaft kann im Boden gefundene Organismen zwar analysieren und sequenzieren, aber ihn nicht herstellen. Menschen sind in der Lage, günstige Bedingungen für fruchtbare dunkle Böden zu schaffen, und haben dies auch über Jahrtausende getan. Doch nur die Bewohner im Boden bringen Boden hervor. Millionen Jahre der Koevolution ruhen in und auf der Erde und bilden, in den Worten des Mykologen Peter McCoy, die »Haut der Welt, tätowiert mit den Hinterlassenschaften ihrer Bewohner«. Es gibt eine wachsende Bewegung, die darauf abzielt, Ökosysteme zu renaturieren und rückläufige oder verlorene Arten zu regenerieren. Der Erdboden ist der wildeste Organismus von allen. Wenn wir ihm nicht Leben einhauchen, wird das Gewebe des Lebens zerreißen. Desgleichen wird der Boden ohne die unzähligen Geschöpfe, die ihn erschaffen, verkümmern und zugrunde gehen.

Im Boden leben Milliarden von Mikroben und Pilzen von unentschlüsselbarer Komplexität. Wenn man diese Mikroben aus der Erde entfernt, um sie im Labor zu kultivieren, sind die meisten von ihnen bereits abgestorben, bevor sie identifiziert werden können. Die Pilze wiederum bilden riesige labyrinthische Netzwerke, die sich, in mikroskopische Schnipsel geschnitten, nicht analysieren lassen. Ihre ungebundenen Zellkerne treiben allein durch Röhrchen von der Größe einer Zelle. Wie untersucht man ein System, in dem es keine Individuen gibt? Die Wechselbeziehungen zwischen Mikroben, Pilzen, Pflanzenwurzeln und Insekten erschaffen eine Welt, von der die Menschheit abhängt. Die Wissenschaft hat die Angewohnheit, das Ganze durch Erforschung seiner Teile zu verstehen. Im Falle des Erdbodens mag es sich umgekehrt verhalten: Um zu begreifen, was im Humus geschieht, ist ein übergreifendes, ganzheitliches Verständnis vonnöten. Der Begriff *Mutter Erde* wurde nicht aus sentimentaler Freundlichkeit geprägt. Er bringt die grundlegende Wahrheit des Ursprungs von allem Lebendigen zum Ausdruck.[3]

90 Prozent der Insekten und Wirbellosen verbringen einige oder die meiste Zeit ihres Daseins auf dem Boden oder in ihm. Normalerweise übersehen wir sie, es sei denn, sie fallen uns zur

Last wie etwa Termiten. Insekten vertilgen Blätter, Wurzeln, Pilze sowie Artgenossen und düngen den Boden mit ihren Ausscheidungen. Ihre Aktivität begünstigt den Boden, aber nicht alle Nahrungspflanzen. Pelzbienen zum Beispiel ziehen ihre Familien in gut durchlässiger Erde auf, wo sie Nektar und Blumen aufbewahren. Helläugige Zikaden mit ihren gelben Flügeln und bauchigen grünen Körpern können bis zu 17 Jahre in Baumwurzeln verborgen bleiben. Zu ihren Nachbarn gehören Beintastler, Blättereulen, Hornmilben, Mauerwespen, Warzenbeißer, Springschwänze, Kugelasseln, Tausendfüßer, gelbschultrige Marienkäfer, Maikäfer und andere.

95 Prozent der Insekten sind für Böden und Pflanzen nützlich. Mehrere Arten von Laufkäfern sind besonders wertvoll. Sie ernähren sich von Schädlingen,[4] einschließlich der Larven von Minierfliegen, Erdraupen, Blattläusen, und vertilgen außerdem Unkrautsamen, ihre Kost je nach Jahreszeit variierend von Insekten zu Samen und umgekehrt, womit sie biologische Schädlingsbekämpfung durchführen und die besten Freunde von Landwirten sind.[5] Gleichsam als Gegenleistung legen einige von ihnen in ihren Feldern oft Streifen oder Wälle mit Hochgräsern an, bekannt unter der Bezeichnung »Käferbänke«, wo die Nützlinge vor Räubern sicher sind und gut geschützt mit reichlich Nahrung überwintern können.

Wenn es im Boden einen Helden gibt, dann ist es der Regenwurm. Kriechend bewegt er sich durch die Schichten, verzehrt verrottende Wurzeln, Blätter, Mist, Fadenwürmer, Bakterien, Mikroben und Pilze – 24 Stunden am Tag. Was aus dem Verdauungssystem des »größten Alchemisten auf dem Planeten« austritt, ist sogenannter »Wurmhumus«, der als herausragender Dünger gilt. Die Ausscheidungen enthalten Mineralien, Enzyme, Mikroben und bioverfügbare Nährstoffe für Pflanzenwurzeln. Die neuseeländische Agrarökologin Nicole Masters schreibt: »Wurmhumus verbessert die Samenkeimung, Pflanzengesundheit und landwirtschaftliche Produktion jenseits der kühnsten Träume von synthetischen [Düngemitteln] – alles zu weit geringeren Kosten für Produzenten und die Umwelt. Einige Arten arbeiten in der obersten Bodenschicht, andere weiter unten. Anektische Regenwürmer kriechen fast zwei Meter in die Tiefe, befördern Mineralien an die Oberfläche und organisches Material nach unten.«[6]

Charles Darwin war der Erste, der die allgemeine Aufmerksamkeit auf Regenwürmer als Schlüsselspezies gelenkt hat. Ungeachtet des Hohns, der ihm entgegenschlug, verteidigte er sie mit der freimütigen Aussage, keine andere Spezies habe »eine so wichtige Rolle in der Geschichte der Welt gespielt wie diese niedrig organisierten Geschöpfe«. Obwohl Darwin zum Geologen ausgebildet worden war, beobachtete er aufmerksam, dass Arten sich durch Anpassung an ihre Umgebung weiterentwickeln, statt in Form und Funktion starr fixiert zu sein, wie es das religiöse Dogma verkündete. Ebenfalls im 19. Jahrhundert erweiterte der englische Geologe Charles Lyell den Rahmen der Evolution, indem er nachwies, wie natürliche Ursachen über Millionen von Jahren geologische Veränderungen bewirkten. Aufgrund von Lyells Einsichten schlug Darwins Onkel Josiah Wedgwood vor, genauer zu erforschen, wie die Erdoberfläche sich über kürzere Zeiträume hob und senkte, als es in den Sedimentformationen festzustellen war. Zu diesem Zweck arbeitete Darwin eng mit seinen Kindern zusammen, um auf dem acht Hektar großen georgianischen Anwesen der Familie in Kent Regenwürmer zu untersuchen, die Röhren in das Erdreich gruben.[7] Bei Tagesanbruch marschierten alle nach draußen, um das Volumen der Wurmausscheidungen in den vorderen Gärten zu messen; mehr Erde oben bedeutete weniger Erde darunter. Darwin ermittelte, in welcher Weise diese Aktivität Bodensenkungsschichten hervorbrachte, indem er eine ungewöhnliche Maßeinheit verwendete: Ein gewichtiger runder »Wurmstein« wurde auf dem Rasen platziert und die Umstehenden sahen zu, wie er langsam immer tiefer in die Erde sank.

Für Bodeningenieure mag der Mistkäfer am verlockendsten sein.[8] Die bemerkenswertesten Exemplare seiner Art leben in der afrikanischen Savanne. Sie sammeln Tierdung ein und rollen ihn zu Kugeln, die Körpergewicht und -größe um das Zehnfache übersteigen. In einer Nacht kann dieser Käfer die 200-fache Menge seines Gewichts im Mist vergraben. Die Vorderbeine zuoberst der Stabilität wegen, schiebt und rollt er mit den Hinterbeinen den Dung, von dem er sich ausschließlich ernährt, in seine Brutkammern. Um das Ausmaß der Kraft eines Mistkäfers zu begreifen, stelle man sich vor, eine fast 700 Kilogramm schwere Kotkugel einen Dreiviertelkilometer über unebenen Grund zu wälzen. Angesichts solcher Wundertaten verehrten die Ägypter Mistkäfer in Gestalt von Skarabäen, als Symbole der Geburt und des Lebens, des Todes und der Wiedergeburt. So wurde die Steinskulptur eines Skarabäus auf das Herz des Verstorbenen ins Grab gelegt.

Um sich fortzupflanzen, bohren Mistkäfer 15 bis 20 Zentimeter tiefe Gänge, rollen die Kugel hinein, an die die Weibchen dann ihre Eier legen, damit sich die Larven davon ernähren können. Mistkäfer verbessern die Bodenbeschaffenheit, vergraben Samen und recyceln Pflanzennährstoffe.[9] Sie sind derart effizient darin, den Dung zu beseitigen und aufzubereiten, dass sie gezüchtet und in verschiedene Teile der Welt geflogen werden, um der Unfruchtbarkeit von Weideflächen abzuhelfen, auf denen Tierexkremente intakt sind und zu Brutstätten für Schmarotzerfliegen werden, oder auch in städtische Gebiete, wo sich in Parks und

Grünanlagen der Hundekot häuft. Der nachtaktive Mistkäfer, ein Hüter des festen Bodens, hat einen fast mystischen Orientierungssinn.[10] In klaren Nächten ortet er mithilfe polarisierten Sternenlichts die Milchstraße und bahnt sich so seinen Weg durch die Dunkelheit. Wenn das Mondlicht die Sterne überstrahlt, benutzt er den Erdtrabanten als Kompass. Auf jedem Kontinent außer in der Antarktis ansässig, verschwindet der Mistkäfer jedoch in dem Maße, wie das Vieh vom Land in Ställe verfrachtet wird, oder weil Antibiotika und andere Tierarzneimittel den Dung vergiften, den er vorfindet. Der Mistkäfer erschafft Boden; industrielle Landwirtschaft zerstört Boden. Laut dem Umweltprogramm der Vereinten Nationen gehen jährlich 24 Milliarden Tonnen Mutterboden infolge von Erosion verloren, also etwa 2700 Kilogramm pro Person.

Wie bereits erwähnt, regieren Ameisen die hiesige Welt und durchdringen zugleich den Boden. Um es mit den Worten des US-amerikanischen Biologen Edward O. Wilson auszudrücken: Gäbe es nicht den *Homo sapiens*, wäre die Erde der Planet der Ameisen.[11] Vor unserer Ankunft taten sie genau das: Sie hielten die Welt in Gang und steuerten ebenso dominant wie produktiv Flora und Mikrofauna. Einzelne Kolonien der Argentinischen Ameisen sind größer als der Bundesstaat Texas.[12] Auf jeden Menschen kommen 2,5 Millionen Ameisen und die überwiegende, nicht infrage gestellte Mehrheit ist weiblich. Männliche Ameisen sind einfach nur Nummern mit Flügeln und riesigen Genitalien, die in ihrem Leben *eine* Rolle spielen – jungfräuliche Königinnen zu befruchten. Als »fliegende Samen-Geschosse« bezeichnet, sterben sie innerhalb einer Woche an ihrer einzigen Aufgabe, wohingegen Königinnen ein Jahrzehnt oder noch länger leben können. Die beherrschende Funktion der Ameisen im Boden ist von größter Bedeutung. Sie konsumieren Blätter, Pflanzensäfte,

Nektar, Pilze, Blattläuse, Larven, Zwergfüßer, Eidechsen, Amphibien wie auch ihre Verletzten und Toten. Sie belüften den Boden in weit ausgedehnten Tunneln und deponieren dort Nährstoffe. Blattschneiderameisen defilieren in einer Reihe und tragen farbenprächtige Teile von Blättern, Blumen und Früchten in enorme unterirdische Nester, in denen sie aus frisch gekauter Vegetation ihre Pilzgärten kultivieren. Pilze sind ihr einziges Nahrungsmittel. Die im Untergrund gelegenen Hügelnester können sich über 30 Meter ausbreiten und Millionen von Individuen beherbergen. Der Bodenaushub eines Nestes wiegt manchmal 50 Tonnen oder mehr.[13]

In einer Tasse voll Erde ernähren sich Milliarden von Geschöpfen, Mikroben und Organismen voneinander an einem reichhaltigen Büfett. Fadenwürmer schließen sich dem Festmahl an und regulieren durch ihre Speisewahl die Mikrobenpopulation.[14] Die meisten Menschen haben allerdings noch nie von Fadenwürmern gehört. Es gibt 100 Millionen Arten, das entspricht etwa 60 Milliarden Exemplaren pro Menschenwesen, also 80 Prozent der individuellen Tiere auf dem Planeten. Fadenwürmer durchdringen Schichten der Lithosphäre bis in eine Tiefe von über 3500 Kilometern. Unter dem Mikroskop erscheinen sie wie winzige Strähnen lockigen Haars. In ihrer Umwelt definieren sie den Begriff *Allgegenwärtigkeit* neu, gedeihen sogar in der Arktis bis zum Meeresgrund. Außerdem leben sie in den Körpern der Lebewesen des gesamten Tierreichs (35 Arten sind im menschlichen Körper beheimatet).

Nicole Masters vergleicht den Verdauungsprozess des Bodens mit unserem eigenen. Wir zerkauen Nahrung zu speichelgetränktem Brei, der dann durch Darmbakterien abgebaut wird, die ihrerseits Enzyme produzieren, wodurch Nährstoffe in unseren Blutkreislauf gelangen können. Innerhalb der beiden vergangenen Jahrzehnte hat sich in unserem Verständnis hinsichtlich des menschlichen Darms ein tiefgreifender Wandel vollzogen – von einer Art Abwasserkanal zum Biom, das nun »zweites Gehirn« genannt wird. Das Bodenbiom durchläuft einen ähnlichen Verdauungsprozess und wird jetzt ähnlich wie das Darmmikrobiom völlig anders aufgefasst. Mittlerweile werden Böden nicht mehr nur als Medium betrachtet, in das man wasserlösliche Düngemittel, Pestizide, Fungizide und Pflüge einführen kann, sondern als lebendige Ökosysteme anerkannt – als Quelle der Vitalität, Nährstoffdichte, Mineralienzufuhr und Resilienz. Die menschliche Darmflora ist entscheidend für physische wie mentale Gesundheit und erfordert eine abwechslungsreiche Kost durch nahrhafte, unverarbeitete Lebensmittel, um ein optimales Wohlbefinden zu gewährleisten. Dagegen bringen hochverarbeitete Lebensmittel, Zucker, künstliche Süßstoffe, Zusatzstoffe, Konservierungsmittel, ranzige Fette, Überernährung, Alkohol und Drogen den menschlichen Darm völlig durcheinander. Analog zu den Substanzen, die beim Menschen Verdauungsstörungen hervorrufen, befinden sich im Boden Herbizide, Insektizide, Neonicotinoide, Carbamate, Algizide, wasserlösliche Düngemittel, Nematizide und andere Chemikalien – eine lange Liste industrieller »Junkfood«-Produkte, die Landwirten verkauft werden, um Ernteerträge stabil zu halten und jede Art von unerwünschtem Eindringling abzuwehren, die jedoch das Leben im Boden vernichten. Der unaufhörliche Einsatz von Giftstoffen zerstört die Vielschichtigkeit und Fruchtbarkeit des Erdreichs, sichergestellt durch die zahllos vielen Wechselbeziehungen zwischen Mikroben, Pilzen und anderen Lebewesen.

Die Welt steht an einem Wendepunkt angesichts dessen, auf welche Weise die Menschheit Nahrungsmittel produzieren wird. Die Befürworter moderner landwirtschaftlicher Anbaumethoden setzen gewinnorientiertes Management mit optimaler Ausbeute gleich. Trotz der Warnungen breiten Monokulturen sich weiter aus, in denen ertragreicheres Saatgut mit identischen Genen gesät wird, das noch mehr Pestizide und Düngemittel verlangt. Feldfrüchte werden nicht für Sie und mich entwickelt, sondern um Profit zu machen, billige Stärken und Zucker für hochverarbeitete Lebensmittel herzustellen und Futter für eingesperrte Schweine, Rinder, Hühner zu liefern. Unser Wissen von der Landwirtschaft beruht auf der Beobachtung und Untersuchung denaturierter Böden mit geringer Biodiversität, der Pilze beraubt und kohlenstoffarm. Wahrscheinlich haben die meisten Landwirte noch nie ein voll funktionsfähiges Erdreich zu Gesicht bekommen. Erschöpfte Böden gelten mittlerweile als normal.[15]

Um aus eigener Anschauung das ganze Ausmaß dessen zu begreifen, was dem Boden widerfahren ist, sollten Sie einmal bewusst darauf stehen. Wenn kein Fußabdruck zurückbleibt, ist er nicht gesund. Mit der Zeit wurde er förmlich zusammengedrückt. Die Räume für Wasser und Luft sind verschwunden. Der Mangel an struktureller Integrität resultiert im Mangel an Habitaten für mikrobielles und fungales Leben. Dabei handelt es sich um einen selbstverstärkenden Prozess: je weniger Leben, umso weniger Struktur. Statt eine Konsistenz aufzuweisen, die zwischen Sand und Ziegelmehl liegt, ist lebendiger Boden direkt wahrnehmbar für Augen und Nase. Sie sollten mit der Hand tiefer darin graben können. Halten Sie einmal weiche, dunkle, bröckelige Erde ins Sonnenlicht und betrachten Sie sie näher. Sie sollte glänzen und sich feucht anfühlen. Hoffentlich werden Regenwürmer und kleine Gliederfüßer an ihr haften. Ihre ebenholzfarbenen Schattierungen verströmen einen Duft, der keinem anderen gleicht. Er hat einen Namen, *Petrichor* oder *Geosmin*, und wird angeblich durch ätherische Öle bewirkt, die Pflanzen ausscheiden, wenn sie von

Sand und Gestein absorbiert werden. Ihre Nase und Ihr Körper kennen ihn, den Duft des Lebens, und er ist wohltuend. Das Leben, das den Boden hervorbrachte, war eine Pflanze, ein Leben, erschaffen durch die Energie der Sonne. Der Boden bildet die Verbindung zwischen dem Sonnenlicht und dem Glanz eines Auges. Das soll nicht poetisch klingen. Es ist die Wahrheit.

Landwirten wurde ein System der Agrarwirtschaft nahegebracht, das zunächst bemerkenswert schien. Direkte chemische Anwendungen kombiniert mit mechanischer Bodenbearbeitung erhöhten die Ernteerträge, Einkommen und Sicherheiten. Der Einsatz von Makronährstoffen – Stickstoff, Potassium und Phosphor – hatte zur Folge, dass Pflanzenwurzeln keine weiten Wege zurücklegen mussten, um ihre grundlegenden Bedürfnisse zu stillen. Doch dadurch erhielten die Pflanzen vermutlich weniger komplexe mineralische Nährstoffe, die in tieferen Erdschichten vorkommen. Zudem pulverisieren die modernen Verfahren der Bewirtschaftung den Boden, setzen Kohlenstoff frei und zerstören jene Makroporen, die den biologischen Gemeinschaften im Untergrund Sauerstoff und Wasser zuführen.[16] Wird der Boden Jahr um Jahr derart ausgelaugt, verwandelt er sich in Unrat, nicht in ein lebendiges System. Er ist abhängig von »Inputs« – so lautet der agrarische Begriff für Chemikalien.

Die Grüne Revolution in den 1960er-Jahren brachte ertragreichere Reis- und Zwergweizensorten hervor, die allerdings größere Mengen von Pestiziden, Herbiziden und synthetischen Düngemitteln benötigten. Damals war die Ansicht weit verbreitet, chemische Landwirtschaft könne den Hunger in der Welt verhindern. Niemand bestreitet, dass durch solche Veränderungen mehr Nahrung produziert wurde. Man nannte die Revolution »grün« im Kontrast zur »roten« kommunistischen Revolution sowjetischer Prägung, die zunehmend an Einfluss gewann in Ländern, wo Hunger und Armut vorherrschten. Das Ziel der US-Regierung bestand darin, den Hunger zu beenden, für Ernährungssicherheit zu sorgen und damit jener ideologischen Bedrohung entgegenzuwirken. Die Grüne Revolution war zwar ein Triumph, der jedoch der Welt im Zeitlupentempo einen gewaltigen Kater bescherte. Monokulturelle Landwirtschaft (Weizen, Mais und Soja) erforderte mehr Maschinen, Pflüge, fossile Brennstoffe, Gifte und Aufwand bei der Bodenbearbeitung. Nutzung und Abhängigkeit von synthetischen Düngemitteln, Pestiziden und Fungiziden wuchsen doppelt so schnell wie die gesteigerten Ernteerträge. Während dieser Periode wurde das Nahrungsmittelsystem zum größten Verursacher von Treibhausgasen und machte fast ein Drittel der globalen Emissionen aus. Die sogenannte Revolution schädigte das Leben des Bodens, um ihm umso mehr Nahrung zu entziehen.

In den vergangenen vier Jahrzehnten ist ein Drittel der Ackerflächen der industriellen Landwirtschaft zum Opfer gefallen[17] – eine Bodenerosionsrate, die 100- bis 1000-mal über natürlichen Erosionsraten liegt.[18] Wenn die Siege hohen Inputs und hoher Erträge zusammengezählt werden, bleiben die ökologischen Kosten unerwähnt. Den Landwirten haben die höheren Erträge im Rahmen der Grünen Revolution keine Vorteile gebracht. Vielmehr profitierten große Konzerne von niedrigeren Warenpreisen. Softdrinkhersteller sparen Geld durch die Verwendung von Maissüßstoffen mit hohem Fruktosegehalt und der Bundesstaat Iowa wurde zum Weltzentrum des Mais, von dem 64 Prozent der Ethanolherstellung für Personen- und Lastkraftwagen dient. Es bedarf mehr fossiler Brennstoffenergie, um die durch die Verbrennung von Mais-Ethanol produzierte Energie zu erzeugen – unterm Strich ein deutlicher Nettoverlust und überdies ein maßgeblicher Grund für erhöhte Treibhausgaskonzentrationen, chemische Verschmutzung, Wasserverunreinigung, ozeanische Totzonen und den Verlust von Bestäubern. Es ist dieser »saubere Treibstoff«, für den Fluggesellschaften Schlange stehen, um ihn zu kaufen. Die von intensiver Agrarwirtschaft abhängigen Landwirtsfamilien sind heute in einer finanziell prekäreren Lage als je zuvor. Sie haben Schulden, Stress und arbeiten in vergifteter Umgebung. Einige von ihnen essen nicht, was sie anbauen, und kultivieren stattdessen einen Biogarten für den eigenen Bedarf. Gegenwärtig können sich drei Milliarden Menschen keine gesunde Ernährung leisten; das entspricht der gesamten Weltbevölkerung zu Beginn der Grünen Revolution.[19]

Industrialisierte Böden gleichen weniger Reservaten des Lebens als ausgetrockneten Seen. Klimawandel und konventionelle Landwirtschaft befinden sich in einem Teufelskreis. Sie verschlechtern sich gegenseitig. Im Vorwort zu *An Agricultural Testament (Mein landwirtschaftliches Testament)* erklärt der US-amerikanische Autor Wendell Berry, die chemische Landwirtschaft habe nie gewusst, was sie tut, weil sie nicht weiß, was sie ungeschehen macht. Globale Organisationen, die sich mit Hunger, Nahrung, Landwirtschaft, Entwaldung und Versteppung auseinandersetzen, sind zutiefst beunruhigt und in höchster Alarmbereitschaft über den raschen Zerfall landwirtschaftlicher Nutzflächen. Deshalb geht es bei der Wiederherstellung des Bodens um aktive Maßnahmen, dank derer die ihm innewohnenden regenerativen Prozesse reaktiviert werden. Die Wechselbeziehungen zwischen Bakterien, Mikroben, Viren, Pilzen, Ameisen, Regen- und Fadenwürmern sowie Insekten sind selbst in einem Zehntel Kubikmeter Erde unüberschaubar.[20] Wenn die kleinen Dinge die Welt in Gang halten, mögen die Kleinsten unter ihnen den größten Einfluss ausüben. Einzellige Mikroben besitzen an ihrer Zellwand bis zu 100 000 Sensoren, die die unmittelbare Umgebung wahrnehmen und darauf reagieren.[21] In einem Teelöffel Erde sind eine Milliarde Mikroben enthalten. Die mikrobielle Komplexität des Bodens ist ebenso unvorstellbar wie das Zusammenspiel von Pflanzenwurzeln, Myzelien, Fadenwürmern, Licht, Regen und Schwärmen von Mistkäfern, die nachts losfliegen, um neue Kuhfladen zu finden. Mit anderen Worten: Die kleinsten Lebewesen bestimmen über Beschaffenheit, Zusammensetzung, Feuchtigkeit, Nährstoffdichte und Fruchtbarkeit des Bodens.

Das Erdreich verkörpert den Tanz und den Fluss des Kohlenstoffs unter der Oberfläche. Zu diesem Tanz gibt es auch einen aufgenommenen Soundtrack.[22] In den beiden vergangenen Jahrzehnten haben Wissenschaftler Mikrofone in den Boden eingeführt und die Lautstärke aufgedreht.[23] Im Innern ertönen surrende, zwitschernde, zirpende, trillernde und kratzende Geräusche. Da ist ein gedämpftes Rascheln wie von trockenen Blättern, ein sanftes Rauschen wie von Wasser, das durch Poren fließt. Man kann Klicklaute hören, ähnlich den Äußerungen von Pottwalen oder von Stammesmitgliedern der San in Botswana und Namibia. Auch Nacktmulle sind vernehmbar, während sie mit dem Kopf gegen ihre Tunnelwände stoßen. Vor diesem Hintergrund beschrieb ein Forscher das Geräusch des Bodens als knarrenden Widerhall eines großen Baumes im Wind. Die kombinierten Lautäußerungen in reicher, vielfältiger Erde mögen klingen, als würden Stücke feinen Sandpapiers aneinandergerieben.[24] Sogar Pflanzenwurzeln machen Geräusche, wenn sie sich einen Weg durch den Untergrund bahnen. Oder beobachten Sie im Frühling nur einmal ein Rotkehlchen, das seinen Kopf zum Boden neigt – ein hungriger Vogel, der auf Larven und Regenwürmer lauscht. Bodenkundler, die sich mit den akustischen Eigenschaften ihres Untersuchungsgegenstandes beschäftigen, stellen fest, dass die mit Maschinen und Chemikalien bewirtschafteten Agrarflächen »unheimlich leise« sind.[25]

Aufgrund der Dynamik und Dominanz der industriellen Landwirtschaft ist die Aufforderung, sie solle ökologisch werden, ungefähr so, als würde man einen Zugführer bitten, in die umgekehrte Richtung zu fahren. Der am Kommerz orientierte Ackerbau verengt und erstickt den Fluss des Kohlenstoffs, indem er die Beteiligung der in gesunder Erde vorhandenen Lebensformen stark einschränkt. Jedenfalls vollzieht sich der Übergang zu regenerativer Landwirtschaft durch den Boden, nicht im Labor. Es gibt keinen anderen Weg dorthin. Die Umsetzung wird jedoch verhindert durch eine Industrie, der die größten Chemiekonzerne der Welt angehören. Sie befinden sich in einem Dilemma, weil die Mittel zur Regeneration des Bodens nicht in Dosen verkauft werden können.

Die konventionelle Ernährungsindustrie geht davon aus, dass die industriell betriebene Landwirtschaft da ist, um zu bleiben – bald ergänzt durch *vertical farming*, also den Anbau von Obst und Gemüse in mehrstöckigen, künstlich beleuchteten Gebäuden, durch im Labor gezüchtete Hühner und aus Zellen kultiviertes Fleisch. Derartige Initiativen werden das Ernährungssystem noch weiter vom lebendigen System des Bodens entfernen, hin zu einer immer größeren Konzentration der Produktion. Die industriellen Lebensmittelhersteller träumen von einer Landwirtschaft ohne Landwirte, ignorieren landbasierte und lebensspendende Anbaumethoden, weil diese nicht mit Unternehmensprofiten im großen Maßstab zu vereinbaren sind. Demgegenüber haben Agrartechniken und -praktiken, die der Wiederherstellung und Erhaltung natürlicher Prozesse dienen, vielerlei Bezeichnungen: *Agroökologie, ökologisch, Bio-*, *biodynamisch* und *regenerativ* umfassen die meisten Methoden. Dabei wird die ganze Bandbreite der Beziehungen zwischen Erdboden, Pflanzen, Pilzen, und Insekten in spezifischen Landschaften miteinbezogen. Solche Methoden sind wissenschaftlich fundierter als die der Industrie. Zur Anwendung kommen hoch entwickelte biologische und ungiftige Wirkstoffe, die sich abbauen, ohne Schaden anzurichten. So gibt es beispielsweise Verfahren, die mikrobielle Population des Erdreichs in kleinen Behältern zu kultivieren – flüssige Fermente, die man als »Bodenkefir« bezeichnen könnte und die dann wieder in den Boden eingebracht werden. Die Botschaft lautet: Das Land selbst gibt dem Landwirt zu verstehen, was es braucht.

Da die Böden und Graslandschaften geschädigt und ausgetrocknet sind, gibt es eine wachsende Gruppe von Spezialisten, die das Land heilen: Judith Schwarz, Nicole Masters, Chris Henngeler, John Liu, Brock Dolman, Christine Jones, Charlie und Tanya Massy, Hui-Chun Su, Dianne und Ian Haggerty und Hunderte andere.[26] Durch den Einsatz von Pflanzenfressern, Grasstreifen, Schlüsselbegrünung, speziellen Geräten zum Walzen oder Formen von Pflanzenresten, natürlichen Materialien, die der Erosion vorbeugen und die Wasserinfiltration verbessern, mikrobiellen Brühen, komplexen Fruchtfolgen, Feuerökologie sowie einer ganzen Reihe weiterer Mittel und Verfahren behandeln sie die Landverödung und die Krankheiten des Bodens. Abraham Lincoln prägte jenen Begriff, der auch auf die moderne Landwirtschaft zutrifft: *bass-ackwards* (völlig verdreht). Pflanzenzüchter haben ein Jahrhundert damit verbracht, Saatgutsorten zu entwickeln, die in erschöpften Böden wachsen, wo sie sich doch auf deren Wiederbelebung hätten besinnen sollen.

Die regenerative Landwirtschaft hingegen beruht auf einer einfachen Maxime: Schaffe mehr Leben, ober- wie unterirdisch, Schritt für Schritt. Bodenanalysen verraten viel über den Boden, aber das tun auch die Unkräuter. Ihr Wildwuchs deutet auf Störungen im Unterboden hin – eine Folge der fehlgeleiteten Dynamik, die ihm zugrunde liegt. Landwirte, die regenerative Weidetechniken anwenden – wie auf der bekannten, gut 12 000 Hektar großen Weizen- und Schaffarm der Haggertys in Western Australia –, berichten, dass einheimische Nutzpflanzen, die Jahrzehnte vorher verschwunden waren, wieder zum Vorschein kommen. Die weltweite Gemeinschaft der Landwirte, die ökologische Agrarwirtschaft betreiben, erhält ihre Lehren von Land, Boden und Feldfrüchten. Das Wissen wird geteilt unter Kollegen und allmählich auch in die Unterrichtspläne von Landwirtschaftsschulen aufgenommen.

Einst dehnten sich die Hochgrasprärien Nordamerikas von Kanada bis Oklahoma und quer durch den Mittleren Westen aus.[27] Diese rund eine Million Quadratkilometer waren das Zuhause für Bisons, Elche, Rehe und Antilopen. Sie waren besiedelt von Kräutern, Bartgräsern, Indianergras, Rutenhirse und weiteren mehrjährigen Pflanzen, die fast zwei Meter in die Höhe wuchsen und deren Wurzeln eineinhalb bis viereinhalb Meter in die Tiefe reichten. Die Böden bildeten eine klebrige, kohlenstoffreiche Substanz namens *Glomalin* heraus. Sie verband die Böden miteinander, die mehr Kohlenstoff aufnehmen konnten als jeder andere Wald auf der Erde. Diese außergewöhnliche Anhäufung von Kohlenstoff brachte den fruchtbarsten Boden der Welt hervor, *Mollisol* genannt.[28] Wie Nicole Masters treffend ausführt, war es nicht ein Truck mit Düngemitteln, der den 60 Millionen Bisons hinterherfuhr, um die reichhaltigste, dunkelste und tiefste Muttererde auf dem Planeten zu erschaffen.

Vierzehn
Unübersetzbare Welt

> Unternimm eine Reise, die dich wegführt von den blendenden Himmeln der Stadt, und lass deine Augen sich an die Dunkelheit gewöhnen. Beobachte, wie Tiere mit glänzenden Augen aus ihren Schlupfwinkeln hervorkommen und ihre Silhouetten vorüberziehen. Nimm wahr, wie die Düfte der Pflanzen sich verändern, lausche, wie die neuen Geräusche den Raum auszufüllen beginnen.[1]
>
> Johan Eklöf

Der wichtigste Landwirtschaftsbetrieb der Welt baut keine Nahrungsmittel mehr an. Charlie Burrell und Isabella Tree, Besitzer eines gut 1400 Hektar großen, aber verlustreichen Gutes im englischen Sussex, bekannt als Knepp Estate, mussten 1999 das Handtuch werfen. Es ging um den Lehmboden. Für den Sussex-Lehm gibt es Dutzende abfällige Begriffe, darunter *slub* (Klumpen), *gawm* (pappige Substanz), *gubber* (Schmutz), *sleech* (Schlamm) und *pug* (klebriger Ton). Einmal verschluckte dieser Matsch im Winter ein Pferd und seinen Reiter bis zum Hals. Ab Juli verwandelte er sich in Zement. Manchmal vergingen sechs Monate, ehe die beiden das Land bearbeiten konnten. Zugleich kämpften sie darum, die wirtschaftlichen Probleme zu überwinden. So kamen Methoden der intensiven Landwirtschaft zur Anwendung: neue Maschinen, teure Düngemittel, ausgeklügelte Pestizide und hochmoderne Melkstände. Obwohl sich die Ernteerträge erhöhten und die Milchprodukte zu den zehn besten des Landes zählten, erwies sich der Sussex-Lehm doch als stärker. Die Verluste häuften sich. 2000 trafen sie schließlich eine Entscheidung, die seither in der gesamten Welt des Naturschutzes nachhallt: Sie ließen das Gut verwildern.

Sowohl Burrell als auch Tree sind Naturforscher und Gelehrte, Isabella zudem eine preisgekrönte Autorin und Umweltschützerin. Gemeinsam reisten sie mehrmals in den afrikanischen Busch, in dem Charlie aufgewachsen war.[2] Durch den ganzen Kontinent zogen sich schrankenlose Landschaften mit einer Fülle von Wildtieren – ohne Zäune, Maschinen, Straßen und Ackerbau. Der Kontrast zwischen den kargen, von industrieller Landwirtschaft geprägten englischen Lowlands und den üppigen, vielfältigen Serengeti-Ebenen, wo es von Wildtieren wimmelte, war flagrant. Das führte Charlie zu der Frage: Konnten sie auf Knepp Estate nachahmen, was sie in Afrika vor Augen hatten, und den natürlichen Prozessen freien Lauf lassen?[3] Würden frei grasende, nicht domestizierte Tiere Habitate und der Savanne ähnliche Lebensformen auf ihrem Anwesen hervorbringen? Nachbarn, Naturschützer und örtliche Behörden waren von der Idee keineswegs begeistert.

Die beiden wurden inspiriert von der Arbeit des Biologen Frans Vera, einem niederländischen Naturschützer, der eine neue, kontrovers diskutierte Theorie der Landschaftsentwicklung in Europa aufgestellt hatte.[4] Lange Zeit ging man davon aus, dass intakte Primärwälder unverzichtbar seien, um einer schwindenden Biodiversität entgegenzuwirken. Für Vera hingegen bestand »unberührte Natur« aus offenen Waldlandweiden, die von frei grasenden Tieren geformt werden, nicht aus Märchenwäldern von Schneewittchen und den Brüdern Grimm. Statt dass Primärwälder geschützt, sollten grasende Säugetiere in Wald, Wiesen und Auen zurückgebracht werden. Vera war davon überzeugt, dass die Symbiose von Waldland und Weiden ein hohes Maß an biologischer Vielfalt zur Folge habe und dass die Anwesenheit grasender Tiere immer schon der Katalysator für die Schaffung von Lebensräumen gewesen sei. Ohne frei laufende Tiere »hat man verarmte, statische, monotone Lebensräume mit rückläufigen Arten. Das ist der Grund, warum so viele Bemühungen um Naturschutz scheitern.« Damals war Veras Auffassung ketzerisch, und für zahlreiche Naturschützer ist sie es weiterhin.

Im Jahr 2000 stellten Charlie Burrell und Isabella Tree den Hofbetrieb ein, verkauften das Vieh und die Maschinen. Anschließend brachten sie Tiere herbei, eng verwandt mit Arten, die einst Großbritannien und Europa bevölkert hatten. Nachdem die meisten Zäune im Innenbereich entfernt und jene an der äußeren Grenze verstärkt worden waren, kamen Damwild, Englische Langhornrinder, Exmoor-Ponys und Tamworth-Schweine mit Ferkeln auf das Anwesen. Dieses Quartett stellte die nächsten Verwandten des ausgestorbenen Auerochsen, des Tarpans (ursprüngliches Wildpferd in Europa, 1887 zuletzt gesehen), des Wisents (europäischer Bison, in den 1920er-Jahren fast ausgerottet), des Elchs und des Wildschweins dar. Die Tiere konnten sich frei bewegen. Es gab weder zusätzliches Futter noch irgendwelche Eingriffe von außen. Biber, Hirsche und Rehe kamen später hinzu. Da Nachbarn und Regierung jedoch keine Spitzenprädatoren wie Wölfe, Vielfraße oder Luchse in der Gegend duldeten, mussten überschüssige Tierbestände in den anwachsenden Herden fortlaufend erlegt werden.

Isabella Tree hat den unerwarteten Ausgang dieses Renaturierungsexperiments brillant erzählt in ihrem Buch *Wildes Land.*

Die Rückkehr der Natur auf unser Landgut, das in Großbritannien auf Platz 1 der Bestsellerliste stand, sowie in dem neueren *The Book of Wilding* (*Das Buch vom Wilding. Eine praktische Anleitung zum Rewilding im Großen und im Kleinen*), gemeinsam verfasst mit Charlie Burrell. Knepp Estate wurde zu einem beeindruckenden Zeugnis dafür, dass Burrells Afrika wiederaufleben konnte und dass Veras Theorie über die Landschaftsentwicklung in Europa zutraf.

In dem Maße, wie das Anwesen sich veränderte, traten immer mehr Arten in Erscheinung. Die für Isabella Tree kostbarste Ankunft war das sanfte, wohlklingende Gurren der Turteltaube, das heute in Großbritannien nur noch selten zu hören ist. Von einer Population, die in den 1960er-Jahren etwa 250 000 Exemplare umfasste, sind schätzungsweise 5000 übrig geblieben, weniger als 200 Paare in der Grafschaft, die Knepp Estate umgibt. In Europa werden jedes Jahr eine Million Turteltauben während ihres Frühjahrszuges von Jägern abgeschossen. Der zahlenmäßige Verlust in Großbritannien resultiert zudem aus der Verwüstung der englischen Landschaft durch Unkrautvernichtungsmittel und Pestizide, aus Pflugarbeiten sowie fehlenden einheimischen Pflanzen und Heckenreihen. Im ganzen Land verschwinden viele andere Feld- und Wiesenvögel aus Mangel an Nahrung und sicheren Nistplätzen. Wachteln, Kiebitze, Feldlerchen, Feldsperlinge, Goldammer und Hänflinge brauchen Insekten, keine Pestizide.

Das Geheimnis von Knepp Estate besteht darin, der Natur nicht im Weg zu stehen und ihr die Verantwortung für sich selbst zu übertragen. Isabella Tree schreibt: »Renaturieren – der Natur den Raum und die Möglichkeit geben, sich zum Ausdruck zu bringen – ist hauptsächlich ein Sprung ins Ungewisse. Dazu gehört, vorgefasste Meinungen aufzugeben, sich einfach zurückzulehnen und zu beobachten, was passiert.«[5] Während der Zugfahrt zu ihrem Anwesen blickte ich durchs Fenster auf Weiden mit jenem verräterischen bläulich grünen Schimmer, den chemische Stickstoffdünger hervorrufen. Heckenreihen waren kaum zu sehen. Bei meiner Ankunft auf dem Gut umgab mich ein ganz besonderer Duft – dieser unbeschreibliche Wohlgeruch von Erdreich, Gräsern, Blumen, Wiesen und Waldland. Wie ich hörte, hatte 2019 ein dort ausgesetzter Weißstorch auf einem der Schlosstürme genistet.[6] Das geschah zum ersten Mal seit 1414, als Großbritannien noch gar nicht existierte. Bei meinem Besuch im Jahr 2023 gab es bereits 20 weitere Nester. Mindestens der halbe Schwarm zog seine Kreise über uns, eine kleine, synchron sich bewegende Formation, im Aufwind mühelos emporschwebend. Die Bezeichnung »Arche« für Knepp Estate ist eine banale Metapher, doch das ist es tatsächlich. Täglich treffen Neuankömmlinge ein, in Scharen, auf Pfoten, mit Flügeln, flatternd und kletternd in den Eichen.

Es kamen nicht nur neue Vogelarten, auch die Zahl derer, die bereits ansässig waren, stieg enorm an: Wacholderdrosseln, Waldschnepfen und Birkenzeisige, im Französischen bekannt als *Cabarets*. Nicht zu vergessen die Feld- und Weidelerchen, die Schnatterenten und die Zwergschnepfen mit ihrem charakteristisch leisen, pfeifenden Geräusch beim Schlagen der Flügel hoch in der Luft. Nach hundertjähriger Abwesenheit kehrten sogar die Raben zurück. Fledermäuse glitten über die Seen, darunter die Zwergfledermaus, die in eine Streichholzschachtel passt.

In Großbritannien hat sich die Zahl der Motten während des letzten halben Jahrhunderts um 88 Prozent verringert. Auf dem Anwesen hier wurden 76 neue Arten gesichtet. Silberreiher, Rohrdommeln, Reiherenten und Waldwasserläufer schlossen sich einer einzelnen Streifengans aus dem Himalaja an, die aus einem privaten Zoo ausgebrochen war. Zu den Gänsen gesellten sich unter anderem Grau- und Nilgänse. Auch die Population der Schmetterlinge unterschiedlicher Arten wuchs explosionsartig an: Sumpfwiesen-Perlmuttfalter, Skabiosen-Scheckenfalter, Feurige Perlmuttfalter, Rotbraune und Große Ochsenaugen, Braune Waldvögel, Ochsenaugen, Schachbretter, Braunkolbige und Schwarzkolbige Braun-Dickkopffalter, Hauhechel-Bläulinge, Kleine Füchse sowie die seltenen und begehrten Großen Schillerfalter.[7] Daneben trillern, rattern und singen Nachtigallen ihre flötenähnlichen Pfeiftöne in den Sommernächten. Grünspechte picken rote Ameisen, insektenfressende Dorngrasmücken krächzen ihren näselnden Gesang hervor, überlagert vom durchdringenden Ruf der Kuckucke. Zur abendlichen Mahlzeit haben sich Prädatoren eingefunden: Greifvögel wie Adler, dazu Wanderfalken, Sumpfohreulen, außerdem Hermeline, Wiesel und Iltisse.

Obwohl Knepp Estate von chemischer Agrarwirtschaft umgeben ist, geschehen auf diesem Stück Land bemerkenswerte Dinge. Charlie Burrells und Isabella Trees Tochter Nancy untersucht für ihre Promotion an der Oxford University Kohlenstoffabscheidungsraten im Boden.[8] Eine kürzlich durchgeführte Messung des Bodenkohlenstoffs im renaturierten Weideland des Anwesens ergab eine jährliche Speicherquote von 3,4 bis 4,8 Tonnen pro Hektar. Annie Leeson, Geschäftsführerin von Agricarbon, einem Unternehmen zur Messung von Bodenkohlenstoff, teilte in einer E-Mail mit, noch nie zuvor habe sie »eine so klare Demonstration von etwas in diesem Umfang oder mit einem solchen Maß an Evidenz irgendwo auf der Welt gesehen«.

Was im Jahr 2000 als Experiment zur Wiederherstellung von Ackerland begann, ist zu einem Wegweiser für die Menschheit geworden. Nach den Worten von Burrell und Tree hatten beide »keine Ahnung, dass Knepp am Ende ein Brennpunkt für viele der drängendsten Probleme von heute sein würde: Klimawandel,

Bodensanierung, Nahrungsqualität und -sicherheit, Bestäubung von Nutzpflanzen, Kohlenstoffspeicherung, Wasserressourcen und -reinigung, Hochwasserschutz, Tierwohl und menschliche Gesundheit«. Knepp Estate zeigt den wesentlichen Weg zum biologischen Wandel der Welt.[9] Das bedeutet nicht, dass Landwirtschaftsbetriebe aufgegeben werden müssten, sondern dass die Regeneration des Planeten zu unseren Füßen liegt – Boden, Tiere und Wildnis. Außerdem wird hier eine ebenso grundlegende wie inspirierende Regel deutlich: Die Natur erholt sich von selbst mit atemberaubender Geschwindigkeit.

Die auf dem Knepp Estate praktizierte Methode wurde nachweislich erprobt in Rumänien, wo man die Europäischen Bisons, bekannt unter dem Namen *Wisente*, 2014 wieder in den Südkarpaten einführte. Wie in Nordamerika waren sie bis zu ihrer fast völligen Ausrottung gejagt worden. Durch kontrollierte Nachzucht und Renaturierung haben sich die Herden vergrößert und zählen nun mehrere Tausend Exemplare. Im rumänischen Tarcău-Gebirge wurde eine frei laufende Herde mit 170 Tieren ausgewildert. Die Regenerationsrate des Ökosystems ist beachtlich. Gemäß den Lehren von Frans Vera verbrachte man die Wisente in ein Gebiet mit Weiden und Waldland.[10] Die grasenden Tiere recycelten Nährstoffe und verstreuten Samen in ihrem Umkreis. Neuere Untersuchungen über den Einfluss der Herde, durchgeführt von Oswald Schmitz, Professor für Ökologie an der Yale University, belegten, dass die Wisente jährlich 61 000 Tonnen Kohlenstoff speichern – das entspricht den Emissionen von 43 000 Kraftfahrzeugen. Infolge der langjährigen Abwesenheit der Wisente waren riesige Mengen Kohlenstoff aus den umgepflügten Weiden freigesetzt worden; ihre Rückkehr bewirkte dann eine rasche Umkehrung der Kohlenstoffemissionen. In der aufgeheizten Debatte über das Klima gelten grasende Tiere gemeinhin als Problem, weil sie Fleisch liefern und Weideflächen schädigen. Der Knepp Estate in Sussex und die Rückkehr der Wisente ins Tarcău-Gebirge erzählen jedoch eine andere Geschichte.

Die US-amerikanische Pflanzenökologin Robin Wall Kimmerer beschrieb einen Botaniker, der einen jungen indigenen Fremdenführer engagierte, um vor Ort genauere Kenntnisse über einen Regenwald zu erlangen.[11] Als sie in die üppige und vielfältige Vegetation eindrangen, erklärte der junge Mann eine Spezies nach der anderen, deren Geschichte, Namen und Verwendung. Der Umfang des Wissens war eine völlige Überraschung für den Wissenschaftler, der ihn zu der Tiefe seines Verständnisses beglückwünschte. Der andere nahm das Lob an, erwiderte jedoch mit gesenktem Blick: »Ja, ich habe die Namen gelernt … aber ich muss noch ihre Lieder lernen.« Der indisch-amerikanische Schriftsteller, Arzt und Wissenschaftler Siddharta Mukherjee verwies auf Kimmerers Geschichte in seinem Buch *Das Lied der Zelle:* »Was der junge Mann beklagt, ist, dass er nicht die Vernetzung der individuellen Bewohner des Regenwaldes gelernt hat – ihre Ökologie, ihre wechselseitige Abhängigkeit –, wie die Wälder als Ganzes agieren und leben … die Lieder, die sich zwischen den Bäumen bewegen.«[12]

Mukherjee hinterfragte die Voraussetzung des Atomismus, einer Weltsicht, die bis zu Antonie van Leeuwenhoeks Entdeckungen von einzelligen Organismen im Jahr 1674 zurückreicht. Der Atomismus beruht auf der Überzeugung, dass die Welt durch die Untersuchung ihrer kleinsten Teilchen, Zellen oder Atome verstanden werden kann. Er bildet die Grundlage der modernen Medizin und den Ausgangspunkt für die Erforschung von Böden, Pflanzen und Tieren. Während die Wissenschaft unvorstellbare Mengen an Informationen über die einzelnen Teile und Bausteine unseres Körpers und der Natur anhäuft, überhören wir leicht das Lied, die ungehörte Symphonie, die unübersetzbare Welt der Wildnis. Ein Lied verbindet die Konturen planetarischen Lebens zu einem verschlungenen, unermesslichen Flechtwerk der Schönheit und der Wahrheit. Für Kimmerer geht es um die Fähigkeit, das Leiden der Menschen, Pflanzen und Tiere mit dem Herzen zu hören. Für die Meeresökologin Monica Gagliano um den Unterschied zwischen der Welt des Denkens und der Welt des Fühlens.[13]

Das Bindeglied des planetarischen Lebens bilden die Tiere.[14] Wir sind eines von ihnen. Die Lieder, die zwischen Flora, Fauna, Wäldern und Pilzen erklingen, sind Ausdruck der Intelligenz. Es würde 45 Millionen Jahre in Anspruch nehmen, die auf der Erde lebenden Tiere zu zählen. Man setze dies in Kontrast zu der Zahl der Tiere, die wir täglich zu Gesicht bekommen. Die Berührungspunkte ergeben sich wahrscheinlich durch Haustiere oder in Stücke geschnittene Teile an der Fleischtheke. Ansonsten haben wir keinen oder kaum Kontakt mit den 3,4 Billionen Säugetieren, Amphibien, Reptilien, Fischen, Vögeln und Insekten.[15] Obwohl man durchaus sagen kann, dass es ihnen so lieber ist, verlieren sie doch zusehends ihre Lebensräume von der Antarktis bis nach Alaska und überall dazwischen.

Gegenwärtig wächst in Unternehmen die Sorge vor »Naturrisiken«. Nach Jahrhunderten exponentiell steigender Habgier ist es beunruhigend, zu sehen, wie lange es dauerte, bis die »Natur« in den Fokus der Geschäftswelt rückte.[16] Doch derartige Bedenken bleiben geringfügig, beschränkt auf die Frage, was mit der Kühlung in Rechenzentren passieren wird aufgrund ihrer Abhängigkeit von sinkenden Grundwasserspiegeln, oder auf Lieferengpässe im Supermarkt, wo es mangels bestäubender Hummeln keine Erdbeeren gibt.

Die Geschäftswelt strebt nach Klarheit, Messwerten, Planungssicherheit. Sie wünscht sich dauerhafte Lösungen für die Klimakrise. Auf der anderen Seite beschreibt uns die US-amerikanische buddhistische Nonne und Schriftstellerin Pema Chödrön als Menschen, die sich in einem untergehenden Boot am Wasser festzuhalten versuchen.[17] Der dynamische und natürliche Fluss des irdischen Lebens ist nicht in Einklang mit unserem Bedürfnis nach Gewissheit und Beständigkeit.

Glücklicherweise befassen sich zahlreiche Nonprofit-Organisationen mit dem Wildleben in all seinen Ausprägungen. Wissenschaftler und Aktivisten durchkämmen die Erde, zählen Populationen, katalogisieren Arten, stellen Habitate wieder her, beklagen die Verluste und machen jene Unternehmen, Landwirtschaftsbetriebe und Regierungsbehörden publik, die Umwelt zerstören. Ihre Arbeit ist heroisch und gleichzeitig erfüllt von Trauer. Wie auch beim Thema Klima versichern die Menschen zwar, dass die Natur ihnen wichtig sei, zumal wenn sie niedlich und kuschelig dargestellt wird, tun aber wenig oder gar nichts, um den sinnlosen Verlusten Einhalt zu gebieten. Liegt das Problem an den Menschen oder an der Kommunikation? Seit 1970 haben sich die Populationen in der Wildnis um 73 Prozent verringert. Laut dem 1992 von den Vereinten Nationen getroffenen Übereinkommen über die biologische Vielfalt sollte die Biodiversität erhalten werden für die »nachhaltige Nutzung ihrer Bestandteile und die gerechte und ausgewogene Aufteilung der Vorteile, die aus der Verwendung genetischer Ressourcen entstehen«. Es ist nicht überraschend, dass 196 Nationen den Vertrag unterzeichnet haben. Er spiegelt eine objektivierende und extraktive Sicht auf den Fluss des Lebens, den Fluss des Kohlenstoffs wider. Doch seit der Unterzeichnung ist eine Vielzahl von Lebewesen verschwunden – ein beschleunigter Massenexodus.[18] Fragen Sie einen Pottwal, Seeotter oder Luchs, ob er ein Bestandteil ist. Indem der Wert der Natur aufgespalten und auf einzelne Teile reduziert wurde, setzte sich die UN-Konvention darüber hinweg, wie Tiere die Bausteine der Lebenswelt zu jenem blauen Planeten verweben, den wir aus dem Weltraum bewundern, aber aus der Nähe missachten.

Der Physiker Werner Heisenberg bemerkte einst: »Was wir beobachten, ist nicht die Natur selbst, sondern Natur, die unserer Art der Fragestellung ausgesetzt ist.«[19] Wenn der Verlust des größten Teils von Lebewesen die Antwort ist, was war dann die Frage? Heisenberg kritisierte den Szientismus – also die Auffassung, dass sich durch Wissenschaft alle sinnvollen Fragen beantworten lassen – als Erkenntnismethode. Die Kommunikation, kognitive Wahrnehmung und Intelligenz bei Pflanzen und Tieren entziehen sich unserem Verständnis. Die unübersetzbare Welt existiert ungeachtet unserer Überzeugungen oder Deutungen. Hannah Arendt beschrieb, dass der öffentliche Platz, die städtischen und ländlichen Räume, wo Leute einander persönlich begegnen, unverzichtbar sind für menschliche Würde und gegenseitiges Verständnis. Das könnte man ebenso über Tiere sagen. Sie sind zu Recht scheu und wachsam. Damit Ökosysteme wiederhergestellt werden können, bedürfen Tiere der Fähigkeit, frei umherzuwandern und zusammenzufinden. Wir müssen ihnen in einer Weise begegnen, die Schutz bietet, respektvoll und freundlich ist.

Biodiversität ist die kontinuierliche Wechselbeziehung zwischen kleinen und großen Tieren, das gesamte System des Lebens in all seinen Verflechtungen, keine bloße Liste seiner »Teile«. Der Tanz des Kohlenstoffs besteht darin, dass jedes Ökosystem auf dem Planeten sich selbst organisiert und immer wieder neu anordnet, Nahrung verzehrt, ausscheidet und wiederverwertet, Räume bewohnt, Höhlen gräbt und Nester baut, bestäubt und bewahrt. Unzählige Lebensformen hegen und pflegen Habitate in Graslandschaften und Feuchtgebieten, auf fruchtbaren Böden, an Bächen und Flüssen wie an Korallenriffen und Mangroven, in Schluchten und Wäldern. Ihr Zuhause *ist* unser Zuhause.[20] Was wir sehen, riechen, benutzen, essen und dringend benötigen, ist letzten Endes Tieren geschuldet – selbst solche Gegenstände wie Spülmaschinen, Brillen, Windeln und das Internet, auch wenn wir das für unwahrscheinlich halten.

Pflanzen wandeln Sonnenenergie um. Tiere wandeln die Energie der Pflanzen um, indem sie diese fressen oder sich von Pflanzenfressern ernähren. Energie ist die Währung des Lebens, in Form von Kohlenstoff übertragen in Zucker, Fette und Proteine. Ökosysteme verschränken Elemente von größeren Energiesystemen. Die Beziehung zwischen Tieren, Vegetation und Pilzen beruht auf Wechselseitigkeit. Dieser Austausch von Energie, dieser wesentliche Zusammenhang, ist die Grundlage des Lebens. Wir sind völlig abhängig von jenen Systemen und unauflöslich mit ihnen verknüpft. Der ungeheure Artenreichtum sorgt dafür, dass die Energie der Sonne auf jeder Ebene absorbiert wird – von der Flechte bis zum Löwen. Wenn Sie ein Video anschauen, in dem Blattschneiderameisen hintereinandermarschieren und zerkleinertes Laub transportieren, so denken Sie daran, dass sie etwa 700 Kilogramm schwere Einkaufstaschen mit Lebensmitteln von ihrem Geschäft im Wald nach Hause tragen. In dieser Hinsicht sind sie wie wir, nur stärker. Wir haben Städte und Metropolen, sie gründen Kolonien mit 10 000 Millionen Bewohnern (Blattschneiderameisen werden in Texas »Stadtameisen« genannt). Wir haben Landwirtschaftsbetriebe, sie kultivieren Nutzpflanzen in Gestalt von Pilzen, die auf Beeten zerkauter Vegetation wachsen. Wir haben Berufungen, sie praktizieren komplizierte Arbeitsteilungen. Billionen von Tieren entwickeln und konstruieren das Gerüst des planetarischen Lebens, doch wir, ein weiteres Tier, räumen sie aus dem Weg, fischen sie ab, pflügen sie zu Tode, rauben ihnen durch Kahlschlag die Biotope, entziehen ihnen so lange das Wasser, bis sie dem Vergessen anheimfallen. Der beiläufige Verweis auf die »Bedeutung« der Biodiversität ist eine kolossale Untertreibung.

Die Verluste sind nicht immer sofort erkennbar. Durch die Ausrottung der Biber in den Vereinigten Staaten wurden mehrere Hundert Quadratkilometer mit Sümpfen, Mooren und Marschen ausgetrocknet. Mit ihnen verschwanden Pflanzen zur Unterstützung der Feuchtgebiete, Weichtiere, Krustentiere, Frösche, Watvögel, Schildkröten, Bisamratten, Käfer, Libellen und Hunderte weitere Arten. Die Hochgrasprärien, die einst ein Drittel Nordamerikas bedeckten, sind auf weniger als vier Prozent geschrumpft. Das sogenannte *Shifting-Baseline-Syndrom* – also das Phänomen sich schleichend verschiebender Orientierungspunkte, anhand derer Menschen ihre Umwelt beurteilen – besagt, dass Menschen allmähliche Veränderungen erst über die Gesamtheit ihrer Lebenszeit wahrnehmen. Wenn es sich nicht um ein aktuelles, einschneidendes Ereignis handelt, bemerkt niemand ein nicht mehr vorhandenes Feuchtgebiet. Die Umgebung, die wir bewohnen, wird als normal akzeptiert, weil es uns an der historischen Perspektive mangelt.

Stellen Sie sich nur einmal vor, dass Tiere mehr über den Planeten wissen als Menschen. Warum sollten sie nicht dazu in der Lage sein? Gibt es eine Ebene der Kommunikation zwischen den Spezies, die unser Verständnisvermögen weit übersteigt? Als Monica Gagliano am letzten Tag ihres Experiments das Great Barrier Reef aufsuchte, wussten die Ambon-Demoiselles, dass sie gekommen war, um deren Leben ein Ende zu setzen. Das ist eine Anekdote, jedoch kein wissenschaftlicher Beweis. Der Vorgang hatte nur in Bezug auf die Fische und die Forscherin eine Bedeutung. Gewiss führt die Wissenschaft zu außergewöhnlichen Wahrheiten, aber nicht zu den einzigen. Die meisten indigenen Kulturen erfahren Tiere und Bäume, ja sogar das Wasser selbst, als lebendige Wesen, als eine Gemeinschaft, der auch sie angehören. Europäische Sieder hielten das für Aberglaube. Indigene Kulturen hingegen wissen, dass es eine Tatsache ist.

1970 trieben Männer mit Schnellbooten und Aufklärungsflugzeugen eine Schule Orcas an den Strand von Penn Cove am Puget Sound, einer Meeresbucht im Nordwesten des US-Bundesstaates Washington.[21] Sie warfen sogenannte »Robbenbomben« mit Perchlorat ins Wasser und schockten die Schule mit 200 Dezibel lauten Druckwellen. Die Jungtiere wurden von ihren Müttern getrennt und nacheinander aus dem Wasser in Netze gezogen, schrille, markerschütternde Schreie ausstoßend. Nie hatten sie Gefangenschaft erlebt oder ihr Körpergewicht außerhalb des Wassers gespürt. Eine Mutter und drei Jungtiere starben. Die Walfänger versuchten die Todesfälle zu verschleiern, indem sie die Bäuche der Orcas aufschlitzten und mit Felsen füllten in der Hoffnung, sie würden untergehen. Das geschah aber nicht. Es war ein Massaker. Eine Schule Orcas ist eine Familie, keine Gruppe. Ein junger Orca, vom ansässigen Stamm der Lummi »Tokitae« genannt, wurde für 20 000 Dollar an das Miami Seaquarium verkauft und dorthin verschifft. Der sechs Meter lange Schwertwal musste 53 Jahre in einem Becken von der Größe eines Hotel-Swimmingpools zubringen, ohne Schutz vor der Sonne. Nach Jahrzehnten von Gerichtsprozessen und Protestaktionen von Stammesgruppen, US-Regierung und Tierschutzorganisationen wurde Tokitae 2023 schließlich freigelassen. Kurz danach starb sie, bevor sie nach Hause zurücktransportiert werden konnte. Für die an der Küste beheimateten Lummi sind Orcas heilig und Bestandteil der Familie – als Eltern und Kinder, Cousins und Cousinen. Es herrschte tiefe Trauer. Ohne Erlaubnis des Stammes wurde Tokitae eingeäschert. Im Rahmen einer privaten Zeremonie verstreuten die Lummi dann ihre Asche in die Salish Sea (dem Meeresgebiet zwischen Vancouver Island und dem Festland). Orcas kamen herbei, um den feierlichen Akt mitzuverfolgen. Einige der Lummi glauben, dass Tokitaes Mutter unter ihnen war. Bekannt unter dem Namen »Ocean Sun« ist sie fast hundert Jahre alt.

Der Begriff *Biodiversität* ist blutleer. Floskeln und Fachjargon über Natur kaschieren Gräueltaten. Aufrichtige Sprache hingegen kann kraftvoll, ergreifend und anregend sein, wenn sie von Meistern gehandhabt wird wie Ralph Waldo Emerson, Robin Wall Kimmerer, Carl Safina, Merlin Sheldrake, Mary Oliver, Barry Lopez, Linda Hogan, David James Duncan und anderen. Das Adjektiv »wild« ruft unterschiedliche Reaktionen hervor. Manche verstehen darunter »wahnsinnig« oder »unbeherrscht«. Dem ist nicht so. Jede und jeder von uns ist wild, im Sinne von ursprünglich, natürlich, authentisch, instinktiv und tief verwurzelt. Die überwältigende Anzahl von industriellen Kräften, die sich gegen die lebendige Welt richten – Pipelines, Minen, Giftstoffe, Pharmazeutika, chemische Landwirtschaft, Trawler, Plastik und dergleichen mehr –, begünstigen Uniformität, Gleichförmigkeit, Wiederholung, Kontrolle, Hierarchie, Macht, Gewalt und sogar Unterdrückung. Das ist nicht wild. Es ist der Tod.

Wild sein ist ein exquisiter Zustand. Wild ist ein Leben zum Wohle anderer Lebewesen. Wild ist nie wahnsinnig. Wahnsinnig ist es, den Planeten mit der Karbonzeit doppelt zu verglasen, die Ozeane durch Kohlensäure zu versauern, unsere Böden zu sterilisieren und dann Samen genetisch so zu verändern, dass sie unsere Dummheit wiedergutmachen. Der Niedergang unseres Heimatplaneten ist ein Ausdruck von geistiger Verwirrung, in der Gedanken und Gefühle derart gestört sind, dass sie keinen Bezug mehr zur äußeren Wirklichkeit haben. Wildheit ist das genaue Gegenteil davon. Sie offenbart sich, wenn Gedanken, Gefühle und Handlungen höchst empfänglich sind für unsere Beziehung zur lebendigen Welt und zu anderen Menschen. Wildheit ist der Grund, warum wir tanzen, singen, schreiben, protestieren, Sport treiben, auf Berge klettern, kopfüber stehen und zu Slam-Poeten werden. So empfinden wir unsere Füße als die Erde, unsere Augen als den Himmel, unser Herz als die Quelle, unseren Atem als die Atmosphäre. Wir sind Bewohner des Planeten. Lasst uns endlich nach Hause kommen.

Es gibt unzählige Organisationen für Umweltschutz und soziale Gerechtigkeit. Sie *sind* wild, gesellschaftliche Organismen, bestehend aus unterschiedlichen, anpassungsfähigen, mitfühlenden, leidenschaftlichen Menschen vor Ort. Man betrachte sie so, wie man einem Schwarm Aale oder Monarchfalter, einer Schar Gänse oder Eichelhäher begegnen würde. So verschafft sich das Königreich des Lebens wieder Geltung im menschlichen Bewusstsein. In einer Zeit, da Angst und Panik die Generationen erfassen, gibt es eine Öffnung.[22] Das Trauma, heute in der Welt zu sein, hat durchaus einen Sinn. Es kommt auf die angemessene Reaktion an. Sie kann entweder zur Abschließung oder zu noch weiterer Öffnung führen. Alexa Firmenich, schweizerisch-schwedische Beraterin und Moderatorin mit den Schwerpunkten Klima und Biodiversität, ist davon überzeugt, dass unsere Traurigkeit und Drangsal eine Heimkehr zu unserem wahren Selbst verheißen, einem Zustand, in dem wir erkennen, wie wunderbar die Welt eigentlich ist. In einer Eröffnungsrede wendete Báyò Akómoláfé das Blatt, indem er sagte: »Wir müssen zulassen, dass wir nicht dauerhaft kompetent genug sind, all die Fragen zu erörtern, die wir untersuchen können, denn Leben und Tod gehen über die reine Dauer hinaus. Achte auf deine Fehlschläge, verdecke nicht, die Risse, begib dich tief in sie hinein. Was immer du tust – versuche nicht die Welt zu einem besseren Ort zu machen; zieh stattdessen in Betracht, dass die Welt vielleicht versucht, dich zu einem besseren Ort zu machen.«[23]

Fünfzehn

Bewusst

Setz dich, sei still und lausche,
denn du bist trunken,
und wir sind am Rand des Daches.

Dschalāl ad-Dīn Muhammad Rūmī

Der dritte Vers des Gedichts »Song of Myself« (»Gesang von mir selbst«) von Walt Whitman lautet: »Denn jedes Atom, das mir gehört, gehört ebenso gut auch dir.« Darin hallen die Traditionen indigener Kulturen nach, deren Verbindungen zu Land, Pflanzen und Tieren unauflöslich sind. Sämtliche Lebensformen – Gräser und Bäume und Früchte, Vögel und Schlangen, Motten und Leoparden – sind Mitglieder ihrer Gemeinschaften. Wie mir von Indigenen erzählt wurde, ist das Wissen der Gemeinschaft der fortlaufende Ausdruck von Mentorschaft. Eltern, Geschwister, vertraute Angehörige und Älteste gewähren Einsichten, die aus der Verwurzelung mit dem Land gewonnen wurden. Es ist keine abstrakte Lehre, sondern eine Erfahrung, Kontinuität, ein Fluss – ökologische Weisheit, über Generationen weitergegeben und immer wieder neu angepasst.

Die heutige Zivilisation hingegen spiegelt einen fast völligen Mangel an Bewusstsein wider. In ihr wird Gemeinschaft *(community)* mit Handelsware *(commodity)* verwechselt und sie beutet sogar sich selbst aus. Ich kenne kein Wort, das eine solch abgrundtiefe Trennung der Menschheit von der Lebenswelt beschreibt. Demgegenüber ist die Klimaschutzbewegung, gebildet von aufrichtigen Menschen, lebendig und wird größer, aber sie kann keinen Erfolg haben, solange wir den Planeten nicht als Lebewesen sehen, ganz genauso wie Flechten, Regenwürmer oder Lemuren. Das Leben muss im Zentrum all unserer Handlungen stehen, sonst werden wir hier nicht mehr lange leben. »Denn jedes Atom, das mir gehört, gehört ebenso gut auch dir.«

Einmal ging ich über ein bisher nicht abgetretenes Stück Land der Wampanoag nahe Cape Cod im Südosten von Massachusetts und folgte einem gewundenen, kaum beschrittenen Feldweg. Als ich um die Ecke bog, standen acht Tiere einander im Kreis gegenüber. Es schien sich um ein Treffen zu handeln, wie bei einer Ratsversammlung. Ich erstarrte. Auch sie waren für einen Moment wie gelähmt. Eingefunden hatten sich eine Hakennasennatter, eine Dosenschildkröte, ein Opossum, ein Kaninchen, eine Weißfußmaus, eine Wühlmaus und zwei Virginiawachteln. Wer konnte, floh mehr oder weniger rasch in die Haselnussbüsche und den Strandhafer, um sich zu verstecken. Die Schildkröte kroch gemächlich davon, wobei ihr lederner Schwanz eine wellenförmige Linie im dichten Staub zurückließ. Ich traute meinen Augen nicht und überprüfte ihre Spuren. Sie waren tatsächlich da gewesen. Aber es gab keine Erklärung für ihre merkwürdige Zusammenkunft. Dieses Erlebnis ist mir im Gedächtnis geblieben. In der Natur machen wir unversehens Erfahrungen, die logisch nicht nachvollziehbar sind. Die natürliche Welt ist das Gegenmittel zu dem Chaos und Wahn, die unsere Kommunikation heimsuchen, ein Heiligtum der Wahrheit.

Ich besitze nicht die Kompetenz, um die Weisheiten, Sitten und Gebräuche der zahlreichen Kulturen, die vor der kolonialen Massenvernichtung die Erde bevölkerten, zu erklären. Ich bin eine europäische Promenadenmischung, deren Gene über die Landkarte verstreut sind, ausgebildet nach traditionellen westlichen Überzeugungen. Kein Ahnenwissen wurde an mich weitergegeben. Immerhin waren meine Großeltern von schottischer, schwedischer, kornischer und elsässischer Abstammung, anständige Leute und ziemlich pragmatisch. Sie waren hauptsächlich Bauern. Mir wurde beigebracht, zu unterscheiden, was funktioniert und was nicht, also praxisorientiert zu sein. Das ist einer der Gründe dafür, warum ich Kulturen besonders schätze, die das Land viel länger bewohnt haben als meine Vorfahren.

Hindou Oumarou Ibrahim, eine Bürgerrechtlerin und Klimaaktivistin vom Hirtenvolk der Mbororo im Tschad, wurde einmal gefragt, ob man in ihrer Kultur bei wichtigen Entscheidungen sieben Generationen im Voraus plane. Der Ausdruck »sieben Generationen« hat seinen Ursprung im »Great Law of Peace« (Großes Gesetz des Friedens) der Haudenosaunee-Konföderation im späten 16. Jahrhundert, als sich fünf indigene Völker in Nordamerika (Onondaga, Oneida, Cayuga, Seneca und Mohawk) zusammenschlossen, um ihre politischen, sozialen und zeremoniellen Grundlagen aufeinander abzustimmen. Wenn sich die 50 Clanführer auf eine Entscheidung geeinigt hatten, wurde sie an die Onondaga zurückverwiesen, damit sie feststellten, ob sie mit dem Großen Gesetz in Einklang war. Dieses bestimmt darüber, inwieweit eine Handlung oder Maßnahme dem Wohlergehen der Gemeinschaft über sieben künftige Generationen nutzen oder schaden wird. Würde sie die vorhandenen Ressourcen verringern und gefährden oder schützen und vergrößern? Man vergegenwärtige sich, dass bei indigenen Völkern eine Generation 70 Jahre umfasst. Pragmatismus bedeutet einen realistischen Umgang mit den Dingen im Hinblick auf das künftige Wohl des Volkes. Es könnte keine zweckdienlichere Vereinbarung geben als das Große Gesetz.

Als Hindou Oumarou Ibrahim die Frage bejahte, auch die Wodaabe würden das Große Gesetz anerkennen, fügte sie eine wichtige Bedingung hinzu: »Wir sind dazu fähig, weil wir uns an sieben frühere Generationen erinnern.« Sie sprach nicht als isoliertes Individuum, sondern als eine Person, die eine dauerhafte Verbindung mit der Vergangenheit unterhält. Doch wie ruft sie sich so weit zurückliegende Entscheidungen und Ereignisse in Erinnerung? Sie tut es nicht, wohl aber ihre Gemeinschaft. Überlieferungen, Lehren und Informationen werden kollektiv bewahrt. Dieses umfassende Gedächtnis ist mit Geschichten, Liedern, Kunstwerken kodiert, die Jahrhunderte zurückreichen. Man führe sich vor Augen, dass die Diné (Navajo) ohne Schriftsprache 700 Insektenarten genau beschreiben konnten. In der westlichen Zivilisation hingegen waren, wenn überhaupt, nur spärliche ökologische Einsichten abrufbar. Die angemessene Beziehung zu Lebewesen wurde nicht gelehrt. Neben der Haudenosaunee-Konföderation, der ältesten Demokratie der Welt, gibt es im Westen keine maßgebliche Institution, die das künftige Heil sämtlicher Lebewesen zu ihrem Grundprinzip macht.

Unsere Spezies, der *Homo sapiens*, verdankt ihre beherrschende Stellung dem Umstand, dass sie in der Evolution erst spät in Erscheinung trat. Wir erwiesen uns als stärker, weil wir gemeinsam Netzwerke bildeten und Probleme lösten. *Sapiens* bedeutet »klug« oder »weise«, ein Attribut, das uns von dem schwedischen Taxonomen Carl von Linné im 18. Jahrhundert verliehen wurde. Angesichts unserer heutigen Situation fällt es schwer, es als gerechtfertigt anzusehen. Die Welt hat, zumal in den Vereinigten Staaten, einen steilen Niedergang in Respekt, Toleranz und gegenseitigem Verständnis erfahren. Der US-amerikanische Sozialpsychologe Jonathan Haidt schreibt: »Wir sind desorientiert, unfähig, die gleiche Sprache zu sprechen oder die gleiche Wahrheit anzuerkennen. Wir sind voneinander ebenso abgeschnitten wie von der Vergangenheit … die weitläufige Zerstreuung von Menschen, die einst eine Gemeinschaft waren.« Können brüchige, auseinandergefallene Gesellschaften wieder zusammengefügt werden? Haidts Kommentare setzen voraus, dass vormals eine Gemeinschaft existiert hat. Doch Kolonialmächte haben 500 Jahre lang Gemeinschaften ausgelöscht. Es wurde kein Unterschied gemacht zwischen Bibern oder Glattwalen, den indigenen Völkern der Taíno oder der Cherokee. Mit den Auswirkungen davon sind wir nun konfrontiert: Wirtschaftskriege, unter Waffen stehende Armeen, brodelnde Ozeane, allgegenwärtige Angst, verheerende Wirbelstürme, nachlassende mentale Gesundheit, unerträgliche Hitze – Symptome des Verlusts von Gemeinschaft.

Billige Glaubenssätze lösen sich auf, wenn sie von der Realität verhöhnt werden. Ich kann mich nicht erinnern, dass Klimawandelleugner, freiwillige Helfer oder Einsatzkräfte bei oder nach einem schweren Sturm, Großbrand oder ähnlichen Unglück über politische oder religiöse Überzeugungen diskutiert haben. Was Menschen zusammenbringt, ist der Wunsch, Nahrung, Wasser, Unterkunft, Wärme, Freundlichkeit und Gemeinschaft zu teilen. Unsere sozialen und ökologischen Systeme sind unauflöslich miteinander verknüpft. Das Scheitern von Politik und Gesellschaft ist eine Aufforderung, uns innerhalb der lebendigen Welt neu zu erfinden.

Ein herausragendes Beispiel für eine nordamerikanisch-indigene Gemeinschaft ist die Black Church (Schwarze Kirche), Repräsentantin einer gläubigen Kultur, die aus der Diaspora der Versklavung hervorging und die Welt durch Führungskompetenz, Literatur, Musik, Tanz, Kunst und Sport verändert hat. 1965 engagierte ich mich in Selma, Alabama, für den Protestmarsch nach Montgomery, angeführt von der Bürgerrechtsorganisation

Southern Christian Leadership Conference (SCLC). Ich war 19, ein weißer Freiwilliger, und spielte nur eine untergeordnete Rolle. Dennoch hat das einen unauslöschlichen Eindruck in mir hinterlassen. Nachdem ich mit 17 ein Jahr durch Europa gereist war, begegnete ich in Alabama einer Kultur, die sich grundlegend unterschied von allem, was ich in den zwölf europäischen Ländern gesehen hatte. Die 1866 gegründete Brown Chapel African Methodist Episcopal Church – von einer jahrhundertealten Gemeinschaft als Kelch der Güte erbaut, von Menschen, die durch Sklaverei, Rassismus und Gewalt verfolgt und entehrt worden waren – bildete das Herz und das Zentrum des Marsches. Die Tage und Nächte davor waren erfüllt von Predigten, Erfahrungsberichten, Gospels und Gesang.

In der Kirche spürte man eine pulsierende, unerschütterliche Entschlossenheit, den Rassismus in all seinen Ausprägungen zu überwinden. Diese Beharrlichkeit wurde noch dadurch verstärkt, dass die Landespolizei von Alabama vier Wochen zuvor in einem nahe gelegenen Café den unbewaffneten Diakon der Baptistenkirche Jimmie Lee Jackson geschlagen und erschossen hatte – ein weiterer Lynchmord. Von den Bänken auf der Empore sah ich, wie die Gemeindemitglieder fasziniert waren von Pastoren wie Martin Luther King Jr., James Bevel und Andrew Young. Deren Rhetorik war spontan, wortgewandt und mitfühlend. »Wir dürfen nicht verbittert sein und wir dürfen keine Gedanken an gewaltsame Vergeltung hegen. Wir dürfen nicht den Glauben an unsere weißen Brüder verlieren«, betonte King in seinem Nachruf auf Jimmie Lee Jackson. Noch nie hatte ich solche Bekundungen unbeirrbaren Glaubens beobachtet – die Amen und Hallelujas, die nickenden Köpfe und hochgehaltenen, hin- und hergeschwenkten Hände. Im Raum waren Trauer und Schmerz, aber auch Freude und Vergebung. Da waren Gnade und Standhaftigkeit. Und es gab Gesang, jene Art von Kirchenchor, die später Aretha Franklin, Whitney Houston und Jennifer Hudson hervorgebracht hat. Es war eine Gemeinschaft, wie ich sie bis dahin nie erblickt oder mir vorgestellt hatte. Ich war ein Weißer in der Kirche. Die anderen wussten nicht, wer ich bin, doch sie hießen mich freundlich willkommen. Die Zeremonie war nicht vergleichbar mit den Totenmessen, um die ich mich als Messdiener in der St. Mary's Catholic Church in Oakdale, Kalifornien, gekümmert hatte. Gemeindemitglieder in der Brown Chapel waren verhöhnt, erniedrigt und verunglimpft worden. Ich vermute, die meisten der anwesenden schwarzen Männer haben irgendwann im eigenen Leben vor den Augen ihrer Ehefrauen und Kinder Missbrauch und Demütigung durch weiße Männer von Selma erfahren. Ebenso waren gewiss Mütter zugegen, die in Krankenhäusern ihre entstellten Söhne besucht hatten, denen nichts anzulasten war, außer dunkelhäutig zu sein. Dennoch nahm ich keinerlei Ausdruck von Schuldzuweisung, Rachsucht oder Selbstmitleid wahr. Ich sah nur eines: Würde.

Nun denke ich an die damaligen Ereignisse in der Brown Chapel zurück, weil sie Fragen aufwerfen: Was bedeutet es, ein Mensch zu sein in einer Zeit, da das Gewebe des Lebens zerrissen wird? Wer sind wir und wozu sind wir fähig? Werden *wir* heute zur Tat schreiten? Oder hoffen wir, dass jemand anderes etwas unternimmt? Meines Erachtens verstehen die meisten Menschen nicht, welchen planetarischen und sozialen Gefahren wir ausgesetzt sind. Und selbst wenn sie es wüssten, würden sie wohl deren Ursachen nicht verstehen. Können in dem zunehmenden Chaos ringsum mitfühlende, kluge und wirksame Aktionsgemeinschaften entstehen? Bekanntlich war Einstein davon überzeugt, dass die wesentliche Frage für die Menschheit laute, ob das Universum ein freundlicher Ort ist oder nicht.

Wo bewahren wir die fragilen, flüchtigen Geschenke unseres Lebens auf? Bei denen, die die Wahrheit aussprechen, die authentische Verbindungen zu der Gesellschaft und anderen Lebewesen herstellen, Menschen zusammenbringen, bereit, den rohen, unaufhörlichen Kränkungen zu widerstehen, die von Gewehren und Scheckbüchern, Unternehmens- und Regierungspolitik ausgehen? Diejenigen, die angesichts des Zustands der Welt keine Trauer empfinden, sind innerlich verarmt, denn die Trauer ist ein Maß der Liebe. Die verstorbene US-amerikanische Dichterin Mary Oliver räumt ein, dass ein Leben ohne Liebe zwar möglich sei, aber »es ist keinen verbogenen Penny wert noch einen abgewetzten Schuh. Es ist nicht den Kadaver eines Hundes wert, der seit neun Tagen unbegraben daliegt.«

Wie können die Wahrheiten der Lebenswelt geteilt werden, wenn die meisten Menschen in Städten wohnen und die Natur in ihrer Umgebung nicht unmittelbar erfahren? Neben Ärzten und Heilern gibt es zum Glück Menschen, die ihr Leben dem Wissen und Verständnis widmen, das uns fehlt. Sie sind weiter verbreitet, als man denken könnte – Wissenschaftler, Naturforscher, Vogelbeobachter, Landwirte, Lateinamerikaner, Afroamerikaner und indigene Bürger rund um die Welt. Sie möchten ihre Einsichten teilen und vermitteln. In dieser Situation sind wir also nicht allein. Wer sich der lebendigen Welt zuwendet, dem wendet sie sich zu.

Unter uns befinden sich Hüter der Weisheit, deren Kulturen auf Wechselseitigkeit gründen. Wo diese überwiegt, zieht jeder Nutzen daraus. Andernfalls herrscht extreme Ungerechtigkeit. Tausende von indigenen Gemeinschaften, die man als Feinde behandelte, die maßlose Brutalität und Grausamkeit ertragen mussten, die von dem Land vertrieben wurden, auf dem sie über mehr als 50 000 Jahre ununterbrochen gelebt hatten, beanspruchen jetzt ihren rechtmäßigen Platz als Vorläufer einer respektvollen und regenerierenden Weisheit. Daher ist es lehrreich, mit Menschen zu sprechen, die Jahrhunderte apokalyptischer Unterdrückung durch Siedler und Kolonisatoren durchgemacht haben. Indigene Kulturen wurden massenweise ausgelöscht, ihres Bodens, ihrer Kinder und ihrer Sprache beraubt. Im heutigen Namibia konnte man bis 1936 eine Jagdlizenz erwerben, um Mitglieder der San zu töten. Dennoch überlebten sie, weil das Prinzip der Wechselseitigkeit in ihre täglichen Aktivitäten eingebunden war. Dazu gehörten gesunde Ernährung, Rituale, Selbstreflexion, Aufrichtigkeit, Gerechtigkeit, harte Arbeit, Respekt gegenüber Älteren, Liebe zu Kindern und nicht zuletzt auch Humor. Die San hielten durch dank der Handlungen ihrer Ahnen. Sie sind weiterhin da, weil sie Wissensformen verkörpern, die in gemeinsamen Werten wurzeln. Indigene ökologische Weisheit ist weitaus bedeutsamer als das, was auf dem jährlich stattfindenden Weltwirtschaftsforum vorgetragen oder bei den Vereinten Nationen beraten wird. Um es deutlich zu sagen: Die Lehrmeister, die wir brauchen, sind weder in Davos noch in New York City, sondern hier bei uns.[1]

Die Flut beunruhigender Informationen über die Zukunft ist schwindelerregend und niederschmetternd. Der gesamten lebendigen Welt wurde großer Schaden zugefügt. Chief Oren Lyons, Glaubenshüter der Onondaga, beschrieb eine Prophezeiung, der zufolge eine Zeit komme, in der die Erde biologisch degeneriert und der Zweck der Menschheit verloren gegangen sei. Zwei Zeichen deuteten darauf hin. Zum einen werde der Wind wehen und heulen wie nie zuvor, die Hülle der Erde zerschlissen und zerfetzt durch die Aktivitäten der Menschen. Zum anderen seien die Kinder betroffen, die vernachlässigt und im Stich gelassen würden. Ist das noch eine Prophezeiung oder nicht schon Realität?

Die meisten von uns drehen den inneren Regler herunter, um im Alltag zu funktionieren. »Bewusstsein, das große Gedicht der Materie, wirkt so unwahrscheinlich, so unmöglich und dennoch sind wir hier mit unserer Einsamkeit und unseren riesigen Träumen«, schreibt die US-amerikanische Schriftstellerin Diane Ackerman. Die Menschen spüren, dass gerade etwas Bedeutsames vor sich geht. Dies bestätigt Barry Lopez, US-amerikanischer Autor und Ethnologe: »Wir merken, dass wir an der Schwelle zu etwas Unbestimmtem, aber Außergewöhnlichem stehen … Etwas Großes liegt in der Luft und wir fühlen es … Wir wissen, dass wir, wenn wir hier ein wahres Zuhause schaffen wollen, eine gewaltige Anpassung vornehmen müssen. Wir müssen uns einander zuwenden und empfinden, dass dies möglich ist.« Von daher empfiehlt er: »Wenn Sie sich davor fürchten, was in Zukunft geschehen könnte, so finden Sie eine Person, die Sie respektieren und die nicht aus Angst handelt.«[2]

Sollten auch Sie sich überfordert fühlen, dann lesen Sie die Biografie der US-amerikanischen Vorkämpferin der Sklavenbefreiung Sojourner Truth oder die des Gründers der US-amerikanischen Landarbeitergewerkschaft César Chávez. Falls Sie glauben, ein freundliches, höfliches und respektvolles Verhalten sei wirkungslos, so lauschen Sie der britischen Verhaltensforscherin Jane Goodall und der bereits genannten Robin Wall Kimmerer. Wenn Sie sich nutzlos vorkommen, dann betreuen Sie ein Kind, versorgen Sie ein verletztes Tier, geben Sie den Hungrigen zu essen. Und wenn Sie es überdrüssig sind, der Hoffnung hinterherzujagen, so lesen Sie *Original Instructions* (Ursprüngliche Anleitungen) von Melissa Nelson, einem Mitglied der Turtle Mountain Band vom Volk der Chippewa. Gehen Sie nach draußen, ins Offene, damit sich Ihr Denken nicht verschließt. Ersetzen Sie digitale Aufmerksamkeit durch direkte Erfahrung.[3] Berühren Sie

Dinge. Pflegen und wiederbeleben Sie einen verwahrlosten Randstreifen, ein verschmutztes Stück Land, ein Habitat, Ihren Hinterhof, eine Beziehung.[4] Während wir die Bastille unternehmerischer Ignoranz und politischer Korruption stürmen, können Sie in Ihrer Umgebung einheimische Pflanzen einsetzen, die Bestäubern und Vögeln als Nahrungsquelle und Unterschlupf dienen. Lernen Sie deren Namen und Geschichten kennen.

Der US-amerikanische Autor Wendell Berry rät dazu, frohgemut zu sein, auch wenn wir all die Fakten kennen. Obwohl die Menschheit mit etwas konfrontiert ist, was wie eine unüberwindliche Endphase erscheint, die durch Unwissenheit, Feindseligkeit und Gier herbeigeführt wurde, leben wir zugleich in der großartigsten Zeit unserer Geschichte. Unruhe und Chaos sind der Nährboden für Erneuerung. Verblüffende Durchbrüche ergeben sich gerade aus Zusammenbrüchen, ermöglichen bislang ungewohnte Sicht- und Handlungweisen, die ganze Scharen von Menschen zu neuem Leben erwecken. Das Geschenk, das im Kern zahlreicher Krisen ruht, ist ein wiederentdeckter Zweck. Jede und jeder von uns sehnt sich nach einem sinnerfüllten Leben. Die Regeneration der Welt ist eine Reise in das Reich der Möglichkeiten. Vielfältige Perspektiven eröffnen sich. Die unterschiedlichen Stimmen, sozialen Organismen und Einrichtungen, die jetzt überall hervortreten, proben die Zukunft. In dem Moment, da ich diesen Satz schreibe, flattert ein Schwalbenschwanz durchs Fenster, fächelt mit den Flügeln anmutig die Luft über der Tastatur und fliegt dann weiter.

Veränderung und Staunen, Zweifel und Angst gehen Hand in Hand. Dies ist das namenlose Zeitalter. Es wurde vorhergesagt, aber das Schicksal der Prophezeiung offenbart sich meist darin, dass sie ignoriert wird. Jene molochartigen Institutionen, die Wasser vergiften, Land verwüsten und Menschen zugrunde richten, können nicht überdauern. Von oben herab angeordnete Unternehmenslösungen, das Leben auf der Erde zu retten, mögen gut gemeint sein, werden jedoch scheitern, denn die Natur agiert nicht von oben herab.

Ein Anfang ist nahe, eine Schwelle, und so auch ein Ende. Unweigerlich beginnt die bedeutsame Veränderung mit einer Person, einer Idee, einem Bestreben, einem kühnen Traum. Einzigartigkeit ist das Geburtsrecht jedes Menschen – und zugleich der Same der Gemeinschaft. Säen Sie ihn und achten Sie darauf, was passiert. Pessimismus und Trübsinn sind Spinnweben, entfernen Sie sie. Wir sehnen uns nach einer Wiederannäherung an Mutter Erde, vom britischen Zoologen und Ökologen Stephan Harding beschrieben als »die große und geheimnisvolle ursprüngliche Intelligenz, die unaufhörlich alles zur Welt bringt, alles am Leben erhält«.[5] Dank dieser reichhaltigen Hülle des Lebens atmen, essen, trinken und lieben wir. Bewahren wir sie oder geht sie uns verloren? Man kann nicht gleichzeitig zaghaft und wagemutig sein, also müssen wir uns entscheiden. Besinnen Sie sich auf das, was vor Ihnen liegt. Gestatten Sie sich, auch einmal zu scheitern. Lassen Sie Platz für Schwächen, Humor, ja Kichern. Finden Sie ebenso stärkende wie erholsame Momente, in denen Sie singen und tanzen können, damit die Natur nicht »vor leeren Rängen spielt«.[6]

Nicht Überzeugungen ändern unsere Handlungen, sondern Handlungen ändern unsere Überzeugungen. Vielschichtige Realitäten beginnen mit einfachen Aktivitäten – Bezauberung, Demut, Respekt, Fantasie und nie nachlassende Dankbarkeit –, die eine größere Offenheit gegenüber allem Lebendigen bewirken. Die Ökologin Monica Gagliano schlägt vor, dass wir aufhören, Gott zu spielen, und stattdessen die Rolle von Geburtshelfern einnehmen. Wir können den Planeten nicht retten, das wird er schon selbst tun, wohnt ihm doch die wundersame Fähigkeit zur Regeneration inne. Dagegen sind wir aufgefordert, die ursprüngliche, lebendige Welt vor unseren Augen zu würdigen. Sie ist im eigentlichen Sinn unsere nächste Verwandte.

Wo immer Sie sich gerade befinden, üben Sie den stärksten Einfluss aus. Nirgendwo sonst liegt die Macht des Handelns. Grundlegende Menschenrechte müssen eingehalten, wesentliche Bedürfnisse gestillt werden. Jede und jeder Einzelne auf der Erde kommt zuerst; es gibt keine Zweiten. Wiederbeleben, ehren und fördern Sie die wilden und verschwenderischen Lebensformen, die uns mit ihrer Pracht und Anmut für alle Zeit in Erstaunen versetzen. Die Bewegung zur Wiederherstellung des Lebens auf der Erde ist keine Reparaturarbeit. Sie ist transformativ, eine völlig neue Erfahrung unserer selbst, erfüllt vom instinktiven Bewusstsein, dass unser Leben mit dem jedes anderen Wesens auf dem Planeten engstens verknüpft ist. Unser Ziel und unsere Belohnung sind ein und dasselbe – die unwiderrufliche Verbindung zu allen Wesen abermals zu erfahren und auf sämtlichen Daseinsebenen zum Ausdruck zu bringen. Das ist unser einziger Weg nach vorn in Richtung Zukunft.

Dank

Die Niederschrift eines Buches ist ein Prozess, bei dem man Material sammelt, anderen Stimmen lauscht, Fragen stellt, liest und beobachtet. Ein Kern formt sich, ein vorläufiger Titel vielleicht und aus der Vorstellung entsteht ein Keim, der sich allmählich abgrenzt und zu einer Struktur mit vernetzten Informationsströmen entwickelt. Die Bestandteile des Buches mögen sich dann zu einem Ganzen fügen, aber der Erfolg ist niemals gewährleistet. Eine solche Arbeit kann ein Jahr dauern – oder auch ein Jahrzehnt. Meine Bücher beginnen mit der Neugier, dem Wunsch, Entdeckungen zu machen. Sie entspringen weder der Fachkenntnis noch einem umfangreichen Vorwissen. Auch das vorliegende Buch handelt nicht von dem, was ich weiß. Aber ich hoffe inständig, dass es darüber spricht, was allgemein bekannt ist. In dem Zusammenhang spielen Beziehungen eine entscheidende Rolle. Daher ist diese Danksagung ein Ausdruck tiefer Dankbarkeit gegenüber Schriftstellern, Dichtern, Gelehrten, Lehrern, Freunden und Träumern, die mein Leben geprägt und mein Denken bereichert haben.

An erster Stelle stehen Joe Spieler, mein langjähriger Agent – eine vertrauenswürdige, geduldige und weise Seele –, der mich nie unter Zeitdruck setzte, sowie mein skurriler, umfassend gebildeter Lektor Rick Kot, der nie an meiner Entschlossenheit zweifelte. Der Vertrag zu diesem Buch wurde von Rick bereits vor mehr als zehn Jahren unterzeichnet. Die Veröffentlichung verzögerte sich jedoch aufgrund meines Wunsches, zunächst zwei andere Bücher zu verfassen: *Drawdown. The Most Comprehensive Plan Ever Proposed to Reverse Global Warming* (deutsche Ausgabe: *Drawdown – der Plan: Wie wir die Erderwärmung umkehren können*) und *Regeneration: Ending the Climate Crisis in One Generation*. Während dieses langen Zeitraums blieben Joe und Rick stets gelassen und zuvorkommend. Es ist mir eine Freude, ihr Vertrauen in mich zu würdigen. Beide Männer sind Refugien der Gelehrsamkeit und der Freundlichkeit.

Desgleichen verbeuge ich mich in Dankbarkeit vor Allison Lorentzen samt ihrem Team bei Viking Press. Mühelos übernahm sie die redaktionellen Verpflichtungen, als Rick sich in den Ruhestand verabschiedete. Ich fühlte mich in jeder Weise unterstützt durch ihre Kompetenz und ihren Glauben an das Buch.

Inniger Dank gilt den Mitgliedern meiner Familie, Palo Hawken, Anastasia Hawken und insbesondere denjenigen, die direkt beteiligt waren: meiner geliebten Ehefrau Jasmine, Tochter Iona und Sohn Jonathan. Ich war gesegnet durch ihren unerschütterlichen Beistand. Manchmal gerate ich ins Wanken und hinterfrage den Wert meines Schreibens. Sie haben das nie getan.

Darüber hinaus wurde ich durch einige außergewöhnliche Freunde innerlich bewegt und beflügelt: Jedes Mal, wenn ich David James Duncan sprechen höre oder seine Arbeiten lese, lehrt er mich, wie ich zu schreiben habe. Von ihm lernte ich, mich auf das zu konzentrieren, was wirklich wissenswert ist. Jenseits des »Wissens« erinnert er mich daran, nie zu vergessen, dass es – mit den Worten des indischen Dichters Khwaja Mir Dard – keinen Mangel an Engeln unter uns gibt.

Ich kann den Einfluss von Barry Lopez gar nicht genug hervorheben und nicht annähernd zum Ausdruck bringen, wie viele Menschen, die darum bemüht sind, die Welt der Natur wiederherzustellen und zu würdigen, ihn nach wie vor schätzen und schmerzlich vermissen. Seine Bedeutung wird künftig immer weiter wachsen.

Ich fühle mich geehrt durch die Nähe meiner Nachbarin Melissa Nelson von der Turtle Mountain Band der Chippewa-Indianer. Ihr kluger Rat verströmt die aufsteigende Lebensenergie und Weisheit der amerikanischen Ureinwohner. Außerdem werde ich bereichert durch meinen lieben Freund Anthony James, der sich in seinen Podcasts frohgemut einen Weg durch die Zwangslagen bahnt, die heute auf der Erde vorherrschen. Ich werde aufgemuntert von Alexa Firmenich, die äußere und innere Landschaften unserer geplagten Zivilisation so wortgewandt miteinander verbindet. Ich werde verblüfft durch Javier Peña, meinen spanischen Bruder, der aus tiefem Wissen, fürsorglicher Entschlossenheit und mit arglosem Charme unermüdlich Millionen von Menschen zum Handeln anspornt. Und ich empfinde nie endenden Respekt vor Chhaya Bhanti, einer erstaunlich effektiven Aktivistin, die in Nordindien die Ökologie von Energie, Wasser und Landwirtschaft grundlegend verändert.

Die herausragendste Person, die ich auf dem Gebiet der Regeneration kenne, ist Damon Gameau in Australien. Als ebenso großartiger wie engagierter Filmemacher besitzt er die bemerkenswerte unübertroffene Fähigkeit, durch seine Geschichten eine Gemeinschaft zu bilden, Wissen aufzubauen und Aktionen zu initiieren. Jahrzehntelang hat mein Freund Van Jones, dessen Weisheit ständig an Bedeutung und Tiefe gewinnt, einen nachhaltigen Einfluss auf mich ausgeübt. Freudig inspiriert fühle ich mich durch AY Young, den hippesten Sänger der regenerativen Bewegung, der seinem Publikum in einem Konzert mehr gibt, als man sich vorstellen kann. Zugleich schaue ich zur innig geliebten Jane Goodall empor, der weisen Erdältesten, die ihr ganzes Leben dem Wohlergehen anderer gewidmet hat. Sie ist der Leuchtturm auf dem Hügel, auf den die Nadeln in allen menschlichen Kompassen zeigen sollten. Und Báyò Akómoláfés unerschöpflich erfinderischer Geist ruft unentwegt anregende und überraschende Wirkungen hervor, deckt die Grenzen meines Denkens auf und öffnet es. Er verändert jeden Aspekt, jedes Konzept der Moderne, einschließlich der englischen Sprache selbst, und zwar in einer Weise, die einen erstaunt und fasziniert zurücklässt.

Vor allem zwei Personen standen mir auf dieser Reise zur Seite und gingen mit mir durch dick und dünn. Auf Julia Jackson stieß ich, als sie vor Jahren nach einem Vortrag in den Aufenthaltsraum kam und eines meiner Bücher in Händen hielt – mit vergilbten Seitenrändern, Eselsohren und zerfleddertem Einband. Von dem Moment an wurde sie zu einer unbeirrbaren Unterstützerin meiner Arbeit. Zudem verkörpert sie die Rolle, die in anderen Kulturen wohl einer Schamanin zugeschrieben wird – eine ruhige und leise Lehrerin der Nicht-Dualität, die jene irdischen und sozialen Nöte annimmt und lindert, mit denen die Welt konfrontiert ist. Katie Gray wiederum verbringt ihr Leben damit, anderen wieder zu der Einsicht zu verhelfen, dass die Liebe, nach der wir uns sehnen, überreichlich in unseren Herzen zu finden ist. In einer Zeit, da sich viele Menschen von der sozialen und natürlichen Sphäre zutiefst getrennt fühlen, lehrt uns ihre Gegenwart, wie wir nach Hause zurückkehren können.

Es gibt Schriftsteller und Schriftstellerinnen, denen ich vielleicht nie persönlich begegnen werde, die aber mit ihrer ausgeprägten Intelligenz und Gedankentiefe meine Nervenbahnen stimulieren. Dazu gehören Merlin Sheldrake, Andri Snær Magnason, Melanie Challenger, Amitav Gosh, Monica Gagliano, Robin Wall Kimmerer, Peter McCoy, Dara McAnulty, Camilla Pang, Ed Yong, Eric Roston, Carl Zimmer, Fred Provenza, Zoë Schlanger, Stefano Mancuso, Stephen Buchmann und die verstorbene Karen Bakker.

Michael Pollan und David Montgomery, die ich sehr wohl kenne, sind ebenfalls Mitglieder dieser Gruppe.

Mein tiefster Dank geht an Isabella Tree und Charlie Burrell, dass sie mich auf ihrem Knepp Estate beherbergt haben. Ihre Arbeit der Renaturierung ist nicht weniger als spektakulär. Eines Tages werden wir zurückblicken und erkennen, dass ihre ebenso atemberaubenden wie bescheidenen Entdeckungen jenen von Alfred Russell Wallace und Jane Goodall gleichkommen.

An dieser Stelle erweise ich der Kronprinzessin Victoria von Schweden meine Hochachtung für ihre Freundschaft und ihren bedingungslosen Einsatz zugunsten der Umwelt und des menschlichen Wohlergehens.

Die Umschlagabbildung der amerikanischen Originalausgabe dieses Buches ist das Geschenk eines außergewöhnlichen Fotografen und Freundes in Chile, Chris Jordan. Ich habe einige Hundert seiner Bilder auf meiner Festplatte und jedes davon ruft nach einem Buch und einem Cover und verdient es auch. Sie sind einzigartig und ich bin ausgesprochen dankbar dafür.

Toby Kiers, eine Zauberin in der Welt der Pilze, hat mich zu einem ganzen Kapitel inspiriert. Ihre Lebhaftigkeit und ihr Frohsinn können einen für alle Zeit zu einem Pilzliebhaber machen.

Immerzu wurde ich von zahlreichen Freunden unterstützt, einschließlich Haley Melin, Aileen Getty, Tad Buchanan, Liangbing Hu, Alex Lau, Erik Snyder, Josh Felser, Liesl Copland, Adam Parr, Rob Cameron, Peter Coyote, Bill McGlashan, Zana Briski, Alec Webb, Michael Stusser, Cynthia Hardy, John Hardy, Brandee Alessandra, Martin Goebel, Damien Sabella, Per Espen Stoknes, Megan Camp, Justin Winters, Michelle Best, Jib Ellison, Elson Haas, Cecily Mak, Federico Mennella, Charles Massy, Lilian Riesenfeld, Dave Chapman, Mark Hyman, Janet Mumford, Soren Gordhammer, Kathryn Marshall, Rachel Vestergard, Maisa

Arias und viele weitere. Verzeiht mir, falls euer Name hier nicht erscheint.

Eine Verbeugung vor Jack Kornfield, Tara Brach und Jon Kabat-Zinn, die mich ständig an eines erinnern: Selbst wenn es immer wieder zu persönlichen, sozialen und globalen Zwangslagen kommt, weil die menschlichen Wünsche endlos sind, ist auch die menschliche Fähigkeit zu Mitgefühl, Freundlichkeit und Selbstlosigkeit endlos.

Für immer bleibe ich Roz Zander verbunden, deren Beitrag, weiser Rat und Güte mir über Jahrzehnte Kraft geschenkt haben, bis zu ihrem vorzeitigen Tod im Jahr 2023. Ich werde sie nie vergessen.

Register

C

D

I

J

K

N

O

P

Q

R

S

T

Anmerkungen

Eins

Kohlenstoff

1 Báyò Akómoláfé, »Welcome, Traveller«, Vorwort, bayoakomolafe.net

2 Báyò Akómoláfé und Johar Indy, »The Edges in the Middle, III«, in: *For the Wild*, 24. Mai 2023, produziert von *For the Wild*, Podcast, MP3 Audio, 58:51, forthewild.world/listen/the-edges-in-the-middle-bayo-and-indy

3 Camilla Pang, *Explaining Humans: What Science Can Teach Us about Life, Love and Relationships*, Penguin Books, London 2021

4 Ralph Chami u. a., »Nature's Solution to Climate Change«, *Finance & Development* 56, Nr. 4 (Dezember 2019), S. 34–38, imf.org/external/pubs/ft/ fandd/2019/12/pdf/natures-solution-to-climate-change-chami.pdf

5 Dies ist die Umformulierung eines Satzes aus den Vorträgen von Gabor Maté.

6 Robin Wall Kimmerer, »The Turtle Mothers Have Come Ashore to Ask about an Unpaid Debt«, *The New York Times*, 22. September 2023, nytimes.com/2023/09/22/opinion/climate-change-turtles-refugees.html

7 Akómoláfé und Indy, »The Edges in the Middle, III«

8 Eric Roston, »*Corporate Net-Zero Goals Don't Add Up to a Net-Zero Planet*«, *Bloomberg*, 27. Juni 2022, bloomberg.com/news/articles/2022-06-27/companies-net-zero-emissions-goals-don-t-add-up

9 Melanie Challenger, *How to Be Animal: A New History of What It Means to Be Human*, Penguin Books, New York 2021, S. 211

10 Judith Schwartz, »Doing the Impossible«, in: *The RegenNarration*, Episode 175, 1. August 2023, produziert von RegenNarration, Podcast, MP3 Audio, 1:22:44, regennarration.com/episodes/175-judith-schwartz

11 Challenger, *How to Be Animal*, S. 2

12 Julia Janicki u. a., »The Collapse of Insects«, *Reuters*, 6. Dezember 2022, reuters.com/graphics/GLOBAL-ENVIRONMENT/INSECT-APOCALYPSE/egpbykdxjvq.

13 Eric Roston, *The Carbon Age: How Life's Core Element Has Become Civilization's Greatest Threat,* Walker, New York 2008. Das ist eine ältere Veröffentlichung, aber Kohlenstoff veraltet nie. Zweifellos das beste Buch zum Thema, verfasst von einem hervorragenden Journalisten. Ein Kapitel darin trägt den Titel »Dancers and the Dance: The Origins of Life« (»Tänzer und der Tanz: Die Ursprünge des Lebens«).
14 Ian A. Hatton u.a., »The Human Cell Count and Size Distribution«, *Proceedings of the National Academy of Sciences* 120, Nr. 39 (18. September 2023), e2303077120, doi.org/10.1073/pnas.2303077120
15 Monica Gagliano, *Thus Spoke the Plant: A Remarkable Journey of Groundbreaking Scientific Discoveries & Personal Encounters with Plants,* North Atlantic Books, Berkeley, CA, 2018, S. 87; Ray Archuleta, »Plant and Soil Are One«, Präsentation beim Natural Resources Conservation Service Training, Ames, Iowa, Frühjahr 2014, Video, 1:30:16, youtube.com/watch?v=FQEKlm4DOdw
16 Báyò Akómoláfé, »Welcome, Traveller«

Zwei
Elemente

1 J. B. S. Haldane: *Possible Worlds and other Essays*, Chatto & Windus, London 1927, S. 286
2 Eric Roston, *The Carbon Age*, S. 28
3 Annie Dillard, *An American Childhood,* Canongate, London 2016, S. 28: »Haut war Erde; sie war Boden. Sogar auf meiner Haut konnte ich die zu Trapezen verbundenen Staubkörner sehen, die Gott an dem Morgen, da er Adam aus Lehm erschuf, angefeuchtet und mit seinem Speichel zusammengefügt hatte.«
4 Matthew J. Shribman, *The Biggest Communication Failure in History*, 29. September 2023, matthewshribman.substack.com/p/the-biggest-communication-failure
5 Clive Thompson, »How 19th Century Scientists Predicted Global Warming«, *JSTOR Daily*, 17. Dezember 2019, daily.jstor.org/ how-19th-century-scientists-predicted-global-warming
6 Roston, *The Carbon Age*, S. 26
7 Caroline Hickman u.a., »Climate Anxiety in Children and Young People and Their Beliefs about Government Responses to Climate Change: A Global Survey«, *The Lancet Planet Health,* 5. Dezember 2021, e863—e873, doi.org/10.1016/S2542-5196(21)00278-3

8 Hannah Ritchie, »Stop Telling Kids They'll Die from Climate Change«, *Wired*, 1. November 2021, wired.com/story/stop-telling-kids-theyll-die-from-climate-change
9 Shribman, *The Biggest Communication Failure in History*
10 *Migration in the Ocean Twilight Zone*, Woods Hole Oceanographic Institution, twilightzone.whoi.edu/explore-the-otz/migration
11 Allen Collins, *What Is Vertical Migration of Zooplankton and Why Does It Matter?*, National Oceanic and Atmospheric Administration, 28. Oktober 2021, oceanexplorer.noaa.gov/facts/ vertical-migration.html
12 Shribman, *The Biggest Communication Failure in History*

Drei

Firmament

1 Erwin Schrödinger: *Geist und Materie*, Zsolnay Verlag, Wien 1986, S. 90
2 Robert M. Hazen, *Symphony in C: Carbon and the Evolution of (Almost) Everything*, HarperCollins, New York 2019, S. 19
3 Challenger, *How to Be Animal*, S. 200
4 Daniel Clery, »Earliest Galaxies Found by JWST Confound Theory«, *Science* 379, Nr. 6639 (2023): 1280–81, doi:10.1126/science.adi0089
5 Natalie Wolchover, »A Primordial Nucleus behind the Elements of Life«, *Quanta Magazine*, 4. Dezember 2012, quantamagazine.org/the-physics-behind-the-elements-of-life-20121204
6 Wolchover, »A Primordial Nucleus Behind the Elements of Life«
7 »Scientists Catalogue Earth's Total Carbon Store«, BBC, 1. Oktober 2019, bbc.com/news/av/ science-environment-49899042
8 Fred Hoyle, *The Nature of the Universe*, Harper & Brothers, New York 1950; Roston, *The Carbon Age*, S. 6; Wolchover, »A Primordial Nucleus behind the Elements of Life«
9 Stephen C. Meyer, *Return of the God Hypothesis: Three Scientific Discoveries That Reveal the Mind Behind the Universe*, HarperCollins, New York, S. 204, Kindle (deutsche Ausgabe: *Die Wiederentdeckung Gottes: Wie Kosmologie, Physik und Biologie einen Schöpfer erkennen*, SCM R. Brockhaus, Witten 2023)

Vier

Zellgenossen

1 Sara Imari Walker: »Life: modern physics can't explain it – but our new theory, which says time is fundamental, might«, *The Conversa-*

tion, 5. April 2023, https://theconversation.com/life-modern-physics-cant-explain-it-but-our-new-theory-which-says-time-is-fundamental-might-203129
2 Merlin Sheldrake, *Entangled Life: How Fungi Make Our Worlds, Change Our Minds & Shape Our Futures*, Random House, New York 2020, S. 210 (deutsche Ausgabe: *Verwobenes Leben: Wie Pilze unsere Welt formen und unsere Zukunft beeinflussen*, Ullstein Verlag, Berlin 2020)
3 Laura Poppick, »Let Us Now Praise the Invention of the Microscope«, *Smithsonian*, 30. März 2017, smithsonianmag.com/science-nature/What-we-owe-to-the-invention-microscope-180962725
4 Karen Bakker, *The Sounds of Life: How Digital Technology Is Bringing Us Closer to the Worlds of Animals and Plants*, Princeton University Press, Princeton, NJ, 2022, S. 376, Kindle
5 Carl Zimmer, *Life's Edge: The Search for What It Means to be Alive*, Dutton, New York 2021
6 Melanie Challenger, *How to Be Animal*, S. 217
7 Erik Washam, »Cosmic Errors: Martians Build Canals«, *Smithsonian*, Dezember 2010, archive.today/20120912195828/http:/www.smithsonianmag.com/science-nature/Cosmic-Errors.html
8 David W. Dunlap, »Life on Mars? You Read It Here First«, *The New York Times*, 30. September 2015, nytimes.com/2015/09/30/insider/life-on-mars-you-read-it-here-first.html
9 Kat Eschner, »The Bizarre Beliefs of Astronomer Percival Lowell«, *Smithsonian*, 13. März 2017, smithsonianmag.com/smart-news/bizarre-beliefs-astronomer-percival-lowell-180962432
10 Eric Roston, *The Carbon Age*, S. 28
11 Avalon C. S. Owens und Sara M. Lewis, »Artificial Light Impacts the Mate Success of Female Fireflies«, *Royal Society Open Science* 9, Nr. 8 (2022): 220 468, http://doi.org/10.1098/rsos.220468
12 Annika K. Jägerbrand und Kamiel Spoelstra, »Effects of Anthropogenic Light on Species and Ecosystems«, *Science* 380, Nr. 6650 (15. Juni 2023), 1125–30, doi:10.1126/science.adg3173
13 Johan Eklöf, *The Darkness Manifesto: On Light Pollution, Night Ecology, and the Ancient Rhythms That Sustain Life*, Scribner, New York 2024, S. 24, Kindle
14 Ed Yong, *An Immense World: How Animal Senses Reveal the Hidden Realms around Us*, Random House, New York 2022, S. 340, Kindle
15 Annie Novak, »The 9/11 Tribute in Light Is Helping Us Learn about Bird Migration«, *All About Birds*, Cornell Lab of Ornithology, 30. August

2018, allaboutbirds.org/news/9-11-tribute-in-light-birds-night-migration

16 Karen Bakker, *The Sounds of Life*, S. 14, Kindle

17 Phoebe Weston, »No Birdsong, No Water in the Creek, No Beating Wings: How a Haven for Nature Fell Silent«, *The Guardian*, 16. April 2024

18 Bernie Krause, *Voices of the Wild: Animal Songs, Human Din, and the Call to Save Natural Soundscapes*, Yale University Press, New Haven, CT, 2015, S. 29–30, Kindle; Krause, *Voices of the Wild*, S. 25–26, Kindle; Bakker, *The Sounds of Life*, S. 307, Kindle

19 Bernie Krause und Almo Farina, »Using Ecoacoustic Methods to Survey the Impacts of Climate Change on Biodiversity«, *Biological Conservation* 195 (2016), S. 245–254, doi.org/10.1016/ j.biocon.2016.01.013; Bernie Krause, »The Niche Hypothesis: New Thoughts on Creature Vocalizations and the Relationship Between Natural Sound and Music«, *WFAE Newsletter*, Juni 1993

20 Krause, *Voices of the Wild*, S. 11, Kindle

21 Nathan Robinson, »A Brain in Each Leg?«, *Conspiracy of Goodness*, Episode 120, 14. Februar 2023, produziert von Goodness Exchange, Podcast, MP3 Audio, 1:02:09, goodness-exchange.com/podcast/nathan-robinson-follow-curiosity

Fünf

Sternenlicht essen

1 Michael Pollan: *In Defense of Food. An Eater's Manifesto*, Penguin Books, New York 2009 (deutsche Ausgabe: *Lebens-Mittel. Eine Verteidigung gegen die industrielle Nahrung und den Diätenwahn*, Goldmann, München 2009)

2 Isaac O. Perez et al., »Speed and Accuracy of Taste Identification and Palatability: Impact of Learning, Reward Expectancy, and Consummatory Licking«, *American Journal of Physiology* 305, Nr. 3 (August 2013), R252—R270, doi.org/10.1152/ajpregu.00492.2012

3 »Indigenous Peoples: Respect NOT Dehumanization«, United Nations, un.org/en/fight-racism/vulnerable-groups/indigenous-peoples

4 Barry Lopez, *The Rediscovery of North America*, Vintage, New York 1992

5 »List of Famines«, Wikipedia, zuletzt abgerufen am 4. März 2024, en.wikipedia.org/wiki/List_of_famines

6 John Warren, *The Nature of Crops: How We Came to Eat the Plants We Do*, CABI, Wallingford 2015

7 »What Is Happening to Agrobiodiversity?«, Welternährungsorganisation (FAO), fao.org/3/y5609e/y5609e02.htm

8 Stephen Strauss, »Clara M. Davis and the Wisdom of Letting Children Choose Their Own Diets«, *Canadian Medical Association Journal* 175, Nr. 10 (7. November 2006), 1199–1201, doi:10.1503/ cmaj.060990

9 Clara Davis, »Results of the Self-Selection of Diets by Young Children«, *Canadian Medical Association Journal* 41 (1939), S. 257–621, ncbi.nlm.nih.gov/pmc/articles/PMC537465/pdf/canmedaj 00208-0035.pdf

10 Benjamin Scheindlin, »›Take one more bite for me‹: Clara Davis and the Feeding of Young Children«, *Gastronomica* 5, Nr. 1 (Februar 2005), S. 65–69, doi:10.1525/gfc.2005.5.1.65

11 Fred Provenza, *Nourishment: What Animals Can Teach Us about Rediscovering Our Nutritional Wisdom,* Chelsea Green Publishing, White River Junction, VT, 2018, S. 20, Kindle

12 Kerstin Rohde, Imke Schamarek und Mattias Blüher, »Consequences of Obesity on the Sense of Taste: Taste Buds as Treatment Targets?«, *Diabetes & Metabolism Journal* 44, Nr. 4 (2020). S. 509–528, doi:10.4093/ dmj.2020.0058

13 Tobi Thomas, »More Than a Billion People Worldwide Are Obese, Research Finds«, *The Guardian*, 29. Februar 2004, theguardian.com/ society/2024/feb/29/more-than-a-billion-people-worldwide-are-obese-research-finds

14 Nell Boeschenstein, »How the Food Industry Manipulates Taste Buds with ›Salt Sugar Fat‹«, *NPR*(National Public Radio), 26. Februar 2013, npr.org/sections/ thesalt/2013/02/26/172969363/how-the-food-industry-manipulates-taste-buds-with-salt-sugar-fat

15 Lelia Green, »No Taste for Health: How Tastes Are Being Manipulated to Favour Foods That Are not Conducive to Health and Wellbeing«, *M/C Journal* 17, Nr. 1 (2014), doi.org/10.5204/mcj.785

16 Huiping Li et al., »Association of Ultraprocessed Food Consumption with Risk of Dementia: A Prospective Cohort Study«, *Neurology* 99, Nr. 10 (6. September 2022), e1056–e1066, doi:10.1212/WNL.0000000000200871

17 Chris van Tulleken, *Ultra-Processed People: Why We Can't Stop Eating Food That Isn't Food,* W. W. Norton, New York 2023, S. 5–6, Kindle (deutsche Ausgabe: *Gefährlich lecker: Wie uns die Lebensmittelindustrie manipuliert, damit wir all die ungesunden Dinge essen – und nicht mehr damit aufhören können*, Heyne Verlag, München 2023)

18 Caroline Bushdid et al., »Humans Can Discriminate More Than 1 Trillion Olfactory Stimuli«, *Science* 343, Nr. 6177 (21. März 2014), S. 1370–1372, doi:10.1126/ science.1249168

19 Merlin Sheldrake, *Entangled Life: How Fungi Make Our Worlds, Change Our Minds & Shape Our Futures*, Random House, New York 2020, S. 27 (deutsche Ausgabe: *Verwobenes Leben: Wie Pilze unsere Welt formen und unsere Zukunft beeinflussen*, Ullstein, Berlin 2020)
20 Albert-Laszlo Barabasi, Giulia Menichetti und Joseph Loscalzo, »The Unmapped Chemical Complexity of Our Diet«, *Nature Food* 1 (2020), S. 33–37, doi.org/10.1038/s43016-019-0005-1
21 Adrienne Rich, »Natural Resources«, in: *The Dream of a Common Language: Poems 1974–1977*, W. W. Norton, New York 1978

Sechs

Zuckersalat

1 Wendell Berry, *Sex, Economy, Freedom & Community: Eight Essays*, Pantheon Books, New York 1993
2 »Most Recent National Asthma Data«, U. S. Centers for Disease Control and Prevention, zuletzt abgerufen am 10. Mai 2023, cdc.gov/asthma/most_recent_national_asthma_data.htm
3 »Potatoes and Tomatoes Are America's Top Vegetable Choices«, Economic Research Service, U.S. Department of Agriculture, 2015, zuletzt aktualisiert am 5. Juni 2018, ers.usda.gov/data-products/chart-gallery/gallery/chart-detail/?chartId= 89173
4 Chris van Tulleken, Ultra-Processed People, S. 326
5 John Mohawk, »Clear Thinking: A Positive Solitary View of Nature«, in *Original Instructions: Indigenous Teachings for a Sustainable Future*, hrsg. von Melissa K. Nelson, Bear & Company, Rochester, VT, 2008, S. 48, Kindle
6 Adrian Wooldridge, »A Sick America Can't Compete with China«, *Bloomberg*, 28. Februar 2023, bloomberg.com/opinion/articles/2023-02-28/a-sick-america-can-t-compete-with-china
7 Nicholas Kristof, »How Do We Fix the Scandal That is American Health Care«, *The New York Times*, 16. August 2023, nytimes.com/ 2023/08/16/opinion/health-care-life-expectancy-poverty.html
8 Chris van Tulleken, Ultra-Processed People, S. 107
9 Colby Hall, »The Surprising Reason McDonald's Ditched This Menu Item«, *Eat This, Not That!*, 23. Juni 2020, eatthis.com/ mcdonalds-ditched-salads
10 Eric Roston, The Carbon Age, S. 26
11 Dan Saladino, *Eating to Extinction: The World's Rarest Foods and Why We Need to Save Them*, Farrar, Straus and Giroux, New York 2022, S. 2

12 Michael Pollan, *In Defense of Food: An Eater's Manifesto*, Penguin, New York 2008, S. 1, Kindle
13 Roston, The Carbon Age, S. 227
14 *Fast Food Facts 2021: Fast Food Advertising, Billions in Spending, Continued High Exposure by Youth*, University of Connecticut Rudd Center for Food Policy & Obesity, Hartford, Juni 2021, media.ruddcenter.uconn.edu/PDFs/FACTS2021.pdf
15 Daphne Miller, *The Jungle Effect: The Healthiest Diets from around the World – Why They Work and How to Make Them Work for You*, Harper Collins, New York 2008, S. 15, Kindle
16 »Diabetes Prevalence (% of population ages 20 to 79) – Mexico«, World Bank Group, data.worldbank.org/indicator/SH.STA.DIAB.ZS? locations=MX
17 Jason Beaubien, »How Diabetes Got to Be the No. 1 Killer In Mexico«, *NPR*, 5. April 2017, npr.org/sections/goatsandsoda/2017/04/05/522038318/how-diabetes-got-to-be-the-no-1-killer-in-mexico
18 »Under Nafta, Mexico Suffered, and the United States Felt Its Pain«, *The New York Times*, 24. November 2013, nytimes.com/roomfordebate/2013/11/24/ what-weve-learned-from-nafta/under-nafta-mexico-suffered-and-the-united-states-felt-its-pain
19 Weston A. Price, *Nutrition and Physical Degeneration*, Price-Pottenger Nutrition Foundation 1939
20 Melissa K. Nelson (Hg.), *Original Instructions: Indigenous Teachings for a Sustainable Future*, S. 174, Kindle
21 Ebd.
22 Wayne Pacelle, »Banned in 160 Nations, Why is Ractopamine in U. S. Pork?«, *Live Science*, 26. Juli 2014, livescience.com/47032-time-for-us-to-ban-ractopamine.html
23 Christina Xenos, »Common US Foods That Are Banned in Other Countries«, *Chicago Tribune*, 3. November 2021, chicagotribune.com/2021/11/03/common-us-foods-that-are-banned-in-other-countries
24 Fred Provenza, *Nourishment: What Animals Can Teach Us about Rediscovering Our Nutritional Wisdom*, Chelsea Green, White River Junction, VT, 2018, S. 7, Kindle

Sieben

Bucky und Bing

1 Richard Buckminster Fuller: *No More Secondhand Gods*, Anchor Books Edition, 1971, S. 23

2 Die Vorstellung vom »Raumschiff Erde« geht auf den US-amerikanischen politischen Ökonomen Henry George zurück, der sie in seinem 1879 erschienenen Buch *Progress and Poverty* (Fortschritt und Armut) zum Ausdruck brachte: »Es ist ein gut ausgestattetes Schiff, auf dem wir durch den Raum segeln.«

3 Richard E. Smalley, Robert F. Curl und Harold W. Kroto, Science History Institute, sciencehistory.org/historical-profile/richard-smalley-robert-curl-harold-kroto

4 Judah Ginsberg, *The Discovery of Fullerenes,* American Chemical Society, Washington, D. C., 11. Oktober 2010, acs.org/content/dam/acsorg/education/ whatischemistry/landmarks/fullerenes/discovery-of-fullerenes-commemorative-booklet.pdf

5 Li Xiao et al., »The Water-Soluble Fullerene Derivative ›Radical Sponge'‹ Exerts Cytoprotective Action against UVA Irradiation but Not Visible-Light-Catalyzed Cytotoxicity in Human Skin Keratinocytes«, *Bioorganic & Medicinal Chemistry Letters* 16, Nr. 6 (15. März 2006), S. 1590–1595, doi.org/10.1016/j.bmcl.2005.12.011

6 Sergey Emelyantsev et al., »Biological Effects of C60 Fullerene Revealed with Bacterial Biosensor—Toxic or Rather Antioxidant?« *Biosensors* 9, Nr. 2 (2019), S. 81, doi:10.3390/bios9020081

7 Rania Bakry et al., »Medicinal Applications of Fullerenes«, *International Journal of Nanomedicine* 2, Nr. 4 (2007), S. 639–649, pubmed.ncbi.nlm.nih.gov/18203430

8 Tarek Baati et al., »The Prolongation of the Lifespan of Rats by Repeated Oral Administration of [60] Fullerene«, *Biomaterials* 33, Nr. 19 (2012), S. 4936–4946, doi:10.1016/ j.biomaterials.2012.03.036

9 Ayrat Khamatgalimov et al., »Fullerenes C100 and C108: New Substructures of Higher Fullerenes«, *Structural Chemistry* 32 (2021), S. 2283–2290, doi.org/10.1007/s11224-021-01803-0

10 Aasgeir Helland et al., »Reviewing the Environmental and Human Health Knowledge Base of Carbon Nanotubes«, *Environmental Health Perspectives* 115, Nr. 8 (August 2007), S. 1125–1131, doi:10.1289/ehp.9652

11 Rasel Das, Bey Fen Leo und Finbarr Murphy, »The Toxic Truth about Carbon Nanotubes in Water Purification: A Perspective View«, *Na-*

noscale Research Letters 13, Nr. 183 (2018), doi.org/10.1186/s11671-018-2589-z
12 Sudjit Luanpitpong, Liying Wang und Yon Rojanasakul, »The Effects of Carbon Nanotubes on Lung and Dermal Cellular Behaviors«, *Nanomedicine* 9, Nr. 6 (May 2014), S. 895–912, doi:10.2217/nnm.14.42
13 Karen F. Schmidt, *Nanofrontiers: Visions for the Future of Nanotechnologies (PEN 6)*, Woodrow Wilson International Center for Scholars, Project on Emerging Nanotechnologies, Washington, D. C., März 2007, nanowerk.com/nanotechnology/reports/reportpdf/report81.pdf
14 Amy Westervelt, »Phthalates Are Everywhere, and the Health Risks Are Worrying. How Bad Are They Really?« *The Guardian*, 10. Februar 2015, theguardian.com/lifeandstyle/2015/feb/10/phthalates-plastics-chemicals-research-analysis
15 Ravi Naidu et al., »Chemical Pollution: A Growing Peril and Potential Catastrophic Risk to Humanity«, *Environment International* 156 (2021), doi.org/10.1016/j.envint.2021.106616
16 Das, Leo und Murphy, The Toxic Truth, doi.org/10.1186/s11671-018-2589-z
17 »What Is the Carbon Footprint of Steel?«, Sustainable Ships, sustainable-ships.org/stories/2022/carbon-footprint-steel
18 James Hall, »Cleaning Up the Steel Industry: Reducing CO2 Emissions with CCUS«, Carbon Clean, 28. Januar 2021, carbonclean.com/blog/steel-co2-emissions

Acht

Grüne Wesen

1 David George Haskell, *The Songs of Trees: Stories from Nature's Great Connectors*, Viking Press, New York 2017, S. 179, Kindle
2 Richard Mabey, *The Cabaret of Plants: Forty Thousand Years of Plant Life and the Human Imagination*, W. W. Norton, New York 2015, S. 90
3 Sophie Arnaud-Haond et al., »Implications of Extreme Life Span in Clonal Organisms: Millenary Clones in Meadows of the Threatened Seagrass *Posidonia oceanica*«, *PLoS ONE* 7, Nr. 2 (2012), e30454, doi.org/10.1371/journal.pone.0030454
4 Brian J. Enquist et al., »The Commonness of Rarity: Global and Future Distribution of Rarity across Land Plants«, *Science Advances* 5, Nr. 11 (November 2019), doi:10.1126/sciadv.aaz04. – Die Forscher hatten nicht gedacht, dass 35,6 Prozent der Arten an Land als »extrem selten« be-

trachtet werden sollten, denn jede war im Laufe von zehn Jahren bei 20 000 Millionen Beobachtungen weniger als fünfmal erfasst worden.

5 Yinon M. Bar-On, Rob Phillips und Ron Milo, »The Biomass Distribution on Earth«, *Proceedings of the National Academy of Sciences* 115, Nr. 25 (13. April 2018), 6506–6511, doi.org/10.1073/pnas.1711842115; »Hura crepitans (Sandbox Tree)«, BioNET-EAFRINET, keys.lucidcentral.org/keys/v3/eafrinet/weeds/key/weeds/Media/ Html/Hura_crepitans_(Sandbox_Tree).htm

6 Stefano Mancuso und Alessandra Viola, *Brilliant Green: The Surprising History and Science of Plant Intelligence,* Island Press, Washington, D. C., 2015; Mabey, The Cabaret of Plants, S. 3

7 Michael Allaby, *Oxford Dictionary of Plant Sciences*, 3. Ausgabe, online, Oxford University Press, Oxford 2013, doi:10.1093/acref/9780199600571.001.0001

8 Lynne Collins, »Luther Burbank: A Bibliographical Sketch«, Luther Burbank Home and Gardens, Februar 1984, aktualisiert 1992, lutherburbank.org/wp-content/uploads/2023/05/Luther-Burbank-A-Biographical-Sketch.pdf

9 Marcus Storm, »First Map Shows Global Hotspots of Glyphosate Contamination«, Sydney Institute of Agriculture, University of Sydney, 19. März 2020, sydney.edu.au/news-opinion/news/2020/03/ 19/glyphosate-contamination-global-hotspots-in-world-first-map.html

10 Christina Gillezeau et al., »The Evidence of Human Exposure to Glyphosate: A Review«, *Environmental Health* 18, Nr. 1 (2019), 2, doi:10.1186/s12940-018-0435-5

11 »Pellet Mill List«, *Biomass*, biomassmagazine.com/plants/list/pellet-mill

12 Gabriel Popkin, »There's a Booming Business in America's Forests. Some Aren't Happy about It«, *The New York Times*, 19. April 2021, nytimes.com/2021/04/19/climate/wood-pellet-industry-climate.html

13 Mabey, The Cabaret of Plants, S. 4

14 Mancuso und Viola, Brilliant Green

15 Ted C. J. Turlings et al., »An Elicitor in Caterpillar Oral Secretions That Induces Corn Seedlings to Emit Chemical Signals Attractive to Parasitic Wasps«, *Journal of Chemical Ecology* 19 (1993), S. 411–425, doi.org/10.1007/BF00994314

16 Howard J. Dittmer, »A Quantitative Study of the Roots and Root Hairs of a Winter Rye Plant (Secale cereale)«, *American Journal of Botany* 24, Nr. 7 (1937), S. 417–420, jstor.org/stable/2436424

17 František Baluška et al., »The ›Root-Brain‹ Hypothesis of Charles and Francis Darwin: Revival after More Than 125 Years«, *Plant Signaling & Behavior* 4, Nr. 12 (2009), S. 1121–1127, doi:10.4161/psb.4.12.10574

18 Killian Fox, »Botanist Stefano Mancuso: ›You Can Anaesthetise All Plants. This Is Extremely Fascinating‹«, *The Guardian*, 15. April 2023, theguardian.com/environment/2023/apr/15/scientist-stefano-mancuso-you-can-anaesthetise-all-plants-this-is-extremely-fascinating-tree-stories

19 Walter D. Koenig, »A Brief History of Masting Research«, *Philosophical Transactions of the Royal Society B* 376 (2021): 20200423, doi.org/10.1098/rstb.2020.0423

20 Rhett A. Butler, »Borneo«, Mongabay, zuletzt aktualisiert am 29. Juni 2020, rainforests.mongabay.com/borneo

21 Melanie Jones, Jason Hoeksema und Justine Karst, »Where the ›Wood-Wide Web‹ Narrative Went Wrong«, *Undark*, 5. Mai 2023, undark.org/2023/05/25/where-the-wood-wide-web-narrative-went-wrong

22 Kate Golembiewski, »Every Elephant Has Its Own Name, Study Suggests«, *The New York Times*, 10. Juni 2024, nytimes.com/2024/06/10/science/elephants-names-rumbles.html

23 Patricia Dennis, Stephen M. Shuster und Con N. Slobodchikoff, »Dialects in the Alarm Calls of Black-Tailed Prairie Dogs (*Cynomys ludovicianus*): A case of Cultural Diffusion?«, *Behavioural Processes* 181 (2020), 104 243, doi:10.1016/j.beproc.2020.104243

24 Monica Gagliano, *Thus Spoke the Plant: A Remarkable Journey of Groundbreaking Scientific Discoveries & Personal Encounters with Plants*, North Atlantic Books, Berkeley, CA, 2018), S. 69

25 Fred Provenza, Nourishment, S. 20

26 Gagliano, Thus Spoke the Plant, S. 34

27 Monica Gagliano et al., »Out of Sight but Not Out of Mind: Alternative Means of Communication in Plants«, *PLoS ONE* 7, Nr. 5 (2012), e37382, doi.org/10.1371/journal.pone.0037382

28 Muhammad Waqas, Dominique Van Der Straeten und Christoph-Martin Geilfus, »Plants ›Cry‹ for Help Through Acoustic Signals«, *Trends in Plant Science* 28, Nr. 9 (September 2023), S. 984–986, doi:10.1016/j.tplants.2023.05.015

29 Monica Gagliano, Stefano Mancuso und Daniel Robert, »Towards Understanding Plant Bioacoustics«, *Trends in Plant Science* 17, Nr. 6 (Juni 2012), S. 323–325, doi:10.1016/j.tplants.2012.03.002

30 Zoë Schlanger, *The Light Eaters: How the Unseen World of Plant Intelligence Offers a New Understanding of Life on Earth*, HarperCollins,

New York 2024, S. 115, Kindle (deutsche Ausgabe: *Die Lichtwandler. Wie Pflanzen uns das Leben schenken*, S. Fischer Verlag, Frankfurt am Main 2024)

31 Ebd., S. 109f., Kindle

32 Ebd., S. 28, Kindle

33 Ebd., S. 247, Kindle

34 Ebd., S. 100, Kindle

35 Jason Daley, »Humans Make Up Just 1/10,000th of Earth's Biomass«, *Smithsonian*, 25. Mai 2018, smithsonianmag.com/smart-news/humans-make-110000th-earths-biomass-180969141

36 Bar-On, Phillips und Milo, The Biomass Distribution on Earth

Neun

Verwandte

1 Peter McCoy, *Radical Mycology: A Treatise on Seeing & Working with Fungi*, Chthaeus Press, Portland, OR, 2016

2 Merlin Sheldrake, »Mycelial Landscapes; A Conversation with Merlin Sheldrake and Barney Steel, moderated by Emmanuel Vaughan-Lee«, *Emergence Magazine*, 12. Februar 2024, produziert von *Emergence Magazine*, Podcast, MP3 Audio, 1:06:22, emergencemagazine.org/interview/mycelial-landscapes

3 McCoy, *Radical Mycology*, S. 2

4 Merlin Sheldrake, *Entangled Life: How Fungi Make our Worlds, Change Our Minds & Shape Our Futures*, Random House, New York 2020, S. 46 (deutsche Ausgabe: *Verwobenes Leben. Wie Pilze unsere Welt formen und unsere Zukunft beeinflussen*, Ullstein Verlag, Berlin 2021)

5 McCoy, *Radical Mycology*, S. 11

6 David Hawksworth, »Mycology, A Neglected Megascience«, *Applied Mycology*, hrsg. von Mahendra Rai und Paul D. Bridge, Centre for Agriculture and Bioscience International, Wallingford 2009, S. 2

7 McCoy, *Radical Mycology*, S. 21

8 Heidi Ledford, »Billion-Year-Old Fossils Set Back Evolution of Earliest Fungi«, *Nature*, 22. Mai 2019, doi.org/10.1038/d41586-019-01629-1

9 Ed Yong, »Blue Whales Can Eat Half a Million Calories in a Single Mouthful«, *National Geographic*, 9. Dezember 2010, nationalgeographic.com/science/article/blue-whales-can-eat- half-a-million-calories-in-a-single-mouthful

10 »Staple Foods: What Do People Eat?«, Food and Agriculture Organization, fao.org/3/u8480e/u8480e07.htm

11 Peter McCoy, »On Fungi and the Birth of the Modern Psyche«, *For the Wild Podcast*, Episode 37, 20. Juli 2016, produziert von For the Wild, Podcast, MP3 Audio, 57:57, forthewild.world/listen/peter-mccoy-on-fungi-and-the-birth-of-the-modern-psyche-part-1

12 Gabriel Popkin, »Soil's Microbial Market Shows the Ruthless Side of Forests«, *Quanta Magazine*, 27. August 2019, quantamagazine.org/soils-microbial-market-shows-the-ruthless-side-of-forests-20190827

13 Giuliana Furci, »The Inner Lives of Fungi«, *Life Worlds*, Episode 3, produziert von Alexa Ferminich, August 2022, Podcast, MP3 Audio, 57:14, lifeworld.earth/episodes-blog/fungigiulianafurci

14 Patrick Greenfield, »›Unchartered territory‹: More Than 2 m Fungi Species Yet to Be discovered, Scientists Say«, *The Guardian*, 10. Oktober 2023, theguardian.com/environment/2023/oct/10/uncharted-territory-kew-scientists-say-more-than2m-fungi-species-waiting-to-be-identified-aoe

15 David L. Hawksworth und Robert Lucking, »Fungal Diversity Revisited: 2.2 to 3.8 Million Species«, *Microbiology Spectrum* 5, Nr. 4 (Juli 2017), S. 79–95, doi:10.1128/microbiolspec.FUNK-0052-2016

16 Heidi-Jayne Hawkins et al., »Mycorrhizal Mycelium as a Global Carbon Pool«, *Current Biology* 33, Nr. 11 (5. Juni 2023): R560—R573, doi.org/ 10.1016/j.cub.2023.02.027

17 Serita D. Frey, »Mycorrhizal Fungi as Mediators of Soil Organic Matter Dynamics«, *Annual Review of Ecology, Evolution, and Systematics* 50, Nr. 1 (2019), S. 237–259, doi.org/10.1146/annurev-ecolsys-110617-062331

18 Berta Bago, Philip E. Pfeffer und Yair Shachar-Hill, »Carbon Metabolism and Transport in Arbuscular Mycorrhizas«, *Plant Physiology* 124, Nr. 3 (November 2000), S. 949–958, doi.org/10.1104/pp.124.3.949

19 Martin Köchy, Roland Hiederer und Annette Freibauer, »Global Distribution of Soil Organic Carbon – Part 1: Masses and Frequency Distributions of SOC Stocks for the Tropics, Permafrost Regions, Wetlands, and the World«, *Soil* 1, Nr. 1 (16. April 2015), S. 351–365, doi.org/10.5194/soil-1-351-2015

20 Michael Hathaway und Willoughby Arevalo, »How Do Fungi Communicate?«, *MIT Technology Review*, 24. April 2023, technologyreview.com/2023/04/24/1071363/fungi-fungus-communication-explainer

21 Merlin Sheldrake, *Entangled Life*, S. 156–158

22 Fabien Cottier und Fritz A. Mühlschlegel, »Communication in fungi«, *International Journal of Microbiology* 2012, Nr. 2012 (26. September 2011), 351 832, doi:10.1155/2012/351832

23 Sheldrake, *Entangled Life*, S. 161

24 Jeremy Hance, »Uncovering the Intelligence of Insects, an Interview with Lars Chittka«, *Mongabay*, 29. Juni 2010, news.mongabay.com/2010/06/uncovering-the-intelligence-of-insects-an-interview-with-lars-chittka

25 University Of New Hampshire, »Researcher Uncovering Mysteries of Memory by Studying Clever Bird«, *ScienceDaily*, 12. Oktober 2006, sciencedaily.com/releases/2006/10/061012094818.htm; Lesley Evans Ogden, »Better Know a Bird: The Clark's Nutcracker and Its Obsessive Seed Hoarding«, *Audubon*, 8. November 2016, audubon.org/news/better-know-bird-clarks-nutcracker-and-its-obsessive-seed-hoarding

Zehn

Sprachgebrauch

1 Tiokasin Ghost Horse, Indigenous Languages As Cures of the Earth, *Kosmos – Journal for Transformation*, Volume 20, Issue 2, 2020

2 Willem Larsen mit dem »urbanen Scout« Peter Michael Bauer, »E-primitive: Rewilding the English Language«, Peter Michael Bauer, 4. Februar 2008, petermichaelbauer.com/e-primitive-rewilding-the-english-language

3 Zhanyun Wang et al., »Toward a Global Understanding of Chemical Pollution: A First Comprehensive Analysis of National and Regional Chemical Inventories«, *Environmental Science & Technology* 54, Nr. 5 (2020), S. 2575–2584, doi:10.1021/acs.est.9b06379

4 Stephen Lower, »Introduction to Chemical Nomenclature«, Fraser University, LibreTexts Chemistry, chem.libretexts.org/@go/page/3606?pdf

5 Andrew Messing, »Re: Do You Know Any Examples of Indigenous Language Having a Concept for ›Wilderness?‹«, als Antwort auf eine am 27. April 2014 gestellte Frage, researchgate.net/post/Do-you-know-any-examples-of-indigenous-language-having-a-concept-for-wilderness/535ce7bdd2fd6448278b45c3/citation/download

6 Paul Hawken, *Blessed Unrest*, Penguin Books, New York 2007, S. 87

7 Hawken, Blessed Unrest, S. 90

8 »List of Endangered Languages in the United States«, Wikipedia, zuletzt abgerufen am 12. März 2024, en.wikipedia.org/wiki/List_of_endangered_languages_in_the_United_States

9 Alex Carp, »The Endangered Languages of New York«, *The New York Times Magazine*, 22. Februar 2024, nytimes.com/interactive/2024/02/22/magazine/endangered-languages-nyc.html

10 Wade Davis, »The Ethnosphere and the Academy«, Vortrag auf der Konferenz »Indigenous Knowledges: Transforming the Academy«, 27. Mai 2004, Pennsylvania State University
11 Christopher Moseley (Hrsg.), »Atlas of the World's Languages in Danger«, UNESCO, 2010, unesdoc.unesco.org/ark:/48223/pf0000187026
12 Wade Davis, *Light at the Edge of the World: A Journey through the Realm of Vanishing Cultures,* National Geographic, Washington, D. C., 2001
13 »General Information Folio 5: Appropriate Terminology, Indigenous Australian Peoples«, in *Teaching the Teachers: Indigenous Australian Studies for Primary Pre-Service Teacher Education,* Oatley, Australien: School of Teacher Education, University of New South Wales, 1996, ipswich.qld.gov.au/_data/assets/pdf_file/0008/10043/appropriate_indigenous_terminoloy.pdf
14 Silas Tertius Rand, *Legends of the Micmacs,* Longmans, Green, & Co., New York 1894
15 William H. Brewer, *Up and Down California in 1860–1864: The Journal of William H. Brewer,* University of California Press, Berkeley 2003
16 Michael Dettinger und B. Lynn Ingram, »Megastorms Could Drown Massive Portions of California«, 1. Januar 2013, *Scientific American,* scientificamerican.com/article/megastorms-could-down-massive-portions-of-california
17 William Least Heat-Moon, *PrairyErth: A Deep Map,* Houghton Mifflin Harcourt, New York 1991, Kindle
18 »Annual Tropical Deforestation by Agricultural Product«, Our World in Data, ourworldindata.org/grapher/deforestation-by-commodity
19 »Tiokasin Ghosthorse, Lakota Native American on Intuitive Intelligence«, Gespräch in Tamera, Portugal, im Rahmen der Konferenz »Defend the Sacred« (Verteidige das Heilige), 17. August 2019, YouTube-Video, 19:22, youtube.com/watch?v=qtQ7oJKDjRg

Elf

Papieraugen

1 *Emily Dickinson und der Wind*, 33 Gedichte, ausgewählt, kommentiert und übersetzt von Gunhild Kübler (E-Book), Carl Hanser Verlag, München 2014
2 Yoshinori Shichida und Matsuyama Take, »Evolution of Opsins and Phototransduction«, *Philosophical Transactions of the Royal Society B* 364, Nr. 1531 (2009), S. 2881–2895, doi:10.1098/rstb. 2009.0051

3 Ben Guarino, »There's a Huge and Hidden Migration in North America – of Dragonflies«, *The Washington Post*, 21. Dezember 2018, washingtonpost.com/science/2018/12/21/theres-huge-hidden-migration-america-dragonflies

4 Leland C. Wyman und Flora Bailey, *Navaho Indian Ethnoentomology*, University of New Mexico Press, Albuquerque 1964, aus: Lynne Kelly, *The Memory Code: The Secrets of Stonehenge, Easter Island and Other Ancient Monuments*, Pegasus, New York 2017, S. 303, Kindle; Ralph Bulmer, »Review: Untitled«, Rezension über *Navaho Indian Ethnoentomology* von Leland C. Wyman und Flora L. Bailey, *American Anthropologist* 67, Nr. 6 (Dezember 1965), S. 1564–1566, jstor.org/stable/669185

5 Henry Walter Bates, *The Naturalist on the River Amazons: A Record of Adventures, Habits of Animals, Sketches of Brazilian and Indian Life, and Aspects of Nature under the Equator, during Eleven Years of Travel*, 3. Auflage, Humboldt, New York 1873; Cambridge University Press, Cambridge 2009

6 Suriya Narayanan Murugesan et al., »Butterfly Eyespots Evolved via Cooption of Ancestral Gene-Regulatory Network That Also Patterns Antennae, Legs, and Wings«, *Proceedings of the National Academy of Sciences* 119, Nr. 8 (15. Februar 2022): e2108661119, pnas.org/doi/epdf/10.1073/pnas.2108661119

7 Max-Planck-Gesellschaft, »Sequestration of Plant Toxins by Monarch Butterflies Leads to Reduced Warning Signal Conspicuousness«, Phys.org, 18. Januar 2023, phys.org/news/2023-01-sequestration-toxins-monarch-butterflies-conspicuousness.html

8 Johan Eklöf, *The Darkness Manifesto: On Light Pollution, Night Ecology, and the Ancient Rhythms That Sustain Life*, Scribner, New York 2014, S. 10, Kindle

9 Max Anderson, Ellen L. Rotheray und Fiona Mathews, »Marvellous Moths! Pollen Deposition Rate of Bramble (*Rubus futicosus* L. agg.) Is Greater at Night Than Day«, *PLoS One* 18, Nr. 3 (29. März 2023), e0281810, doi.org/10.1371/journal.pone.0281810; Akito Kawahara, »Opinion: Look at a Moth – and Find a Wonder That's Been Waiting All Along«, *The Washington Post*, 8. August 2023, washingtonpost.com/opinions/2023/08/08/moths-environment-disappearing-photos

10 Matilda Gibbons et al., »Can Insects Feel Pain? A Review of the Neural and Behavioural Evidence«, *Advances in Insect Physiology* 63 (2022), S. 155–229, doi.org/10.1016/bs.aiip.2022.10.001

11 Irina Mikhalevich und Russell Powell, »Minds without Spines: Evolutionarily Inclusive Animal Ethics«, *Animal Sentience* 29, Nr. 1 (2020), doi:10.51291/2377-7478.1527

12 Helen Lambert, Angie Elwin und Neil D'Cruze, »Wouldn't Hurt a Fly? A Review of Insect Cognition and Sentience in Relation to Their Use as Food and Feed«, *Applied Animal Behaviour Science* 243 (2021): 105 432, doi.org/10.1016/j.applanim.2021.105432

13 Colin Klein und Andrew B. Barron, »Insects Have the Capacity for Subjective Experience«, *Animal Sentience* 9, Nr. 1 (2016), doi:10.51291/2377-7478.1113

14 Lars Chittka, *The Mind of a Bee,* Princeton University Press, Princeton, NJ, 2022, Kindle (deutsche Ausgabe: *Im Cockpit der Biene. Wie sie denkt, fühlt und Probleme löst*, Folio, Bozen und Wien 2024)

15 Stephen L. Buchmann, *What a Bee Knows: Exploring the Thoughts, Memories, and Personalities of Bees,* Island Press, Washington, D. C., 2023, S. 57, Kindle

16 Casper A. Hallmann et al., »More Than 75 Percent Decline over 27 Years in Total Flying Insect Biomass in Protected Areas«, *PLoS ONE* 12, Nr. 10 (2017): e0185809, doi.org/10.1371/journal.pone.0185809

17 Edward O. Wilson, Oliver Millman, *The Insect Crisis: The Fall of the Tiny Empires That Run the World,* W. W. Norton, New York 2022, S. 5, 15

18 Edward O. Wilson, »The Little Things That Run the World (The Importance and Conservation of Invertebrates)«, *Conservation Biology* 1, Nr. 4 (1987), S. 344–346, jstor.org/stable/2386020

19 Mark Cocker, »Look Up, Listen, and Be Very Concerned. Birds Are Vanishing – and Their Crisis Is Our Crisis«, *The Guardian*, 17. April 2023, theguardian.com/commentisfree/2023/apr/17/birds-vanishing-crisis-40m-birds

20 Kenneth V. Rosenberg et al., »Decline of the North American Avifauna«, *Science* 366, Nr. 6461 (2019), S. 120–124, doi:10.1126/science.aaw1313

21 Pedro Cardoso et al., »Scientists' Warning to Humanity on Insect Extinctions«, *Biological Conservation* 242 (2020): 108 426, doi.org/10.1016/j.biocon.2020.108426

22 Millman, The Insect Crisis, S. 17

23 Helena Horton, »Defra May Approve ›Devastating‹ Bee-Killing Pesticide, Campaigners Fear«, *The Guardian*, 7. Dezember 2021, theguardian.com/environment/2021/dec/07/defra-may-approve-devastating-bee-killing-pesticide-campaigners-fear

24 Courtney Lindwall, »Neonicotinoids 101: The Effects on Humans and Bees«, Natural Resources Defense Council, 25. Mai 2022, nrdc.org/stories/neonicotinoids-101-effects-humans-and-bees

25 Stefanie Christmann, »Climate Change Enforces to Look beyond the Plant – the Example of Pollinators«, *Current Opinion in Plant Biology* 56 (2020), S. 162–167, doi.org/10.1016/j.pbi.2019.11.001

26 Isabella Tree, *Wilding: Returning Nature to Our Farm*, New York Review Books, New York 2019, S. 4, Kindle (deutsche Ausgabe: *Wildes Land. Die Rückkehr der Natur auf unser Landgut*, DuMont Buchverlag, Köln 2022)

27 Frank Dikötter, *Mao's Great Famine: The History of China's Most Devastating Catastrophe, 1958–1962*, Bloomsbury, New York 2011

28 Stefanie Christmann et al., »Farming with Alternative Pollinators Benefits Pollinators, Natural Enemies, and Yields, and Offers Transformative Change to Agriculture«, *Scientific Reports* 11, Nr. 1 (14. September 2021): 18206, doi:10.1038/ s41598-021-97695-5

29 Hilary Howard, »To Save Monarch Butterflies, They Had to Silence the Lawn Mowers«, *The New York Times*, 14. Oktober 2023, nytimes.com/2023/10/14/nyregion/to-save-monarch-butterflies-they-had-to-silence-the-lawn-mowers.html

Zwölf

Urzeitlich

1 Mary Oliver, *Upstream. Selected Essays*, Penguin Press, New. York 2016

2 Ker Than, »Why Giant Bugs Once Roamed the Earth«, 9. August 2011, *National Geographic*, national geographic.com/science/article/ 110808-ancient-insects-bugs-giants-oxygen-animals-science

3 Carolyn Y. Johnson, »An Apocalyptic Dust Plume Killed Off the Dinosaurs, Study Says«, *The Washington Post*, 30. Oktober 2023, washingtonpost.com/science/2023/10/30/dust-killed-dinosaurs-tanis-climate

4 Peter Brannen, *The Ends of the World: Volcanic Apocalypses, Lethal Oceans, and Our Quest to Understand Earth's Past Mass Extinctions*, HarperCollins, New York 2017, S. 194, Kindle

5 Daniel Immerwahr, »Mother Trees and Socialist Forests: Is the ›Wood-Wide Web‹ a Fantasy?«, 23. April 2024, *The Guardian*, theguardian.com/environment/2024/apr/23/mother-trees-and-socialist-forests-is-the-wood-wide-web-a-fantasy

6 Sarah Kaplan, »As Many as One in Six U.S. Tree Species Is Threatened with Extinction«, *The Washington Post*, 23. August 2022, washingtonpost.com/climate-environment/2022/08/23/ extinct-tree-species-sequoias

7 Markus Reichstein und Nuno Carvalhais, »Aspects of Forest Biomass in the Earth System: Its Role and Major Unknowns«, *Surveys in Geophysics* 40 (2019), S. 693–707, doi.org/10.1007/s10712-019-09551-x

8 Jayne Dowle, »Scientists Issue Stark Warning about the Threat to US Native Trees«, 24. September 2022, Gardeningetc.com, gardeningetc.com/news/us-native-trees-threat

9 Nathaelle Bouttes, »Warm Past Climates: Is Our Future in the Past?«, *National Centre for Atmospheric Science*, 27. Mai 2020, archiviert vom Original am 13. August 2018, web.archive.org/ web/20180813004809/https:/www.ncas.ac.uk/en/climate-blog/397-warm-past-climates-is-our-future-in-the-past

10 Thijs van Kolfschoten, »The Eemian Mammal Fauna of Central Europe«, *Netherlands Journal of Geosciences* 79, Nr. 2/3 (2000), S. 269–281, doi:10.1017/S0016774600021752

11 Ben Rawlence, *The Treeline: The Last Forest and the Future of Life on Earth,* St. Martin's, New York 2022, S. 33, Kindle

12 Jean-François Bastin et al., »The Global Tree Restoration Potential«, *Science* 365, Nr. 6448 (5. Juli 2019), S. 76–79, doi:10.1126/science.aax084

13 Eric Roston, »Corporate Net-Zero Goals Don't Add Up to a Net-Zero Planet«, *Bloomberg*, 27. Juli 2022, bloomberg.com/news/articles/2022-06-27/companies-net-zero-emissions-goals-don-t-add-up

14 Julian Mock, Nadja Popovich und John Schwartz, »One Thing You Can Do: Help to Preserve Forests«, *The New York Times*, 8. Januar 2020, nytimes.com/2020/01/08/climate/nyt-climate-newsletter-forests.html

15 Rawlence, The Treeline, S. 209 f., Kindle

16 Ian Austin und Vjosa Isai, »Canada's Logging Industry Devours Forests Crucial to Fighting Climate Change«, *The New York Times,* 4. Januar 2024, nytimes.com/2024/01/04/world/canada/canada-boreal-forest-logging.html

17 Zoë Schlanger, *The Light Eaters*, S. 244, Kindle

18 John W. Reid und Thomas E. Lovejoy, *Ever Green: Saving Big Forests to Save the Planet,* W. W. Norton, New York 2022, S. 20

19 Yinka Ibukun und Natasha White, »Dubai Firm's Africa Ambitions Raises Carbon Colonialism Concerns«, *Bloomberg,* 29. November 2023, bloomberg.com/news/articles/2023-11-29/dubai-firm-s-africa-ambitions-raises-carbon-colonialism-concerns

20 »Tropical and Subtropical Moist Broadleaf Forests: Southeastern Asia: Indonesia and Malaysia«, World Wildlife Fund, worldwildlife.org/ ecoregions/im0102

21 Takuo Tamakura et al., »Tree Size in a Mature Dipterocarp Forest Stand in Sebolu, East Kalimantan, Indonesia«, *Southeast Asian Studies* 23, Nr. 4 (1986), S. 452–478, kyoto-seas.org/pdf/23/4/ 230 404.pdf
22 Reid und Lovejoy, Ever Green, S. 8–11

Dreizehn

Dunkle Erde

1 Jill Clapperton, »Managing the Soil as a Habitat«, Proceedings of the 2006 Indiana CCA Conference, Indianapolis, IN, www.agry.purdue.edu/cca/2006/pdf/clapperton.pdf
2 Peter McCoy, *Radical Mycology*, S. 28
3 Gabriel Popkin, »Soil's Microbial Market Shows the Ruthless Side of Forests«, *Quanta Magazine*, 27. August 2019, quantamagazine.org/soils-microbial-market-shows-the-ruthless-side-of-forests-20190827
4 Anne E. Hajek und Jørgen Eilenberg, *Natural Enemies: An Introduction to Biological Control*, Cambridge University Press, Cambridge 2018
5 Carl H. Lindroth, »The Linnaean Species of Carabid Beetles«, *Zoological Journal of the Linnaean Society* 43, Nr. 291 (März 1957), S. 325–341, doi.org/10.1111/j.1096-3642.1957.tb01556.x
6 Nicole Masters, *For the Love of Soil: Strategies to Regenerate Our Food Production Systems*, Printable Reality, Neuseeland 2019, S. 138–142, Kindle
7 Jeremy Megraw, »The Importance of Earthworms: Darwin's Last Manuscript«, New York Public Library, 19. April 2022, nypl.org/blog/2012/04/19/earthworms-darwins-last-manuscript
8 Olga Maria Correia Chitas Ameixa et al., »Ecosystem Services Provided by the Little Things That Run the World«, in *Selected Studies in Biodiversity*, hrsg. von Bülent Şen und Oscar Grillo, *InTechOpen*, London 2018, doi:10.5772/intechopen.74847
9 »Land Degradation Neutrality«, United Nations Convention to Combat Desertification, 2014, catalogue.unccd.int/858_V2_UNCCD_ BRO_.pdf
10 Marie Dacke et al., »Dung Beetles Use the Milky Way for Orientation«, *Current Biology* 23, Nr. 4 (2013), S. 298–300, doi:10.1016/j.cub.2012.12.034
11 Edward O. Wilson, *Tales from the Ant World*, Liveright, New York 2020, S. 9, Kindle
12 Patrick Schultheiss et al., »The Abundance, Biomass and Distribution of Ants on Earth«, *Proceedings of the National Academy of Sciences* 119, Nr. 40 (2022): e2201550119, doi.org/10.1073/pnas.2201550119

13 Erik Cammeraat und Anita Risch, »The Impact of Ants on Mineral Soil Properties and Processes at Different Spatial Scales«, *Journal of Applied Entomology* 132, Nr. 4 (Mai 2008), S. 285–294, doi.org/ 10.1111/j.1439-0418.2008.01281.x

14 Mark Blaxter, »Nematodes: The Worm and Its Relatives«, *PLoS Biology* 9, Nr. 4 (April 2011), S. 1–9, doi.org/10.1371/journal.pbio.1001050

15 Jon Stika, *A Soil Owner's Manual: How to Restore and Maintain Soil Health*, Eigenpublikation, CreateSpace, 2016, S. 22, Kindle

16 Masters, *For the Love of Soil*, S. 158, Kindle

17 Michael Fakhri, »Public Statement by the United Nations Special Rapporteur on the Right to Food, Mr. Michael Fakhri«, United Nations Human Rights, Office of the High Commissioner, 20. Mai 2022, ohchr.org/sites/default/files/2022-05/joint-statement-wto-imf-wfp.pdf

18 »Global Symposium on Soil Erosion«, 15.-17. Mai 2019, Food and Agricultural Organization of the United Nations, Rom, fao.org/about/meetings/soil-erosion-symposium/en

19 Hannah Ritchie, »Three Billion People Cannot Afford a Healthy Diet«, Our World in Data, 12. Juli 2021, ourworldindata.org/diet-affordability

20 Tania V. Humphrey, Dario T. Bonetta und Daphne R. Goring, »Sentinels at the Wall: Cell Wall Receptors and Sensors«, *New Phytologist* 176, Nr. 1 (August 2007), S. 7–21, doi.org/10.1111/j.1469-8137.2007.02192.x

21 Siehe die Studie an der Universität Basel), »Bacteria Have a Sense of Touch,« *ScienceDaily*, 26. Oktober 2017, sciencedaily.com/releases/2017/10/171026142320.htm

22 Shreya Dasgupta, »Sounds of the Soil: A New Tool for Conservation?«, *Mongabay*, 30. Juni 2023, news.mongabay.com/ 2023/06/sounds-of-the-soil-a-new-tool-for-conservation

23 Ute Eberle, »Life in the Soil Was Thought to Be Silent. What If It Isn't?«, 9. Februar 2022, *Knowable Magazine*, knowablemagazine.org/content/article/living-world/2022/life-soil-was-thought-be-silent-what-if-it-isnt

24 »Fascinating Soil«, Sounding Soil – a Project by BioVision, soundingsoil.ch/en/know

25 Marcus Maeder et al., »Sounding Soil: An Acoustic, Ecological and Artistic Investigation of Soil Life«, *Soundscape: The Journal of Acoustic Ecology* 18 (2019), S. 5–14, wfae.net/uploads/5/9/8/4/59849633/soundscape_vol18.pdf

26 »Home Grown: The Agriculture Industry«, The California State University, calstate.edu/csu-system/news/Pages/where-the-jobs-are-agriculture.aspx

27 »Tallgrass Prairie and Carbon Sequestration«, Tallgrass Ontario, tallgrassontario.org/wp-site/carbon-sequestration
28 Masters, *For the Love of Soil*, S. 157, Kindle

Vierzehn

Unübersetzbare Welt

1 Johan Eklöf, *The Darkness Manifesto*, S. 216, Kindle
2 Isabella Tree, *Wilding*, S. 70, Kindle
3 Tree, *Wilding*, S. 58, Kindle
4 Ebd., S. 57, Kindle
5 Ebd., S. 9, Kindle
6 Caitlin Moran, »Why the Knepp Rewilding Project Is Truly Magical«, *The Times*, 28. April 2023, thetimes.co.uk/article/why-the-knepp-rewilding-project-is-truly-magical-m68trp899
7 Tree, *Wilding*, S. 168, 176, 268 f., Kindle
8 »The Book of Wilding: Knepp's Soil Carbon Journey«, Agricarbon, 9. Juni 2023, agricarbon.co.uk/the-book-of-wilding-knepp-soil-carbon
9 Tree, *Wilding*, S. 9 f., Kindle
10 Graeme Green, »Herd of 170 Bison Could Help Store CO2 Equivalent of 43,000 Cars, Researchers Say«, 15. Mai 2024, *The Guardian*, theguardian.com/environment/article/2024/may/15/bison-romania-tarcu-2m-cars-carbon-dioxide-emissions-aoe
11 Robin Wall Kimmerer, *Braiding Sweetgrass: Indigenous Wisdom, Scientific Knowledge and the Teachings of Plants*, Milkweed Editions, Minneapolis 2013, S. 42, Kindle
12 Siddhartha Mukherjee, *The Song of the Cell: An Exploration of Medicine and the New Human*, Scribner, New York 2023, S. 362 (deutsche Ausgabe: *Das Lied der Zelle. Wie die Biologie die Medizin revolutioniert – Medizinischer Fortschritt und der Neue Mensch*, Ullstein Verlag, Berlin 2023)
13 Monica Gagliano, *Thus Spoke the Plant: A Remarkable Journey of Groundbreaking Scientific Discoveries & Personal Encounters with Plants*, North Atlantic Books, Berkeley, CA, 2018
14 Simon Mustoe, *Wildlife in the Balance: Why Animals Are Humanity's Best Hope*, Wildiaries, Melbourne 2022, S. 77, Kindle
15 Brian Tomasik, »How Many Wild Animals Are There?«, Essays on Reducing Suffering, 2009, zuletzt aktualisiert am 7. August 2019, reducing-suffering.org/how-many-wild-animals-are-there

16 Manuela Andreoni, »What About Nature Risk?«, *The New York Times*, 14. März 2024, nytimes.com/2024/03/14/climate/what-about-nature-risk.html

17 Pema Chödrön, *The Places That Scare You: A Guide to Fearlessness in Difficult Times*, Shambhala, Boston 2002, S. 21 (deutsche Ausgabe: *Geh an die Orte, die du fürchtest. Buddhas Weg zu Furchtlosigkeit in schwierigen Zeiten*, Arbor Verlag, Freiburg im Breisgau 2007)

18 Lesego Chepape, »Living Planet Index: Wildlife Populations Have Declined by 69 % since 1970«, 18. Oktober 2022, *Mail & Guardian*, mg.co.za/the-green-guardian/2022-10-18-living-planet-index-wildlife-populations-have-declined-by-69-since-1970

19 Werner Heisenberg, *Physik und Philosophie*, Berlin 1959, S. 40

20 Mustoe, *Wildlife in the Balance*, S. 58, Kindle

21 Caitlin Gibson, »The Call of Tokitae«, *The Washington Post*, 5. Dezember 2023, washingtonpost.com/lifestyle/interactive/2023/tokitae-lolita-orca

22 Tyler Austin Harper, »The 100-Year Extinction Panic Is Back, Right on Schedule«, *The New York Times*, 26. Januar 2024, nytimes.com/2024/01/26/opinion/polycrisis-doom-extinction-humanity.html

23 Báyò Akómoláfé, »Let's Meet at the Crossroads«, Eröffnungsrede am Pacifica Graduate Institute, 29. Mai 2021, YouTube-Video, 1:00:17, youtube.com/watch?v=Lh2QmobEMFg, Text: pgiaa.org/alumni-resources/12044

Fünfzehn

Bewusst

1 Priscilla Settee, »Indigenous Knowledge as the Basis for Our Future«, in: *Original Instructions: Indigenous Teachings for a Sustainable Future*, hrsg. von Melissa K. Nelson, Bear & Company, Rochester, VT, 2008, S. 45 f., Kindle

2 Barry Lopez, The Rediscovery of North America, S. 55–57

3 Petuuche Gilbert, »Acoma Coexistence and Continuance«, in: *Original Instructions*, S. 36, Kindle

4 Oren Lyons, »Listening to Natural Law«, in: *Original Instructions*, S. 23 f., Kindle

5 Stephan Harding, *Animate Earth: Science, Intuition and Gaia*, Chelsea Green, New York 2006, S. 40, Kindle

6 Annie Dillard, *An American Childhood*, Harper & Row Publishers, New York 1989, S. 102

**Vor der Schwelle zur Heißzeit:
Wie die Natur unser Verbündeter im Kampf gegen
den Klimawandel sein kann**